□ 中国高等职业技术教育研究会推荐

高职高专计算机专业规划教材

Visual Basic.NET程序设计

主编　马宏锋
主审　马义德

西安电子科技大学出版社

内 容 简 介

本书共 10 章,内容分别为 Visual Basic.NET 入门、常用控件的使用、用户界面设计、VB.NET 语言基础、文件与资源管理、数据库的开发、图形图像处理、多媒体程序设计、Web 应用、安装和部署项目等。全书结构严谨,层次分明,叙述准确,每章通过大量的实际案例以图文并茂的形式予以说明。同时,每章还编写了相应的实验指导,通过对基本知识的学习和实践,引导读者逐步培养应用程序的设计能力,掌握典型功能模块的开发方法。

本书可作为读者学习 Visual Basic.NET 语言和面向对象程序开发教程,也可作为应用型本科和高职高专计算机专业的程序设计教程,亦可供广大软件设计爱好者参考使用。

★ 本书配有电子教案,需要者可与出版社联系,免费提供。

图书在版编目(CIP)数据

Visual Basic.NET 程序设计 / 马宏锋主编.

—西安:西安电子科技大学出版社,2007.12(2020.8 重印)

中国高等职业技术教育研究会推荐. 高职高专计算机专业规划教材

ISBN 978-7-5606-1937-8

Ⅰ. V… Ⅱ. 马… Ⅲ. BASIC 语言—程序设计—高等学校:技术学校—教材 Ⅳ. TP312

中国版本图书馆 CIP 数据核字(2007)第 167186 号

策划编辑 臧延新
责任编辑 许青青 臧延新
出版发行 西安电子科技大学出版社(西安市太白南路 2 号)
电　　话 (029)88242885　88201467　　　　邮　编　710071
http://www.xduph.com　　　　　　　　E-mail: xdupfxb@pub.xaonline.com
经　　销 新华书店
印刷单位 广东虎彩云印刷有限公司
版　　次 2007 年 12 月第 1 版　　2020 年 8 月第 4 次印刷
开　　本 787 毫米×1092 毫米　1/16　印张 18.5
字　　数 433 千字
定　　价 38.00 元

ISBN 978-7-5606-1937-8/TP

XDUP 2229001-4

如有印装问题可调换

序

进入 21 世纪以来，高等职业教育呈现出快速发展的形势。高等职业教育的发展，丰富了高等教育的体系结构，突出了高等职业教育的类型特色，顺应了人民群众接受高等教育的强烈需求，为现代化建设培养了大量高素质技能型专门人才，对高等教育大众化作出了重要贡献。目前，高等职业教育在我国社会主义现代化建设事业中发挥着越来越重要的作用。

教育部 2006 年下发了《关于全面提高高等职业教育教学质量的若干意见》，其中提出了深化教育教学改革，重视内涵建设，促进"工学结合"人才培养模式改革，推进整体办学水平提升，形成结构合理、功能完善、质量优良、特色鲜明的高等职业教育体系的任务要求。

根据新的发展要求，高等职业院校积极与行业企业合作开发课程，根据技术领域和职业岗位群任职要求，参照相关职业资格标准，改革课程体系和教学内容，建立突出职业能力培养的课程标准，规范课程教学的基本要求，提高课程教学质量，不断更新教学内容，而实施具有工学结合特色的教材建设是推进高等职业教育改革发展的重要任务。

为配合教育部实施质量工程，解决当前高职高专精品教材不足的问题，西安电子科技大学出版社与中国高等职业技术教育研究会在前三轮联合策划、组织编写"计算机、通信电子、机电及汽车类专业"系列高职高专教材共 160 余种的基础上，又联合策划、组织编写了新一轮"计算机、通信、电子类"专业系列高职高专教材共 120 余种。这些教材的选题是在全国范围内近 30 所高职高专院校中，对教学计划和课程设置进行充分调研的基础上策划产生的。教材的编写采取在教育部精品专业或示范性专业的高职高专院校中公开招标的形式，以吸收尽可能多的优秀作者参与投标和编写。在此基础上，召开系列教材专家编委会，评审教材编写大纲，并对中标大纲提出修改、完善意见，确定主编、主审人选。该系列教材以满足职业岗位需求为目标，以培养学生的应用技能为着力点，在教材的编写中结合任务驱动、项目导向的教学方式，力求在新颖性、实用性、可读性三个方面有所突破，体现高职高专教材的特点。已出版的第一轮教材共 36 种，2001 年全部出齐，从使用情况看，比较适合高等职业院校的需要，普遍受到各学校的欢迎，一再重印，其中《互联网实用技术与网页制作》在短短两年多的时间里先后重印 6 次，并获教育部 2002 年普通高校优秀教材奖。第二轮教材共 60 余种，在 2004 年已全部出齐，有的教材出版一年多的时间里就重印 4 次，反映了市场对优秀专业教材的需求。前两轮教材中有十几种入选国家"十五"规划教材。第三轮教材 2007 年 8 月之前全部出齐。本轮教材预计 2009 年全部出齐，相信也会成为系列精品教材。

教材建设是高职高专院校教学基本建设的一项重要工作。多年来，高职高专院校十分重视教材建设，组织教师参加教材编写，为高职高专教材从无到有，从有到优、到特而辛勤工作。但高职高专教材的建设起步时间不长，还需要与行业企业合作，通过共同努力，出版一大批符合培养高素质技能型专门人才要求的特色教材。

我们殷切希望广大从事高职高专教育的教师，面向市场，服务需求，为形成具有中国特色和高职教育特点的高职高专教材体系作出积极的贡献。

中国高等职业技术教育研究会会长
2007 年 6 月

高职高专计算机专业规划教材
编审专家委员会

前　言

Visual Studio.NET 是 Microsoft 公司推出的新一代可视化开发工具，它作为 Microsoft 创建企业规模的 Web 应用程序以及高性能的应用程序所推出的.NET 框架构件，在许多方面较其他可视化开发工具都有很大的改进。Visual Basic.NET(简称 VB.NET) 是其中一个重要组成部分，它支持许多新的面向对象的特性，例如继承、接口和重载等。此外，还增加了结构化异常处理、托管代码等特性，大大提高了应用程序的稳定性和可伸缩性，可用于大型应用程序的开发。Microsoft 已经将它的未来与.NET Framework 紧密联系在一起，VB.NET 很可能会成为未来几年中基于此框架应用最广泛的开发工具。

本书具有如下特点：

(1) 以案例为主线，通过"任务驱动"的方式介绍程序设计方法。

本书在编写时充分吸取了同类教材尤其是国外教材的优点，采用了全新的体系结构。根据项目教学与案例教学的要求编排全书，每个章节都以实际案例开始，通过对案例的介绍和代码的分析，引入相关知识点的学习，将知识的讲解与实际案例的分析有机地结合在一起。知识点的介绍以"够用、实用"为原则。

(2) 力求符合学生的认知水平。

对于 VB.NET 的语法知识、窗体与控件的属性、方法和事件，不只是简单罗列，而是置于实例分析中进行讲解；对于没有涉及到的属性、方法和事件，书中介绍了如何借助帮助系统了解更详细的内容。

对于程序代码的编写，为了突出重点，强调功能的实现，只分析实现功能的核心代码；对于容错处理、异常处理的代码，集中在一节进行分析。事件代码的讲解顺序按功能实现的步骤进行。

(3) 注重编程实践能力的培养。

学习程序设计语言是为了开发程序。书中的每一个案例都循序渐进地说明了开发过程，通过学习语法知识的应用来掌握 VB.NET 的语法知识，使读者的注意力集中在功能模块的实现部分；从 VB.NET 的控件嵌入功能模块的设计中进行分析，介绍一些典型功能模块的开发方法，为读者开发类似模块或开发系统提供帮助和参考。

全书共分 10 章，每章基本都采用"案例"、"技能目标"、"操作要点与步骤"、"相关知识"、"知识扩展"的体系结构，对需要注意的问题以及技巧性的内容以醒目的标记予以提示。全书内容主要包括 Visual Basic.NET 入门、常用控件的使用、用户界面设计、VB.NET 语言基础、文件与资源管理、数据库的开发、图形图像处理、多媒体程序设计、Web 应用、安装和部署项目。每章编写了相应的实验指导，通过对基本知识的学习和实践，引导读者逐步培养应用程序的设计能力，掌握典型功能模块的开发方法。

本书由马宏锋主编并统稿，马宏锋编写第 2、3、6 章，李宇红编写 1、9、10 章，柴世红编写第 4、7 章，李云广编写第 5、8 章。

由于编者水平有限，书中难免会有不足和疏漏之处，敬请各位读者批评指正。

编 者
2007 年 8 月

目　　录

第 1 章　Visual Basic.NET 入门

随着 Microsoft.NET 平台的发布，Visual Basic.NET(简称 VB.NET)开始成为一种完全面向对象的语言。它基于.NET Framework，其设计目的是为了快速而简洁地开发包括 Web 服务和 ASP.NET Web 应用程序在内的.NET Framework 程序，可以将 Windows GUI 和基于浏览器的 Internet 开发环境紧密地结合在一起，从而满足当今日益广泛的基于 Internet 的应用程序开发的需要。

本章主要介绍 Visual Studio.NET(简称 VS.NET)的集成开发环境，VB.NET 的功能特点，利用 VB.NET 开发 Windows 应用程序的方法，VB.NET 中面向对象的基本概念，以使读者对 VB.NET 有一个总体认识。

1.1　VS.NET 集成开发环境

Visual Studio.NET(简称 VS.NET)集成开发环境是开发 VS.NET 应用程序的强大、快速的开发工具，用于生成 ASP Web 应用程序、XML Web Services、桌面应用程序和移动应用程序。VS.ENT 是一个家族产品，其中包括 Visual Basic.NET、Visual C++ .NET、Visual C# .NET 和 Visual J#.NET，它们使用相同的集成开发环境(IDE)，该环境允许它们共享工具并有助于创建混合语言解决方案。利用作为其组件之一的 VB.NET 可快速方便地生成.NET 应用程序，包括 Windows 应用程序和 Web 应用程序。

VS.NET 非常庞大，对计算机的环境要求比较严格，否则将难以充分利用其提供的各种功能。本书以当前广泛使用的 Visual Studio.NET 2003 为平台来介绍。

● 硬件环境：推荐配置为 PIII 600 MHz 以上 CPU，256 MB 以上的 RAM。系统盘上需要 500 MB 硬盘空间，安装盘上需要 1.5 GB 硬盘空间，如果要安装 MSDN，则另外需要 1.9 GB 硬盘空间。

● 软件环境：操作系统为 Windows Server 2003、Windows XP 或 Windows 2000 (Professional、Server)。如果要开发 Web 应用程序，则操作系统必须安装 Internet 信息服务(IIS)。

一般 VS.NET 2003 共有 6 张光盘，其中前 3 张是程序安装盘，后 3 张是 MSDN Library。

(1) Windows 组件更新。安装程序在自动安装 VS.NET 之前，首先检查 Windows 组件是否满足 VS.NET 运行的需要，如果不满足，则需要先运行 Windows 组件更新程序(第 3 张光盘)，待更新完成后，将重新回到 VS.NET 的安装界面。

(2) 安装 VS.NET。在安装界面选择第 2 个选项，进入 VS.NET 的安装环节。接受协议后，输入正确的序列号，并选择安装的项目与安装位置即可进入正常的安装过程直到结束。

(3) MSDN 安装。VS.NET 安装结束后，安装程序又回到安装界面，此时可选择第 3 个选项安装 MSDN。这一步不是必需的，不安装并不影响 VS.NET 的运行，但所有的联机帮助将不能使用。

【案例 1-1】　VS.NET 集成开发环境。

【技能目标】

(1) 启动 VS.NET 开发环境。

(2) 新建 VB.NET 项目。

(3) 集成开发环境(IDE)的认识与基本操作。

【操作要点与步骤】

(1) VS.NET 的启动。VS.NET 安装成功以后，在"程序"中将产生一个"Microsoft Visual Studio.NET 2003"的程序项，单击"Microsoft Visual Studio.NET 2003"即可启动 VS.NET。

(2) 新建或打开一个项目。在默认情况下，启动 VS.NET 时将出现"起始页"对话框。该对话框有三个选项卡(见图 1-1)："项目"、"联机资源"与"我的配置文件"。在"项目"卡片中列出了最近使用过的项目，可以选择打开。当然也可以单击"新建项目"新建一个项目。本案例选择新建一个项目，项目存放在"D:\VB.net"下，项目名取"vbnet01"。图 1-2 为"新建项目"对话框，选择时项目类型选"Visual Basic 项目"，模板选"Windows 应用程序"，项目名与位置按以上要求改写，其他选默认值。

图 1-1　启动 VS.NET 的"起始页"

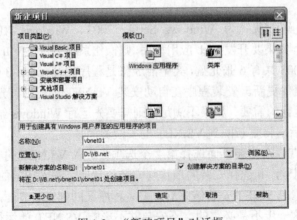

图 1-2　"新建项目"对话框

　　(3) VS.NET 环境初识。当新建项目或打开一个项目后，即可进入 VS.NET 的集成开发环境，如图 1-3 所示。

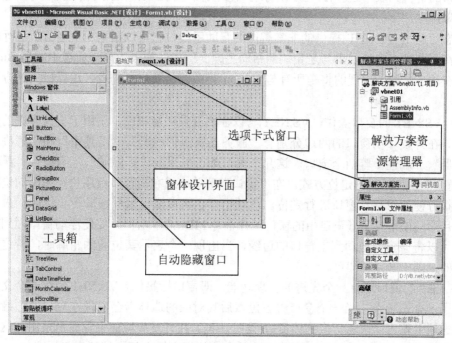

图 1-3　VS.NET 的集成开发环境

　　VS.NET 的集成开发环境基本秉承了 Visual Studio 的一贯风格，但在使用方便性、个性化方面做了许多修改。整个界面由标题栏、菜单栏、工具栏、工具箱、解决方案资源管理器、属性窗口等构成。

　　菜单栏由"文件"、"编辑"、"视图"、"项目"、"生成"等菜单构成，其含义将在以后的使用中逐步介绍。

　　工具栏列出了"标准"、"布局"两类工具栏。VS.NET 提供了 20 多种不同的工具栏，可以根据需要显示或隐藏。当然在"视图"→"工具栏"下选择或右键单击工具栏也可显示或隐藏指定的工具栏。

　　工具箱提供了 VS.NET 设计过程中需要的各种类型的控件。由于控件太多，因此 VS.NET 对这些控件进行了分类存放，如"Windows 窗体"中存放与窗体设计相关的常用控件，"数据"中则存放与数据库相关的控件等。用户还可以在工具箱上右击，在弹出的快捷菜单中选择"添加选项卡"，输入新的选项卡名后即可添加用户自定义的选项卡。

　　解决方案资源管理器与 VB 原来的"工程资源管理器"类似，它以树状结构包含了与某一个解决方案相关的所有项目以及各项目下所包括的各个对象。

　　属性窗口(见图 1-4)显示了设计过程中当前对象(窗体、控件等)的相关属性，用户可以通过该窗口使对象的相关属

图 1-4　属性窗口

性变得个性化。在个性化属性时，首先选中要修改的对象(既可在设计界面上选择，也可在属性窗口的下拉列表中选择)。每个对象有许多属性，属性默认是按分类排序的，也可以改成按字母排序。

动态帮助是 VS.NET 提供的非常智能的帮助手段，它可以根据用户当前所进行的工作内容，在帮助列表中显示出与之相关的帮助主题。例如，如果用户当前选中的是 Button 对象，则在动态帮助中出现的将是所有与 Button 相关的帮助信息列表，这样极大地方便了开发人员。

(4) VS.NET 的窗口操作。VS.NET 与以往的开发环境相比，采用了更为先进的窗口管理策略。在开发环境窗口的两边分别有"服务器资源管理器"、"工具箱"和"解决方案资源管理器"、"属性"等四个窗口。这几个窗口都可以采取"可停靠"、"隐藏"、"浮动"和"自动隐藏"四种不同的定位方式。在"窗口"菜单中或右击窗口标题栏在弹出的快捷菜单中可以很方便地对某一窗口进行定位。浮动窗口也可以通过鼠标拖动窗口标题栏来实现，窗口一旦浮动便是一个真正自由的窗口，并不是 MDI 的子窗口。要使浮动窗口回到原来的位置，可以将该窗口拖动到主窗口的边缘，当出现一个表示其位置的轮廓时，若这个位置是正确的，则松开鼠标即可。

VS.NET 的窗口还有一个先进的管理功能，即窗口标签化。VS.NET 为每一个文档窗口都设置了一个选项卡，当一个窗口失去焦点后其对应的选项卡会出现在窗口的边缘，这样单击该选项卡就可以快速切换到该窗口(见图 1-3)。在开发环境的主窗口也采用了这种管理方法，尤其当打开的文档较多时，采用这种方法将极大地方便文档的切换。

在开发大型应用程序时，开发环境的主窗口空间是非常宝贵的。为了尽量节省屏幕空间，提高浏览效率，可以将主窗口两侧的窗口设置成"自动隐藏"。此时在窗口的边缘会出现该窗口的图标，一旦鼠标靠近该图标标签，相应的窗口便会自动弹出(见图 1-3)。

【相关知识】

知识点 1-1-1　　　VS.NET 集成开发环境 IDE

VS.NET 集成开发环境是开发 VS.NET 应用程序的强大、快速的开发工具，它将程序编辑器、编译器、调试工具、设计工具等完全集成在一个使用界面上，极大地方便了应用程序的开发。程序员可以在不离开该环境的基础上编辑、编译、调试、运行一个应用程序。而且，在该环境中，程序员可以使用一种或多种.NET 编程语言(如 Visual C++.NET、Visual C#.NET、Visual Basic.NET 等)来进行程序的开发。

知识点 1-1-2　　　VS.NET 个性化配置文件

VS.NET 的开发环境非常庞大，程序员一般在开发应用程序时总是使用某一种开发语言。尽管各种开发语言所使用的环境是类似的，但每种开发语言的键盘方案、窗口布局、帮助筛选器等都有所区别。因此，为了配合各种语言，VS.NET 在启动的"起始页"中增加了一个"我的配置文件"选项卡，如图 1-5 所示。

"我的配置文件"下可以选择 VS.NET 的配置文件及与此文件相关的键盘方案、窗口布局、帮助筛选器及启动时显示的页面等。在配置文件中可以有多种选择，如"Visual Studio

开发人员"、"Visual Basic 开发人员"、"Visual C++开发人员"等。在此可以选择"Visual Basic 开发人员"，这样相关的选项就会改变成与开发 VB.NET 程序相关的配置。

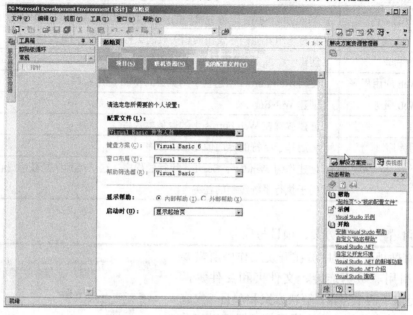

图 1-5　"我的配置文件"选项卡

知识点 1-1-3　　VB.NET 的特点

　　VB.NET 是 VS.NET 家族中的一个重要成员，也可以说是 VB6.0 的后继版本，它继承了 VB 的大部分语法及特征。但 VB.NET 是对 VB 语言的又一个重大变革，它建立在微软的.NET 框架之上，因此相比 VB6.0 来说，VB.NET 作了许多改进，引入了许多全新的特性。VB.NET 的特点主要体现在以下几个方面：

　　● 变成了一种真正的面向对象程序设计语言，支持继承、重载、接口、共享成员与构造函数等。

　　● 支持.NET 框架的 CLS(公共语言规范)特性，支持与 C#等其他.NET 语言的交互、元数据、公共数据类型、委托等。

　　● 在.NET 框架下，不仅可以开发 Windows 应用程序，而且可以开发基于 ASP.NET 技术的 Web 应用程序。

　　● 支持多线程与结构化异常处理，彻底抛弃了饱受批评的 GOTO 命令而实现了错误处理。

　　● 可以通过新的 ADO.NET 访问离线的数据源。

　　● 由于已经是完全的面向对象语言，因此在语法上也有了许多改变，如名称空间、数据类型、运算符、过程定义等。

知识点 1-1-4　　VB.NET 开发类型

　　VB.NET 可以创建不同类型的工程项目以适应不同的应用需要，表 1-1 列出了 VB.NET 可以开发的主要工程类型。

表 1-1　VB.NET 可以开发的主要工程类型

工程类型	用 途 说 明
Windows 应用程序	Windows Forms 中基于窗体的本地应用程序，与 VB6.0 窗体程序类似
类库	含有一组其他程序使用的相关类的工程，编译为 DLL 的组件
Windows 控件库	创建一个或多个 Windows Forms 控件的工程
ASP.NET Web 应用程序	使用 Web Forms 创建基于浏览器的 Web 应用程序
ASP.NET Web 服务	创建 Web Service
Web 控件库	创建放置在 Web Forms 上的服务器控件
控制台应用程序	利用基于字符的界面创建应用程序
Windows 服务	创建作为 Windows Service 运行的程序。这一类程序是驻留-执行程序，通常用于执行系统级别的任务

知识点 1-1-5　解决方案、项目与项

　　为了有效地管理程序员在开发工作中所需要的项，如引用、数据连接、文件夹和文件等，VS.NET 提供了两个容器：解决方案和项目。集成开发环境(IDE)中的解决方案资源管理器可以查看和管理这些容器及其关联项，如图 1-6 所示。

　　一个解决方案可以包含若干个相关的项目与项，而一个项目也包含一些项，这些项表示创建应用程序所需的引用、数据连接、文件夹和文件。

　　项可以作为项目项，它构成项目，如窗体、源文件和类。项也可作为表示文件的解决方案项，适用于整个解决方案，位于解决方案资源管理器的"解决方案项"文件夹中。

图 1-6　解决方案资源管理器

【知识扩展】

1. .NET 的起源

　　.NET 起源于 Windows DNA(Distributed interNet Application architecture，以下简称 WinDNA)。和 .NET 一样，WinDNA 也是微软于 1996 年在纠正自己的错误指导思想后，看到 Internet 的巨大潜力而全力推出的。WinDNA 不是一个应用程序或系统，而是一个编程模型，利用它企业可以方便地建立流行的 n 层分布式基于组件的应用。WinDNA 在技术上主要以 COM 为基础构建应用程序，其优点是基于组件开发效率高，但由于 COM 的复杂性太高，而且 COM 是基于 C++ 开发的，因此通用性、可移植性都受到了很大影响。另外还有一些 COM 的弱点，如维护和性能等方面的问题。

　　当然，需要肯定的是，WinDNA 还是一个很成熟、很实用的框架，在这个框架下也开发出了许多的应用程序，而且后来的.NET 也有许多是借鉴 WinDNA 的。但 WinDNA 有诸多不便之处，特别是网络的迅速普及、Web Services 的到来、移动开发的兴起等，微软认识到一个能整合各种开发的框架模型对于自己在未来成功甚至于生存是何等的重要。

Bill Gates 先是提出"软件就是服务(Software As Service)"的思想,并大力宣传这一思想,这样就预测和奠定了 Web Services 的未来。而后,微软将其大部分人力、物力和财力投入到.NET 的开发中,可以说,.NET 就是微软的未来,也是微软对未来的全部期望。

2．.NET 的真面目

.NET 是微软重新树立自己在软件业的信心与地位的关键战略与概念,在.NET 体系结构中,XML 是各应用之间无缝接合的关键。那么,.NET 究竟是什么呢?

2000 年 6 月 22 日,微软正式发布了.NET 的基本战略,微软对 .NET 的官方描述是:".NET 是 Microsoft 的用以创建 XML Web 服务(下一代软件)的平台,该平台将信息、设备和人以一种统一的、个性化的方式联系起来";"借助于 .NET 的平台,可以创建和使用基于 XML 的应用程序、进程和 Web 站点以及服务,它们之间可以按设计在任何平台或智能设备上共享和组合信息与功能,以向单位和个人提供定制好的解决方案。"

".NET 是一个全面的产品家族,它建立在行业标准和 Internet 标准之上,提供开发(工具)、管理(服务器)、使用(构造块服务和智能客户端)以及 XML Web 服务体验(丰富的用户体验)。.NET 将成为您今天正在使用的 Microsoft 应用程序、工具和服务器的一部分,同时,新产品不断扩展 XML Web 的服务能力以满足您的所有业务需求。"

.NET 的最终目的就是让用户在任何地方、任何时间,以及利用任何设备都能访问他们所需要的信息、文件与程序。用户不需要知道这些东西存放在什么地方,甚至连如何获得等具体细节都不必知道。他们只需要发出需求,然后只管接收结果即可,所有后台的复杂过程是完全屏蔽起来的。

3．.NET Framework 简介

实际上,.NET 是一个架构,它包含了在操作系统上进行软件开发的所有层,而且其开发 Internet 应用程序就像开发桌面程序一样简单。.NET 构架的主要组件如图 1-7 所示。

ASP.NET		Windows Forms	
Web Services	Web Forms	Controls	Drawing
ASP.NET Application Service		Windows Application Service	
.NET Framework Base Classes			
ADO.NET	XML	Threading	ID
Net	Security	Diagnostics	Etc.
Common Language Runtime			
Memory Management	Common Type System		Lifecycle Management

图 1-7　.NET 构架的主要组件

最底层的 Common Language Runtime(CLR)被称为"公共语言运行时",它是 .NET Framework 的核心。CLR 包括一个数据类型的公共系统,这些公共类型加上标准接口协议就可以实现跨语言的继承。除了能分配内存与管理内存以外,CLR 也可以进行对象跟踪引用和处理无用存储单元收集。

中间层包括下一代标准系统服务,如 ADO.NET 和 XML,这些服务都在 Framework 的控件下,它们能够在全世界范围内使用,并能够保持不同语言用法的一致性。

　　顶层包括用户和程序接口,Windows Forms(通常称为 WinForms)是一种制作标准 WIN32 窗口的更高级的方法。Web Forms 提供了一个基于 Web 的用户接口。最具革命性的应是 Web Services,它为程序通过 Internet(使用 SOAP)进行交流提供了一种机制。Web Services 提供了一种类似于 COM 和 DCOM,但基于 Internet 技术的工具。Web Services 和 Web Forms 主要由 .NET 的 Internet 接口工具组成,可以通过.NET Framework 中的 ASP.NET 执行。

　　以上所有功能都适用于 .NET 平台上的任何一种语言,当然也包括 VB.NET。

1.2　创建一个 VB.NET 应用程序

【案例1-2】　　欢迎进入奇妙的 VB.NET 世界!!

　　这是用 VB.NET 开发的一个非常简单的界面,程序运行后显示如图 1-8 所示的窗口,单击"确定"按钮后,在文本框中显示"欢迎进入奇妙的 VB.NET 世界!!"。

(a)　　　　　　　　　　　　　　　　(b)

图 1-8　"欢迎"界面

【技能目标】

(1) 项目的创建。

(2) 界面设计。

(3) 控件属性设置。

(4) 代码的编写。

(5) 项目的保存与运行。

【操作要点与步骤】

(1) 启动 VS.NET 2003。

(2) 在"起始页"的"项目"选项卡上选择"新建项目",在如图 1-2 所示的"新建项目"对话框中作如下操作。

● 在"项目类型"中选择"Visual Basic 项目",在"模板"中选择"Windows 应用程序"。

● 在"名称"中输入"VBnet01","位置"中输入"D:\VB.net"或单击"浏览"进行选择。

● 其他选择默认值,单击"确定"按钮,项目创建成功。

(3) 界面设计与调整。项目创建成功后,将进入如图 1-3 所示的开发环境界面,此时就可在名称为 Form1 的"窗体设计界面"上添加控件,进行窗体界面的设计。在添加控件以前,首先将窗体调整为合适的大小。

　　在工具箱的"Windows 窗体"选项卡中单击文本框(TextBox)控件,将鼠标移到窗体的适当位置上再单击一次，界面上就会出现文本框。文本框中会出现默认的"TextBox1"文字。

用同样的方法在窗体上添加一个命令按钮(Button)，按钮上默认的标题为"Button1"。

技巧

添加控件还有多种方法：

- 选择控件并拖动到窗体的适当位置后松开鼠标；
- 双击控件；
- 对已经存在的同类型控件进行复制、粘贴。

大部分控件上都有标题，其默认的内容为控件名称加序号(第一个为"1"，第二个为"2"……)。

添加好控件后，还要对其进行适当的调整，如位置、大小等。

与其他可视化编程语言一样，在 VB.NET 中无论是要调整对象的大小、位置，还是要对对象进行编程，都要先选中对象。

当某一个对象被选中后，在该对象的周围会出现 8 个尺寸控点(与 OFFICE 类似)。此时就可以使用通用的方法来改变对象的位置以及大小了。

说明

单个选中对象的控点分为透明与白色两种，凡是透明的控点表示在该方向上是不能改变其对象大小的；而白色的则正好相反。例如，文本框只有水平方向上的两个控点是白色的，这意味着该文本框只能调整其宽度，而不能调整其高度。

(4) 属性设置。在窗体设计界面上的任何对象都有许多属性(包括窗体本身)，对其中的有些属性(如显示的标题、文字的大小等)要进行设置。

- 将窗体的标题栏文字改为"欢迎"：在窗体的空白处单击(或在属性窗口上方的下拉列表中选择 Form1)，在属性窗口的"Text"属性中将文字改为"欢迎"。
- 将文本框中的文字改为空并修改显示的文本字体：选中文本框后在属性窗口的"Text"属性中将文字删除。选中"Font"属性，单击其右边的"…"按钮，打开相应的字体对话框，将其改为宋体、四号、粗体。并适当加大文本框的宽度。
- 将命令按钮的标题改为"确定"：选中命令按钮后在属性窗口的"Text"属性中将文字改为"确定"。
- 将窗体的文件名改为"vb01_01"：在解决方案资源管理器中单击"Form1.vb"文件，在属性窗口的文件名中修改即可。

属性设置后，窗体界面如图 1-9 所示。

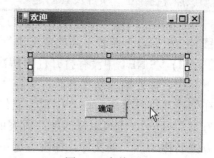

图 1-9　窗体界面

(5) 代码编写。经过以上设计，界面基本完成，现在就可以试运行以观察其效果了。单击工具栏上的 ▶ 按钮或按快捷键 F5 即可运行程序。但运行后当单击命令按钮时，程序根本没有任何反应，这是因为还没有为按钮编写事件过程代码。

本案例的代码非常简单。双击"确定"按钮，进入 Form1 的代码窗口，在光标闪烁处输入以下代码：

TextBox1.Text = "欢迎进入奇妙的 VB.NET 世界!!"

(6) 项目的保存与运行。代码输入完成后，整个项目的设计基本结束，此时可以先将项目保存，然后再正式运行该项目。当然在运行项目时，如果没有保存，则会自动先保存。

项目运行后，将首先出现图 1-8(a)，单击"确定"按钮后，显示见图 1-8(b)。

在案例 1-2 中，双击命令按钮后打开的代码编辑器如图 1-10 所示。

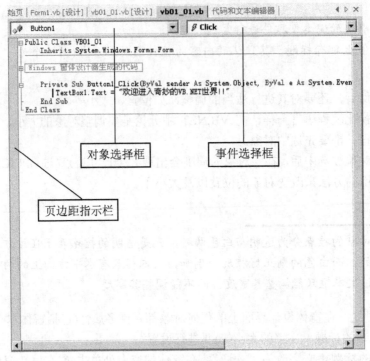

图 1-10 代码编辑器

【相关知识】

知识点 1-2-1   项目及其创建

在知识点 1-1-5 中介绍了解决方案、项目与项的概念及关系。VB.NET 在创建一个新项目时会根据以下两种不同的情况进行不同的处理。

(1) VS.NET 中没有打开任何解决方案时，"新建项目"对话框如图 1-2 所示。默认情况下，在名称处输入项目名时，会在"新解决方案的名称"处出现同名的解决方案，这表示在创建项目时首先要在"位置"文件夹下创建一个解决方案文件夹。如果选中"创建解决方案的目录"，则可以修改解决方案的名称，同时在解决方案文件夹下创建一个名为"解决方案名称.SLN"的文件。如没有选中，则不会产生名为"解决方案名称.SLN"的文件。

(2) VS.NET 已经打开了一个解决方案时，新建项目"解决方案名称.SLN"对话框如图 1-11 所示。显然，在该对话框中增加了两个单选钮："添入解决方案"与"关闭解决方案"。前者表示将新项目加入到已经打开的解决方案中作为另一个项目；后者表示先关闭已经打开的解决方案，然后新建解决方案与项目。

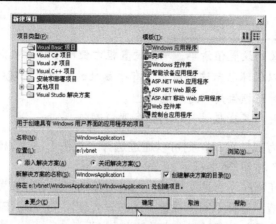

图 1-11 "新建项目"对话框之二

项目创建以后，**VB.NET** 将在指定的文件夹下自动生成相关的目录结构，如图 1-12 所示。最上层为解决方案文件夹，此文件夹下为项目文件夹。在项目文件夹下有两个文件夹：编译文件夹 bin(存放已经编译的可执行文件)和对象文件夹 obj(主要存放调试相关的文件)。所有的 **VB.NET** 源文件均存放在项目文件夹下。

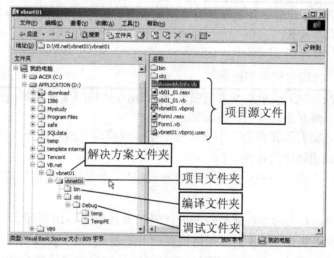

图 1-12 项目文件夹结构

当一个解决方案下有多个项目时，将产生多个对应的项目文件夹，其结构都是类似的。

知识点 1-2-2　　属性设置

属性定义了窗体、文档或控件的状态、行为和外观。窗体及其所属的控件都有默认的属性，默认的属性不一定符合程序的需要，因此常常要对部分属性重新进行设置。属性设置是应用程序开发中的重要一步。在 **VB.NET** 中属性的设置方法采用两种方法：设计时设置(静态设置)与运行时设置(动态设置)。

设计时设置：在设计窗体布局时进行，对象的属性一旦设置，在程序的运行期间便不再改变。静态设置通过属性窗口进行。在"属性窗口"中设置属性很简单，只要在属性列表中选定属性名称，然后在属性窗口的右列中输入或选择新的属性值即可。

技巧

有些属性有预定义的设置值清单。单击设置框右侧的下拉箭头，可以显示出这个清单，或者双击列表项，可以循环显示这个清单。有些属性的右边会出现"**...**"按钮，单击该按钮将出现一个相关的对话框供用户进行选择。

属性的值一旦改变，其在属性窗口的值会变成粗体。

如果在屏幕上没有属性窗口，则可以通过选择"视图"→"属性窗口"命令或在工具栏中单击"属性窗口"按钮 来显示。

运行时设置：指在程序运行期间通过代码对对象的属性进行设置，这种设置是动态的，可以根据程序运行的情况进行不同的设置。动态设置使用了 VB.NET 最简单的赋值语句来实现，如案例 1-2 中设置文本框显示内容的语句如下：

　　TextBox1.Text = "欢迎进入奇妙的 VB.NET 世界!!"

所以，动态设置对象属性的一般格式为

　　对象名.属性名=表达式

技巧

如果要对多个控件的同一种属性进行相同的设置，则可以同时选中待设置的控件，在属性窗口中进行一次性设置。

知识点 1-2-3　　代码与代码编辑器

VB.NET 的代码编辑器(也称文本编辑器)与 VB6.0 的代码编辑器类似，但它具有许多新的特点。可以用下列方法打开代码编辑器：

- 在"解决方案资源管理器"中选择一个窗体或模块，然后选择"查看代码"按钮。
- 双击窗体或窗体中的控件。
- 在窗体中，右击一个控件并选择"查看代码"，也可在"视图"菜单中选择"代码"命令。

在案例 1-2 中，双击命令按钮后打开的代码编辑器如图 1-10 所示。

VB.NET 的代码结构与 VB 的代码结构有较大的差别。整个窗体的所有过程代码均包含在一个名为窗体名的类中，而且其中有一部分代码是由窗体设计器自动生成的，由于一般并不需要用户修改，因此这部分代码呈折叠状态。另外，VB.NET 的事件过程结构与 VB 的事件过程结构也有区别，如命令按钮的单击事件过程在 VB 中是没有参数的，而在 VB.NET 中却带了两个参数。

VB.NET 代码编辑器的默认设置可以满足正常的编程需要，但根据实际情况也可以更改这些设置。更改方法是打开"工具"→"选项"→"文本编辑器"→"常规"或"Basic"这两张选项卡即可修改诸如显示、自动功能、制表符大小以及 VB 专用设置等。

知识点 1-2-4　　获取帮助

在应用程序的开发过程中总会遇到方方面面的问题(如对某些属性的设置不熟，忘记了某些命令的语法等)，解决这些问题除了查阅相关的资料以外，参考 VS.NET 所提供的联机帮助是最好的选择。

VS.NET 中的"帮助"与开发环境(IDE)紧密地集成在一起(前提是安装了 VS.NET 的 MSDN Library)，旨在根据开发工作环境为用户提供所需的信息。其帮助功能非常强大，基本上在任何情况下都可以提供所需要的帮助。

当设计对象并为其编写功能代码时，编辑器可以提供语句结束，该语句结束提供了所需的语言关键字、方法和属性的语法信息。如果想更广泛地检查库或对象的功能，则可以使用对象浏览器。如果需要更多有关特定语言元素的用法和功能的信息，则可以使用 F1 帮助显示语言参考主题。

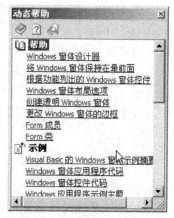

图 1-13　动态帮助窗口

当在集成开发环境(IDE)中工作时，"动态帮助"窗口可以显示与当前工作相关的主题的链接选择。例如，当开发者位于窗体设计器时，动态帮助窗口如图 1-13 所示。

这些主题可以包含完成任务的过程，如介绍新技术的演练，完成部分开发工作的编程实践等。动态帮助的其他类别包括示例和相关的培训主题，当然，F1 帮助根据选定的用户界面元素或看到的错误信息来显示参考主题，可以通过在集成开发环境中选择不同的点来指定"动态帮助"窗口的上下文。

除了在"动态帮助"窗口中取得帮助以外，在该窗口中还提供了三个按钮："目录"、"索引"与"搜索"，用户通过这三个按钮可以获取更多、更全面的帮助。

1．通过目录定位主题

单击"目录"按钮后，将会出现名为"目录"的选项卡式窗口，如图 1-14 所示。

(1) 展开或收缩节点。在目录中单击节点前的加号(+)可展开此节点，然后双击要查看的项目。单击节点前的减号(−)可收缩此节点。

可使用上下方向键在垂直方向移动来定位节点，使用左右方向键可展开和收缩节点；使用工具栏上的"前进"和"后退"按钮可显示过去查看过的信息。

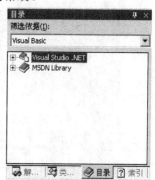

图 1-14　目录窗口

(2) 单击目录中选中的某一主题，将在主工作区打开一个与该主题相关的窗口。该窗口显示帮助的内容。

2．通过索引查找信息

使用索引就像使用一本书的目录一样，通过索引可快速找到特定的信息。MSDN 的"索引"选项卡包含了一个关键字列表，这些关键字与众多的 MSDN Library 主题相关联。使用索引定位主题的方法如下：

单击"索引"按钮，将出现索引的选项卡式窗口(见图 1-15)，然后键入或选择一个与所需查找信息有关的关键字；选中关键字后，双击该主题，将在主窗口显示相关的帮助内容。

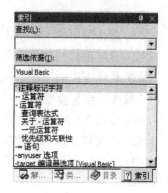

图 1-15　索引窗口

3. 从 Internet 上获得帮助

在 MSDN Library 中有众多的内部链接以及与外部网站的链接。MSDN 查阅器使用了 Internet Explorer 浏览器的引擎，其默认的设置为脱机模式，但当激活了与外部网站的链接后就会切换到联机模式，与 Internet 上相关的网站建立链接。

除此之外，Internet 上还有众多用于学习和交流的 VB 站点，包括微软官方站点。通过这些站点可以与世界各地的 VB 爱好者互相学习和交流，获取软件开发方面的资料。充分利用好 Internet，读者将受益匪浅。

1.3　VB.NET 中面向对象的概念

面向对象的程序设计是软件设计和实现的重要方法。这种方法通过增强软件的可扩充性和可重用性来改善并提高程序设计人员的生产能力，以便有效地控制软件维护的复杂性和开销。VB.NET 是一种完全面向对象的编程语言，它支持面向对象编程的 4 个基本原则：抽象、封装、继承和多态，而且在事件处理机制、控件的布局等方面也具有许多新的特点。另外，类和对象是利用 VB.NET 编程的核心概念，对象是类的实例，类是对象的定义。在 VB.NET 中，几乎所有的操作都与对象有关。创建应用程序的过程，其实质就是不断地处理对象的过程，对象的作用使得重用代码成为可能。

【案例 1-3】　　VB.NET 窗体继承演示，如图 1-16 所示。

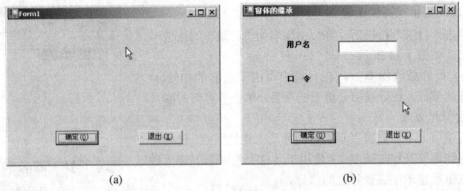

(a)　　　　　　　　　　　　　　　　(b)

图 1-16　窗体的继承

【技能目标】

(1) 制作简单的 VB.NET 界面。

(2) 理解窗体的继承。

(3) 理解 VB.NET 中面向对象的基本概念。

【操作要点与步骤】

(1) 启动 VS.NET，新建一个项目，名称为 "vbnet02"。

(2) 在窗体上加入两个按钮："确定" 和 "退出"。

(3) 设置 "确定" 按钮的 Modifiers 属性为 "Public"，"退出" 按钮的 Modifiers 属性为 "Friend"。

(4) 在 "退出" 按钮的 Click 事件编写输入 "End" 代码。

(5) 在"解决方案资源管理器"中选择 Form1.vb 对象，在下方属性窗口的"杂项"中修改"文件名"属性为"vbnet01_03.vb"。

(6) 打开"生成"→"生成 vbnet02"。

(7) 打开"项目"菜单，选择添加"继承的窗体"，出现如图 1-17 所示的对话框。

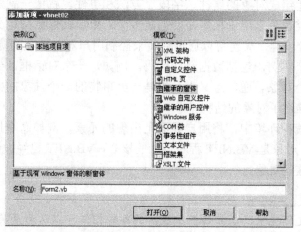

图 1-17　添加"继承的窗体"对话框

(8) 选择"打开"按钮，出现"继承选择器"对话框，选择其中的 Form1，确定返回。此时主窗口出现一个新的窗体，如图 1-18 所示。该窗体已经具备了窗体 Form1 的所有控件，但控件左上角都带有 ⊞ 图标。

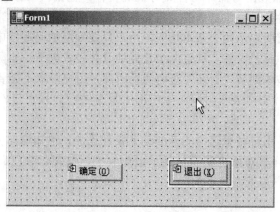

图 1-18　继承的窗体

(9) 在所生成的继承窗体上再添加如图 1-16(b)所示的标签与文本框，为其进行相应的属性设置。

(10) 在菜单"项目"→"vbnet02 属性…"中将"启动对象"设置为 Form2。

此时运行程序后即会出现如图 1-16(b)所示的界面。

🔍 说明

　　一般而言，继承窗体上所有控件的大小与位置都是固定的，不能改变，其对应的事件过程代码也不能改写。但如果在设计被继承窗体时将控件的 Modifiers 属性设置成 Public，则该控件就可以重新进行属性及代码的设置。

【相关知识】

知识点 1-3-1　　　类与对象

类是定义了对象特征以及对象外观和行为的模板。就像描述建筑一座大楼的蓝图一样，类以同样的方式描述组成对象的属性、字段、方法和事件。就像一副蓝图可以用于建成多座建筑一样，一个类也可以用于根据需要创建多个对象。就像蓝图定义使用建筑的人可以访问建筑的哪些部分一样，类也可以通过封装来控制用户对对象项的访问。

对象是类的一个实例，包括数据及其代码。例如，一个对话框，一个命令按钮，一个文本框均可视为一个对象。通常意义上，类是一类事物的一个抽象的概念，而对象则是具体指某个事物，类描述了对象的结构。

在可视化语言编程环境中，将用户界面上出现的元素，例如命令按钮、文本框和列表框等，都看成对象。对象是 VB.NET 程序设计的核心，VB.NET 已经设计好了各种对象，程序员可以直接使用这些对象。

🔎 **说明**

在 VS.NET 开发环境中，工具箱中所显示的各种控件可以认为是类，通过这些控件在窗体上绘制出的各种界面元素则称为对象。

类及对象具有封装、继承与多态性三大基本特征。

1. 封装

封装是指将对象的数据与操作组合成有机的整体。在面向对象程序中，可以通过封装屏蔽对象内部的复杂性，只提供必需的、与外界相交互的操作。举例来说，一部电话只要向用户提供拨打电话与接听电话两个基本功能，用户只要知道如何拨打电话和如何接听电话就行了，并不需要了解电话机内部实现这两个功能的具体技术细节。实际上，电话机制造商已经将与此相关的复杂技术细节"封装"在电话机内部，用户根本不需要知道这些实现机理。

面向对象程序设计中用类来封装对象内部的复杂性，而只将与外界相互操作的功能展现在用户面前。

例如案例 1-3 中，用户对于这样的界面是非常熟悉的，也知道如何操作。但事实上，无论是按钮还是文本框，其对象内部都封装了诸如大小、位置、颜色、字体及对操作的响应代码等，所有这些用户是无需关心的。

2. 继承

继承也是面向对象中一个极其重要的概念，继承就是由一个基础类(Base Class)衍生出一个新的类，新类中除了继承基础类中的所有功能外，还可以再加上一些新的方法，或者将基础类中某项需要修改的功能覆盖掉。在现实生活中，继承也是普遍存在的。图 1-19 所示的就是交通工具的继承关系。

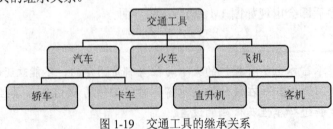

图 1-19　交通工具的继承关系

案例 1-3 也正是演示了这种继承关系。在设计第一个窗体 vbnet01_03.vb 时，打开其代码窗口，代码第 2 句为：Inherits System.Windows.Forms.Form，意思是该窗体继承了系统的基础窗体类 Form。

在设计第 2 个窗体时，由于采用了继承窗体的方法，因此窗体生成代码的第 2 句变成了 Inherits vbnet02.Form1。说明该窗体已经不再是继承系统的基础类窗体，而是继承了第 1 个窗体。

3. 多态性

所谓多态性，是指相同的行为在不同的对象中会出现不同的结果。例如有两个 Windows 窗体：一个是用来显示学生基本信息的窗体 A；另一个是用来显示教师基本信息的窗体 B。这两个窗体都有相同的显示窗体的方法 Show，无论要显示哪个窗体都是调用 Show 方法。使用窗体 A 的 Show 方法显示的是学生基本信息；而使用窗体 B 的 Show 方法则显示教师的基本信息。这就是面向对象中的多态性概念。

知识点 1-3-2　属性、事件与方法

1. 属性

为了便于操作控制对象，在建立对象时，赋予了它们许多属性。每个对象都有属性，例如，一部电话有颜色和大小；当把一部电话放在办公室中，它又有了一定的位置；而它的听筒也有拿起和挂上两种状态。这些属性体现了该对象的外观和对事件的响应能力等特性，即属性是对象的性质或描述对象的数据。改变对象的属性，便可控制其在程序中的作用。

属性的类型因对象的不同而不同。比如，树木具有种类、形状、颜色以及高度等可见属性，还有一些不可见的属性，如寿命、材质等，所有的树木都可以具有这些属性，但不同的树木个体其属性的值却各不相同。

对象的属性可以进行设置。有些属性可以在设计时通过属性窗口来定义，如影响一个控件在运行时是否可见的 Visible 属性、对象的名称、标题等；有些属性可在运行时通过编写代码来设置，如文本内容、菜单条目等。

2. 方法

属性是描述对象的数据。方法是让对象实施一个动作或执行一项任务的途径，即方法告诉对象应处理的事情。每一个对象都包含对数据进行操作的代码段，这段代码就是对象能够执行的一个操作，即方法。例如，列表框有 Add (增加项目)、Remove(删除项目)和 Clear(清除所有项目)等方法来维护其列表中的内容。

3. 事件及事件过程

事件是一种预先定义好的特定动作，由用户或系统激活。

例如，当用户在 Windows 桌面上用鼠标单击"开始"按钮时，单击此按钮的动作就是一个事件。每当这个事件发生时，程序将弹出"开始"菜单，让用户选择，再根据选择引发下一个事件。

每个对象都规定了相应的可响应的事件，如鼠标的单击、键盘上的按键、对象内容的更改等。

事件是对象在应用程序运行时所产生的事情，即生成的对象所要完成的任务，如用户

单击一个命令按钮就是一个事件。每发生一次事件，将引发一条消息发送至操作系统。操作系统处理该消息并广播给其他窗口。然后，每一个窗口才能根据自身处理该条消息的指令，进而采取适当的操作(例如，当窗口解除了其他窗口的覆盖时，重显自身窗口)。

在传统的或"过程化"的应用程序中，应用程序自身控制了执行哪一部分代码和按何种顺序执行代码。在事件驱动的应用程序中，事件可以由用户操作触发，也可以由来自操作系统或其他应用程序的消息触发，甚至可以由应用程序本身的消息触发。代码也不是按照预定的路径执行的，而是在响应不同事件时执行不同的代码片段。这些事件的顺序决定了代码执行的顺序，因此应用程序每次运行时执行代码的路径都是不同的。

代码在执行中也可以触发事件。例如，在程序中改变文本框中的文本将引发文本框的TextChange 事件。如果 TextChange 事件中包含有代码，则将导致该代码的执行。

总之，可以把事件看做是一个响应对象行为的动作。事件发生时可以编写代码进行处理。每个事件都与一段代码相关，与事件相关的代码称为"事件过程"。

【知识扩展】

1. 命名空间

命名空间是 Microsoft.NET 中非常重要的一个概念。命名空间解决了被称为"命名空间污染"或"名称冲突"的问题，由于 VB.NET 是完全面向对象语言，因此其开发的应用程序的所有代码均封装在各个类之中。当要调用某个类中的某个方法时，必须使用"对象实例名称.方法名"。如果一个系统涉及的对象很多，那么在实际应用中常常会遇到类名重复的问题。为了避免这个问题，VB.NET 使用命名空间(NameSpace)来对这些类进行管理。事实上，一个应用程序的所有程序代码都被包含在某些命名空间中。

VB.NET 有系统命名空间，所有定义的控件都包含在 System.Windows.Forms 命名空间中。当然程序员也可以自定义命名空间。在默认情况下，用 VB.NET 创建的可执行文件包含与项目同名的命名空间。例如，如果在名为 VBnet02 的项目内定义一个对象，则可执行文件(VBnet02.exe)包含名为 VBnet02 的命名空间。

2. VB.NET 的代码框架与事件处理机制

当在 VB.NET 中创建窗体时会自动生成一些必要的代码，这些代码主要用于声明窗体，以及对窗体进行初始化。同时随着窗体上对象的增多，相应的代码也会增加。图 1-20 是对应图 1-16 所示窗体的代码窗口。

从图 1-20 中可以看出，VB.NET 的代码是以类的形式组织的，第 1 行即声明了一个名为 Form1 的类。这说明在 VB.NET 中整个窗体已经成为了类。

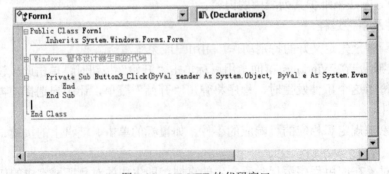

图 1-20 VB.NET 的代码窗口

第 2 行说明该窗体类继承了 System.Windows.Forms.Form 系统基础类。接着是折叠的代码框"Windows 窗体设计器生成的代码"。这部分代码在正常情况下是折叠的，不需要用户去管理，由窗体设计器自动生成，它主要通过代码在窗体上创建各种控件的实例，并设置其位置、初始值等。单击"+"号可以展开，但一般情况下不要对其进行修改，否则会造成意料不到的错误。这部分代码展开后如下所示。

```vb
#Region " Windows 窗体设计器生成的代码 "
    Public Sub New()
        MyBase.New()
        ' 该调用是 Windows 窗体设计器所必需的
        InitializeComponent()
        ' 在 InitializeComponent() 调用之后完成初始化
    End Sub
    ' 窗体重写 dispose 以清理组件列表
    Protected Overloads Overrides Sub Dispose(ByVal disposing As Boolean)
        If disposing Then
            If Not (components Is Nothing) Then
                components.Dispose()
            End If
        End If
        MyBase.Dispose(disposing)
    End Sub
    ' Windows 窗体设计器所必需的
    Private components As System.ComponentModel.IContainer
    ' 注意: 以下过程是 Windows 窗体设计器所必需的
    ' 可以使用 Windows 窗体设计器修改此过程
    ' 不要使用代码编辑器修改它
    Friend WithEvents Button3 As System.Windows.Forms.Button
    Public WithEvents Button1 As System.Windows.Forms.Button
    <System.Diagnostics.DebuggerStepThrough()> Private Sub InitializeComponent()
        Me.Button1 = New System.Windows.Forms.Button
        Me.Button3 = New System.Windows.Forms.Button
        Me.SuspendLayout()
        '
        'Button1
        Me.Button1.Location = New System.Drawing.Point(80, 184)
        Me.Button1.Name = "Button1"
        Me.Button1.TabIndex = 0
        Me.Button1.Text = "确定(&O)"
        '
```

```
        ' Button3
        Me.Button3.Location = New System.Drawing.Point(224, 184)
        Me.Button3.Name = "Button3"
        Me.Button3.TabIndex = 2
        Me.Button3.Text = "退出(&X)"
        '
        ' Form1
        Me.AutoScaleBaseSize = New System.Drawing.Size(6, 14)
        Me.ClientSize = New System.Drawing.Size(360, 237)
        Me.Controls.Add(Me.Button3)
        Me.Controls.Add(Me.Button1)
        Me.Name = "Form1"
        Me.Text = "Form1"
        Me.ResumeLayout(False)
    End Sub
#End Region
```

🔍 **说明**

从上面的代码可以看出，不用 VB.NET 开发环境也可以创建一个 VB.NET 窗体。创建窗体的全部工作都可以通过代码来实现，但使用开发环境将会使开发工作变得更容易。

在窗体设计器生成的代码之后即为开发人员编写的事件处理过程与一般过程。图 1-20 中显示了 Button3 的 Click 事件代码：

```
Private Sub Button3_Click(ByVal sender As System.Object, ByVal e As System.EventArgs) _
                                        Handles Button3.Click

        End
    End Sub
```

从以上事件处理代码可以看出，VB.NET 中的事件处理过程与 VB6.0 是非常相似的，但还是存在以下不同：

(1) 在 VB6.0 中，命令按钮称为 Command1，而在 VB.NET 中则变成了 Button1。

(2) 事件过程参数有所区别。

在 VB6.0 中，命令按钮的 Click 事件过程是不带参数的，但 VB.NET 中却有两个参数：sender 与 e。sender 是 System.Object 类型的参数，指定了激发该事件的控件；e 是 System.EventArgs 类型的参数，指定了与所激发事件相关的一些数据。

🔍 **说明**

在 VB.NET 中，所有的事件处理程序都带有这两个参数。

(3) 有时候，应用程序所定义的控件很多，而对于这些控件所激发的事件又有着同样或者类似的处理过程。此时如果能通过一个事件处理方法来处理所有要求相同的控件事件，则会大大提高开发效率。在 VB6.0 中只能通过使用控件数组来实现；而在 VB.NET 中只要在所指定的事件处理方法声明后面添上 Handles 关键字，再将希望由该方法处理的控件事件一一列举出来(以逗号隔开)即可，程序员可以通过 sender 参数判断是哪个控件激发了事件。

1.4　用户界面布局

【案例1-4】　窗体界面布局。

VB.NET 的用户界面布局功能比 VB6.0 大大增强了，案例 1-4 将演示这种效果。通过对控件所提供的 Anchor 属性与 Dock 属性进行适当的设置，使得用户在使用时可以非常方便地调整控件的位置与大小。

【技能目标】

(1) 控件布局的一般调整。

(2) 布局工具栏的使用。

(3) 控件 Anchor 属性与 Dock 属性的运用。

【操作要点与步骤】

(1) 在 VBnet02 项目中增加一个窗体。

(2) 在窗体上添加两个 Panel(面板)控件，并进行如下设置。

BoderStyle: Fixed 3D；

Dock：左边 Panel1 设为 Fill，右边 Panel2 设为 Right。

这样 Panel2 的宽度将保持不变，而高度可以改变；Panel1 的宽度与高度将随窗体的变化而变化。

(3) 在 Panel2 中添加一个分组框(GroupBox)，并将其 Text 属性修改为 "&Dock"。

技巧

对控件的 Text 属性进行设置时，若在某字母前加 "&"，则可将该字母设置为该控件的访问键(也称为热键)。

再在分组框中添加 6 个单选按钮，各个 Text 属性设置如图 1-21(a)所示。将 Name 属性设置成与 Text 属性相关，如单选按钮"None"的 Name 属性为 rbNone，None 控件的 Checked 属性为 True。

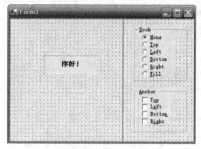
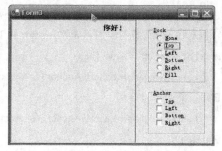

(a) 程序初始运行界面　　　　　　(b) 单击 "Top" 后的运行结果

图 1-21　窗体布局演示

(4) 在 Panel2 中再添加一个分组框，并加入四个复选框，分别命名为 cbTop 等。

(5) 在 Panel1 中添加一个 Label 控件，属性设置如下：

　　　Text: 你好！

　　　TextAlign: MiddleCenter；

　　　BoderStyle: Fixed 3D；

　　　Font: 25pt,Bold；

　　　Anchor: None；

　　　BackColor 与 Forcolor：根据实际情况自行设置。

(6) 编写事件过程代码。

● 6 个单选按钮的单击事件(Click)过程如下：

```
Private Sub rb_Click(ByVal sender As System.Object, ByVal e As System.EventArgs) Handles _
        rbNone.Click, rbTop.Click, rbLeft.Click, rbBottom.Click, rbRight.Click, rbFill.Click
    ' 根据参数 sender 的 Text 属性判断是哪个单选按钮
    Select Case sender.Text
        Case "&None"
            Label1.Dock = DockStyle.None
        Case "&Top"
            Label1.Dock = DockStyle.Top
        Case "&Left"
            Label1.Dock = DockStyle.Left
        Case "&Bottom"
            Label1.Dock = DockStyle.Bottom
        Case "&Right"
            Label1.Dock = DockStyle.Right
        Case "&Fill"
            Label1.Dock = DockStyle.Fill
    End Select
End Sub
```

● 以下是分别针对 4 个复选框的 CheckedChange 事件(状态改变)过程：

```
Private Sub cbTop_CheckedChanged(ByVal sender As System.Object, ByVal e As _
                        System.EventArgs) Handles cbTop.CheckedChanged
    ' 用 Or 和 Xor 运算符添加和去除 Anchor 的 Top 设置
    If cbTop.Checked = True Then
        Label1.Anchor = Label1.Anchor Or AnchorStyles.Top
    Else
        Label1.Anchor = Label1.Anchor Xor AnchorStyles.Top
    End If
End Sub
```

```
Private Sub cbLeft_CheckedChanged(ByVal sender As System.Object, ByVal e As _
                          System.EventArgs) Handles cbLeft.CheckedChanged
    If cbTop.Checked = True Then
        Label1.Anchor = Label1.Anchor Or AnchorStyles.Left
    Else
        Label1.Anchor = Label1.Anchor Xor AnchorStyles.Left
    End If
End Sub


Private Sub cbBottom_CheckedChanged(ByVal sender As System.Object, ByVal e As _
                          System.EventArgs)Handles cbBottom.CheckedChanged
    If cbTop.Checked = True Then
        Label1.Anchor = Label1.Anchor Or AnchorStyles.Bottom
    Else
        Label1.Anchor = Label1.Anchor Xor AnchorStyles.Bottom
    End If
End Sub


Private Sub cbRight_CheckedChanged(ByVal sender As System.Object, ByVal e As _
                          System.EventArgs) Handles cbRight.CheckedChanged
    If cbTop.Checked = True Then
        Label1.Anchor = Label1.Anchor Or AnchorStyles.Right
    Else
        Label1.Anchor = Label1.Anchor Xor AnchorStyles.Right
    End If
End Sub
```

(6) 在菜单"项目"→"VBnet02 属性…"中将"启动对象"设置为 Form3。

【相关知识】

知识点 1-4-1　　控件布局调整技巧

　　在前面所介绍的案例中所设计的窗体都是比较简单的，而一般窗体则要复杂得多，所包含的控件也较多。当一个窗体包含了多个控件时，往往要对控件进行各种布局调整。例如在案例 1-4 中进行窗体界面设计时，添加控件结束后的界面如图 1-22 所示。显然，控件的位置、大小、对齐等都要进行调整。这里主要介绍成组控件的调整技巧。

图 1-22　添加控件结束后的界面

🖋 **技巧**

为了提高添加控件的效率，对于多个相同类型的控件可以采用复制-粘贴的方法。

1. 控件的选择

要对一批控件的布局进行调整首先要选择控件。选择多个控件的方法有很多，一般常用框选、鼠标加 Ctrl 或 Shift 键等。在选中多个控件后，将其中一个控件作为基准控件，其特征为控件周围的 8 个控点为黑色，而其余非基准控件为白色，如图 1-22 所示即为选择了两个 GroupBox 控件，其中 GroupBox1 为基准控件。所谓基准控件，是指在进行大小、位置调整时将以此控件为基准。

2. 布局工具栏的使用

为了提高调整的效率，VB.NET 提供了专门用于调整布局的"格式"菜单与布局工具栏。图 1-23 显示的即为布局工具栏。

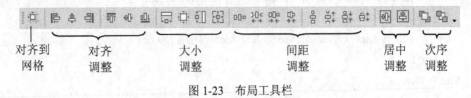

对齐到　　对齐　　　　大小　　　　间距　　　居中　　次序
网格　　　调整　　　　调整　　　　调整　　　调整　　调整

图 1-23　布局工具栏

布局工具栏上提供了 6 组不同的布局工具按钮。

● 对齐到网格：用于将控件与窗体的设计网格对齐。

● 对齐调整：共有 6 个按钮，分别用于调整多个控件按左、中、右等不同的方式对齐。

● 大小调整：共有 4 个按钮，分别用于调整多个控件在宽度、高度等方向取相同的尺寸。

● 间距调整：有 2 组共 8 个按钮，分别用于调整多个控件在水平、垂直两个方向上的间距。

● 居中调整：有水平、垂直两个居中按钮，可调整多个控件相对于窗体进行水平、垂直两个方向上的居中。

● 次序调整：当有多个控件叠放时，用于调整被选中控件是在顶层还是在底层。

为了将图 1-21 中的布局调整为案例 1-4 要求的形式，可按下列方式操作：

(1) 选中上面 Panel1 中的所有单选钮。

(2) 单击最上面的单选钮，使其成为基准控件。

(3) 单击布局工具栏中的"左对齐"按钮，所有选中的控件均按基准控件对齐。

(4) 单击布局工具栏中的"使垂直间距相等"按钮，使控件的垂直间距均匀分布。

(5) 稍微垂直移动选中控件，使其摆放在 Panel1 中的适当位置上。

调整完成后的界面如图 1-24 所示。

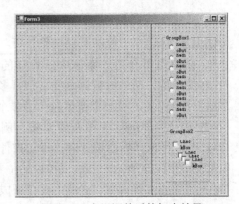

图 1-24　布局调整后的初步效果

🖐 **技巧**

如果窗体上有许多控件，则可以选择那些布局已经确定的控件，右击选择"锁定控件"将这些控件的坐标、大小都锁定，此后再操作其他控件就不会影响到已经锁定的控件了。通过右击，再次选择"锁定控件"即可解除对控件的锁定。

知识点 1-4-2　　控件的常用属性

VB.NET 的控件种类繁多，仅标准工具箱中所提供的控件就达 40 余种，每种控件又都有许多不同的属性，但是在这些属性中，有相当一部分属性是大多数控件所共有的。因此掌握这些共有属性对掌握控件的使用与设置会起到举一反三的效果。

1. Text

Text 属性决定了控件上显示的文本内容，绝大部分控件都有该属性。利用该属性可以设置或返回控件的文本。

2. 名称(Name)

所有控件在刚创建时都有一个默认的名称(如第 1 个命令按钮的名称为 Button1)，该属性非常重要，它主要用于对象的惟一标识。从案例 1-3 和案例 1-4 的代码可以看出，各种控件的事件过程命名都采用了如下格式：

　　　　Private Sub 控件名称_事件名称(参数列表) Handles 控件名称.事件过程名

　　　　　…

　　　　　　　　　　　　　　　　End Sub

🖐 **技巧**

控件名称的修改应该在代码编写之前，如果在代码编写之后修改该属性，则会出现对象找不到或事件过程根本不起作用的情况。

🔍 **说明**

如果控件名称采用默认的命名，则不便于编程与记忆，因此通常要对控件名称进行修改。在为控件命名时，一般要遵守约定：控件前缀+自定义名。控件前缀表示控件的类型，由于每个控件都有一个默认的名称，因此可从该默认名称中取出 3 个字符作为类型名。用户自定义名时最好有一定的意义，以便于记忆。名称的长度应不超过 40 个字符。例如，"txtXsxm"表示学生姓名的文本框，"cmdExit"表示退出命令按钮。

3. Enabled

Enabled 属性决定了控件在运行时是否允许用户进行操作，它是逻辑值，"True"表示允许用户操作并可对其操作作出响应，"False"表示禁止用户操作，此时只要是可视的控件均呈灰色。几乎所有的控件都有 Enabled 属性。

4. Visible

Visible 属性决定了控件在运行时是否可见，它也是逻辑值，"True"代表可见，"False"代表不可见，但它不会影响其在设计时的可见性。只有可视控件才有该属性，像 Timer 那样的不可视控件则没有该属性。

5．Font

在 VB.NET 中，Font 是一个对象，即 System.Drawing.Font，它决定了字符的格式，如字体、字号和字形等。在 VB.NET 中，字体在运行时是只读的(即不能直接设置这些属性，但可以分配新的 Font 对象)，例如：

label1.Font = New System.Drawing.Font("宋体", 20)　　'将标签的字体设为宋体，大小为 20
' 将标签的字体改变为粗体与斜体
label1.Font = New System.Drawing.Font(label1.Font, FontStyle.Bold Or FontStyle.Italic)

如果在属性窗口对该属性进行设置，则只要通过字体对话框就能实现。

6．Location 与 Size

Location 与 Size 决定控件的位置与大小，Location 具有 X、Y 两个子属性，分别代表 X 坐标与 Y 坐标；而 Size 也有 Height 和 Width 两个子属性，指出了控件的高度与宽度。一般在应用程序设计中，控件的位置与大小都是在属性窗口直接设置的。实际上，1.3 节中的布局调整也就是调整控件的位置与大小。

如果想在运行时控制控件的位置与大小，则控制文本框可以使用如下代码：

TextBox1.Size = New System.Drawing.Size(100, 200)
TextBox1.Location = New System.Drawing.Point(100, 100)

7．ForeColor 和 BackColor

这两个属性分别用来设置控件的前景色与背景色。其值是一个十六进制常数，通常在属性窗口中使用调色板直接选取。当然也可以使用 Color 结构来动态设置控件的前景色与背景色。

8．TextAlign

TextAlign 属性设置了控件文本的对齐方式，所以只要是有 Text 属性的控件都有该属性。绝大部分控件的 TextAlign 属性都有 9 种不同的取值，其设置方法与前述的 Dock 属性设置一样，也是采用可视化的设置方法，如图 1-25 所示。

除了以上所介绍的属性外，还有一些属性也是大部分控件所共有的，但由于这些属性使用较少，因此不再赘述。

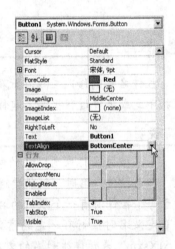

图 1-25　TextAlign 属性设置

| 知识点 1-4-3 | Anchor 属性与 Dock 属性 |

在 Windows 程序设计中，通常窗体的大小是开发人员根据需要来自行调整的，而在程序运行时一般窗体的大小是由用户来调整的。这样势必会带来一个问题，那就是窗体上的各控件布局会发生变化，从而破坏原先设计界面的外观。

在以前的 VB6.0 中，为了避免这种情况，程序员只有通过繁琐的编程来控制窗体界面的改变，而在 VB.NET 中则引入了 Anchor 属性与 Dock 属性。

1. Anchor 属性

Anchor 属性是 VB.NET 新增的一个属性，用于锁定控件的某边与窗体对应边之间的距离。当窗体的尺寸改变时，指定边的距离可以不变。当某个控件的 Anchor 属性设置成两对边(左右或上下)时，该控件在这个方向的尺寸将随着窗体的大小而改变。控件的 Anchor 属性值如表 1-2 所示。

表 1-2　控件的 Anchor 属性值

属 性 值	描　　　述
Bottom	控件锁定到容器的下边界
Left	控件锁定到容器的左边界
None	控件不锁定到容器的任何边界
Right	控件锁定到容器的右边界
Top	控件锁定到容器的上边界

该属性的设置有两种方法：设计时设置与运行时设置。设计时设置就是通过控件的属性窗口进行设置，VB.NET 对控件的 Anchor 属性采用了可视化的设置方法。例如，将窗体上的某一文本框设置成与窗体的左右边界保持不变，即在调整窗体大小时，文本框的宽度自动发生变化以保持左右边界的不变。要实现这一点可采用以下方法：

(1) 单击文本框。

(2) 在属性窗口中找到 Anchor 属性(此时的默认值为 Top,Left)，单击下拉箭头，会出现一个直观的调整界面，如图 1-26 所示。

(3) 使用鼠标单击控件两边的虚线方块(黑色表示锁定，透明表示不锁定)，直到控件左右两边的方块涂黑，上下两边的方块透明。

(4) 单击其他任何位置即可完成设置。

程序运行后，改变窗体的大小即可看出 Anchor 属性的作用效果。

与一般属性一样，Anchor 属性也可以通过代码来设置。设置的语法如下：

控件名.Anchor = AnchorStyles.方向

其中，方向代表 Top、Bottom、Left、Right。如果需要同时设置几个方向，则可在两个方向之间用 Or 连接。例如，可用如下命令来实现：

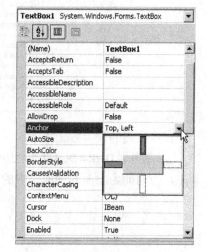

图 1-26　控件 Anchor 属性的调整

```
Text1.Anchor = AnchorStyles.Left Or AnchorStyles.Right
```

2. Dock 属性

控件的 Dock 属性也是新增的一个属性，它允许控件"附着"在窗体的一个边界上。如果一个控件的 Dock 属性设置为 Right，则该控件就会自动紧靠窗体的右边界，而且上下贯穿整个窗体；如果该属性设置成 Fill，则该控件就会充满整个窗体。

🔍 **说明**

有些控件在某些方向的尺寸是受限制的，即使 Dock 属性设置为 Fill，在这个方向上也不会发生变化，如文本框、组合框等。

在属性窗口进行 Dock 属性的设置也是通过可视的方式来实现的，如图 1-27 所示。Dock 属性共有 6 种不同的取值。

- None：没有停靠属性(默认值)。
- Top：控件上边界停靠在容器的上边界上。
- Bottom：控件下边界停靠在容器的下边界上。
- Left：控件左边界停靠在容器的左边界上。
- Right：控件右边界停靠在容器的右边界上。
- Fill：控件各边界停靠在容器的对应边界上。

图 1-27　控件 Dock 属性的调整

程序代码的设置方式如下：

　　　　控件名.Dock = DockStyles.方向

其中，方向即为上面 6 种取值中的一种。

习　　题

一、单项选择

1. 利用 VS.NET 集成开发环境，可以_____。
A. 编辑、调试、编译、运行应用程序　　　　B. 编辑 Word 文档
C. 编辑、调试、运行应用程序　　　　D. 编辑、运行应用程序

2. 在设计时，属性一般是通过____来设置的。
A. 属性窗口　　　B. 代码窗口　　　C. 主窗口　　　D. 资源管理窗口

3. 能被对象所识别的动作与对象可执行的活动分别称为_____。
A. 方法、事件　　　B. 事件、方法　　　C. 事件、属性　　　D. 过程、方法

4. 引用 System.IO 命名空间的方法是在程序代码的最开头加上_____语句。

A. Input System.IO

B. output System.IO

C. System.IO　Imports

D. Imports System.IO

5. 下列关于面向对象程序设计的叙述错误的是_____。

A. 对象具有属性、方法等特性

B. 对象之间的通信产生了消息

C. 一个对象是一个软件构造块，它包含数据与相关的操作

D. 对象的属性不能被修改

6. 运行时设置属性一般是通过_____代码来实现的。

A. 属性名=表达式

B. 对象名.属性名=表达式

C. 表达式=属性名

D. 属性名=属性值

7. 以下____不是 VB.NET 的特点。

A. 完全的面向对象语言

B. 主要用于开发 Windows 应用程序

C. 具有结构化异常处理功能

D. 支持 .NET 框架的 CLS(公共语言规范)特性

8. 为了使控件在窗口大小改变时维持其相对窗体位置不变，必须设置_____属性。

A. 位置　　　　　B. Location　　　　C. Size　　　　D. Anchor

9. 对象可以识别与响应的某些操作行为称为____。

A. 属性　　　　　B. 方法　　　　　C. 事件　　　　D. 过程

10. 由交通工具可以派生出飞机、汽车、火车等不同类型的交通工具，但它们都具有交通工具所具有的属性与方法，这就叫_____。

A. 封装　　　　　B. 继承　　　　　C. 多态　　　　D. 构造

11. 在 VS.NET 集成开发环境中，不能使用_____语言。

A. VB.NET　　　B. C#.NET　　　　C. J#.NET　　　D. Visual Foxpro

12. VB.NET 应用程序的开发由下列步骤构成：① 代码编写，② 界面设计，③ 属性设置，④ 调试运行，其正确的开发顺序为____。

A. ①②③④　　B. ②①③④　　　C. ②③①④　　　D. ④①②③

13. 控件文本的对齐方式有____种。

A.4　　　　　　B. 5　　　　　　　C. 6　　　　　　D.9

14. 对象是一个逻辑实体，它是____的集合。

A. 数据　　　　　B. 代码　　　　　C. 数据与代码　　D. 属性

15. VB.NET 的联机帮助是_____。

A. MSDN　　　　B. CSDN　　　　　C. HELP　　　　D. CDMA

16. VB.NET 中，所有包含 VB 代码的源文件的扩展名为_____。

A. vb　　　　　　B. frm　　　　　　C. ocx　　　　　D. lib

17. 要指定文本框 Text1 与窗体左右两边缘的距离不变，可使用_____。

A. Text1.Anchor = AnchorStyles.Left Or AnchorStyles.Right

B. Text1.Anchor = AnchorStyles.Left And AnchorStyles.Right

C. Text1.left = Text1.Right

D. Text1.Anchor = Left And Right

18．VB.NET 中的解决方案文件扩展名为＿＿＿＿。

A. net　　　　　　　B. sln　　　　　　　　C. vb　　　　　　　　D. frm

二、多项选择

1．VS.NET 集成开发环境中的窗口定位方法有＿＿＿＿。

A. 浮动　　　　　B. 停靠　　　　　　　C. 隐藏　　　　　　　D. 自动隐藏

2．一个项目创建并调试运行完成后，在磁盘上解决方案文件夹中将自动创建＿＿＿＿文件夹。

A. 项目名　　　　　B. bin　　　　　　　C. obj　　　　　　　D. debug

3．类与对象的主要特征为＿＿＿。

A. 可视性　　　　　B. 封装性　　　　　C. 继承性　　　　　　D. 多态性

4．资源管理窗口管理程序开发中的＿＿＿＿。

A. 解决方案　　　　　B. 项目　　　　C. 源程序　　　　D. 硬件资源

5．在.NET 平台上可以开发＿＿＿＿。

A. Windows 应用程序　　　　　　　　B. Web 应用程序

C. 控制台应用程序　　　　　　　　　D. 类库

三、思考题

1．VS.NET 包含哪些开发语言？

2．列举几种 VB.NET 可以创建的工程项目类型。

3．试阐述解决方案、项目与项之间的关系。

4．项目解决方案对应文件名后缀是什么？

5．简单描述项目创建以后，VB.NET 在指定文件夹下自动生成的相关目录结构。

6．在 VB.NET 中有哪两种属性设置方法？

7．如何在 VB.NET 中获取帮助？有哪几种方法？

8．描述类与对象的关系。

9．什么是对象、属性、方法、事件？试举例说明。

实验一　　VB.NET 集成开发环境

一、实验目的

1．掌握 Visual Basic.NET 集成开发环境的启动与退出，熟悉开发环境中的标题栏、菜单栏、工具箱、窗体窗口、解决方案资源管理器、属性窗口等界面的组成部分。

2．掌握简单程序界面的设计和布局方法。设计一个主窗体，在该窗体上放置文本框、命令按钮、标签框等对象，调整各对象的大小与位置，达到界面美观，布局合理的目的。

3．掌握通过属性窗口设置对象属性的方法。理解对象及其属性的概念，通过选中要操作的对象，在属性窗口中选择要设置的属性字段，如对象名称、显示内容、对象的位置、对象的大小、前景色、背景色等，改变属性字段的值，观察对象的变化情况。

二、实验内容

1. 设计一个只有标签框的程序界面，如图 1-28 所示。

图 1-28　实验 1-1

提示：

(1) 通过鼠标操作调整标签框对象的位置和大小。

(2) 通过属性窗口改变标签框对象的名称、显示内容、前景色和背景色。

思考：

(1) 若要标签框中显示的内容采用居中对齐，则应该如何设置？

(2) 若要标签框对象在程序运行时不可见，则应该如何设置？

2. 设计一个具有多个控件的程序界面，如图 1-29 所示。

图 1-29　实验 1-2

提示：

(1) 窗体中有一个文本框和三个按钮。

(2) 将文本框的 MultiLine 属性设置为 True。

(3) 为三个按钮的 Click 事件编写代码：当按下"显示"按钮时，设置文本框的 Text 属性，如图 1-29 所示；当按下"清除"按钮时，设置文本框的 Text 为空；当按下"结束"按钮时，结束程序运行。

思考：

(1) 若想在程序运行期间改变信息的颜色，如何实现？

(2) 如何将 VB.NET 程序生成可执行程序？本实验生成的可执行文件在什么地方？文件名是什么？

第 2 章　常用控件的使用

在 VB.NET 中，进行界面设计的过程就是向窗体中添加各种控件并合理设置其属性，调整其布局，使得设计的窗口既美观大方又符合用户使用习惯的过程。VB.NET 提供了种类繁多，功能强大的控件，利用这些控件并进行编程，可以使控件的表现形式更加丰富，满足应用程序界面设计的需要。本章将介绍 VB.NET 中常用的一些典型控件的功能、属性、事件及方法。

2.1　基本控件的使用

【案例 2-1】　制作用户登录界面。

本案例要求制作一个用户登录界面。当用户输入了用户帐号和用户密码后，单击"确定"按钮，程序进行识别，如果输入正确，则显示欢迎信息；否则，提示输入错误。单击"重置"按钮，则清除文本框中的内容，用户可重新输入。

用户在输入密码时，相关文本框中的字符以"*"出现。当用户帐号或用户密码不正确时，显示输入错误。本例中对错误对象不进行识别，学习了流程控制语句后，可进行相应的错误识别。

【技能目标】

(1) 掌握标签控件(Label)、按钮控件(Button)和文本框控件(TextBox)常用的属性、事件和方法。

(2) 掌握标签控件、命令按钮控件和文本框控件的使用。

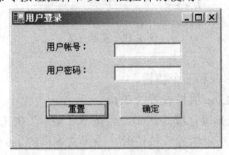

图 2-1　用户登录界面

【操作要点与步骤】

(1) 新建项目"VBnet2-1"。单击"文件"菜单，在出现的下拉菜单中，单击"新建"，再单击"新建项目"，新建一个项目。项目存放在"D:\VB.net"下，项目名取"VBnet2-1"。项目类型选择"Visual Basic 项目"，模板选择"Windows 应用程序"，项目名与位置按以上要求改写，其他选默认值，单击"确定"按钮。

　　(2) 在窗体中建立各相关控件。如图 2-2 所示，单击控件箱中的"Windows 窗体"选项卡，在相关的"Windows 窗体"选项卡中双击"Label"控件，在窗体中出现"Label1"对象，拖放"Label1"对象到适当位置，采用相同的方法，在窗体上建立其余各对象。

　　(3) 设置窗体中各对象的属性。在窗体中选中"Label1"对象，在相应的属性窗口中将它的"Text"属性设置为"用户帐号："，采用相同的方法对各对象的属性进行设置，如表 2-1 所示。

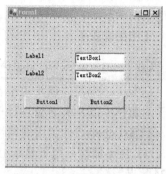

图 2-2　用户登录界面各对象

表 2-1　对象属性设置

对象名称	对象属性	属 性 值
Label1	Text	用户帐号：
Label2	Text	用户密码：
TextBox1	Text	
TextBox2	Text	
	PasswordChar	*
Button1	Text	重置
Button2	Text	确定
Form1	Text	用户登录

　　(4) 编写程序代码。各窗体对象的相关属性设置完成后，对 Button1 和 Button2 对象的 Click 事件编写相应的代码。在窗体上双击 Button1 对象，进入代码编写窗口，输入相应代码，双击 Button2 对象，进入代码编写窗口，输入相应代码。具体代码如下：

```
Private Sub Button1_Click(ByVal sender As System.Object, ByVal e As System.EventArgs) _
                Handles Button1.Click
        TextBox1.Text = ""
        TextBox2.Text = ""
    End Sub
Private Sub Button2_Click(ByVal sender As Object, ByVal e As System.EventArgs) Handles Button2.Click
        If TextBox1.Text = "user01" And TextBox2.Text = "user@01" Then
            MsgBox("欢迎进入本系统！")
        Else
            MsgBox("你输入的用户帐号或密码有误！")
            TextBox1.Text = ""
            TextBox2.Text = ""
        End If
End Sub
```

本例中预设的用户名为"user01"，密码为"user@01"。Msgbox()的作用是将相关内容在对话框中显示。

【相关知识】

知识点 2-1-1　　标签(Label)控件的常用属性、事件和方法

标签(Label)控件通常用于在窗体中显示固定的信息，这些信息通常是不能修改的，仅用于对窗体中的相关对象进行标识。

标签(Label)控件常用的属性如下所述。

(1) Text 属性：用于显示 Label 控件对象中显示的文本。Text 属性的长度最长可设置为 1024 字节。

(2) TextAlign 属性：用于设置 Label 控件对象中文本的对齐方式。可使用图视的方式对该属性进行设置(见图 2-3)，属性值有：TopLeft、TopCenter、Topright、MiddleLeft、MiddleCenter、MiddleRight、BoottomLeft、BottomCenter 和 BottomRight。默认值为 TopLeft。

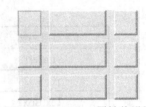

图 2-3　TextAlign 属性值设置

(3) Image 属性：用于设置 Label 控件对象的背景图像。

(4) Autosize 属性：用于根据输入 Text 属性值的内容自动调整标签的大小。

(5) BorderStyle 属性：用于设置 Label 控件对象的边框外观。属性值有 None、Fixed3D 和 FixedSingle，默认值为 None。

知识点 2-1-2　　命令按钮(Button)控件的常用属性、事件和方法

命令按钮(Button)控件在 Windows 程序中有着广泛的应用。在程序运行后，当用户单击某命令按钮时就执行相关的事件过程。

1. 常用的属性

(1) FlatStyle 属性：用于设置(Button)控件对象的外观风格。有 Flat、Popup、Standard 和 System 四个属性值。默认的属性值为 Standard。

(2) Text 属性：显示在按钮(Button)对象中显示的文本。

(3) TextAlign 属性：用于设置按钮(Button)控件对象中文本的对齐方式。也可使用图视的方式来进行设置(见图 2-3)，其属性值与标签相同，但默认值为 BottomCenter。

(4) Image 属性：用于设置按钮(Button)控件对象的背景图像。

2. 常用的事件

命令按钮的最常用事件是 Click 事件，单击命令按钮时将触发按钮的 Click 事件并执行写入 Click 事件过程的代码。

🔍 说明

"单击"按钮过程中会产生 MouseMove、MouseLeave、Mousedown 和 MouseUp 等事件。Button 控件对象的单击事件发生的顺序为：MouseMove、Mousedown、Click、MouseUp、MouseLeave。

| 知识点 2-1-3 | 文本框(TextBox)控件的常用属性、事件和方法 |

文本框(TextBox)控件是 Windows 窗体上主要的输入和输出对象，它可以显示程序的相关信息，也可以通过它输入相关的信息与程序交互。

1．常用的属性

(1) Text 属性：用于设置或返回文本框的当前内容。

(2) Multline 属性：用于设置多行显示方式。默认值为 False，只显示单行文本。当设置属性值为 True 时，允许以多行方式显示。

(3) PasswordChar 属性：指定显示在文本中的字符，用于隐藏输入的文字。无论用户在文本框中输入什么字符，文本框中都显示 PasswordChar 属性所指定的字符。

(4) ScrollBar 属性：是否为文本框加上滚动条，只有当 MultiLine 属性为 True 时该属性才有效。它有 None(无)、Horizontal(水平滚动条)、Vertical(垂直滚动条)和 Both(二者都有)四种取值。

(5) CharacterCasing 属性：获取或设置文本框控件是否在字符输入时修改其大小写格式，其取值有 Normal(大小写保持不变)、Upper(全部转变成大写)、Lower(全部转换为小写)三种。

2．常用的事件

文本框(TextBox)控件的常用事件有 TextChanged(文本框内容改变)、GotFocus(获得焦点)、LostFocus(失去焦点)等。

TextChanged 事件是 TextBox 中非常重要的事件，该事件在文本框的内容发生改变时触发。该事件常用于对输入内容的过滤、限制与校验等。例如，在窗体上加入一个 TextBox1 控件，将其 MultiLine 设置为 True，CharacterCasing 设置为 Upper；再加入一个标签 Label1，将其 BorderStyle 属性设置为 FixedSingle；接着在 TextBox1 的 TextChanged 事件中输入下列代码：

```
Label1.Text=TextBox1.Text
```

程序运行后，在文本框中输入的任何字母都被转换成大写，而且该输入又被实时地送入到标签中显示。

技巧

在测试时，注意用户名和密码的大小写状态，本案例是区分大小写的。

2.2　批量数据选择控件的使用

【案例 2-2】　学生信息输入界面。

本案例要求制作一个用户信息输入界面，如图 2-4 所示。用户在用户信息输入界面中输入学生的基本信息(学号、姓名、性别、团员否、出生年份和班级)后，在"选择项目的显示"框中选择所要显示的内容，单击"显示信息"按钮后，在信息显示框中就可以显示相关的信息。本例综合运用了多种控件。本节将重点介绍批量数据选择控件组合框 ComboBox、列表框 ListBox 和复选列表框 CheckedListBox 的相关知识，其余控件的相关知识将在以后各节中进行介绍。

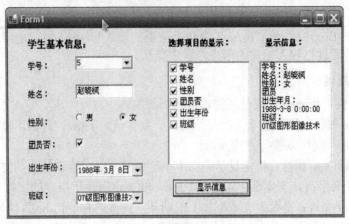

图 2-4 学生信息输入界面

【技能目标】

(1) 掌握组合框 ComboBox 控件、列表框 ListBox 控件和复选列表框 CheckedListBox 控件的常用属性、事件和方法。

(2) 掌握组合框 ComboBox 控件、列表框 ListBox 控件和复选列表框 CheckedListBox 控件的使用。

【操作要点与步骤】

(1) 新建项目"VBnet2-2"。单击"文件"菜单，在出现的下拉菜单中单击"新建"，再单击"新建项目"，新建一个项目。项目存放在"D:\VB.net"下，项目名取"VBnet2-2"，项目类型选择"Visual Basic 项目"，模板选择"Windows 应用程序"，项目名与位置按以上要求改写，其他选默认值，单击"确定"按钮。

(2) 在窗体中建立各相关控件，如图 2-5 所示。

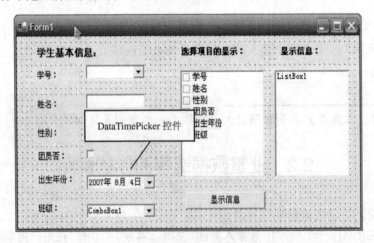

图 2-5 学生信息输入界面的对象布局

(3) 设置窗体中各对象的属性。在窗体中选中"Label1"对象，在相应的属性窗口中将它的"Text"属性设置为"用户帐号:"，采用相同的方法将各对象的属性按表 2-2 进行设置。

表2-2　对象属性设置

对象名称	对象属性	属 性 值
Label1	Text	学号：
Label2	Text	姓名：
Label3	Text	性别：
Label4	Text	团员否：
Label5	Text	出生年份：
Label6	Text	班级：
Label7	Text	学生基本信息：
Label8	Text	选择项目的显示：
Label9	Text	显示信息：
TextBox1	Text	
ComboBox1	Items	
ComboBox2	Items	
CheckedListBox1	Items	
ListBox1	Items	
Button1	Text	显示信息
RadioButton1	Text	男
RadioButton2	Text	女
CheckBox1	Text	

　　(4) 编写程序代码。各窗体对象的相关属性设置完成后，对 Button1 对象的 Click 事件编写相应的代码。在窗体上双击 Button1 对象，进入代码编写窗口，输入相应代码。具体代码如下：

```
Private Sub Button1_Click(ByVal sender As System.Object, ByVal e As System.EventArgs) _
                    Handles Button1.Click
        If CheckedListBox1.GetItemChecked(0) Then
            ListBox1.Items.Add("学号：" + ComboBox2.Text)
        End If
        If CheckedListBox1.GetItemChecked(1) Then
            If TextBox1.Text = "" Then
                MsgBox("姓名不能为空！")
                Exit Sub
            End If
            ListBox1.Items.Add("姓名：" + TextBox1.Text)
        End If
        If CheckedListBox1.GetItemChecked(2) Then
            If RadioButton1.Checked Then
                ListBox1.Items.Add("性别：男")
            Else
                ListBox1.Items.Add("性别：女")
            End If
        End If
        If CheckedListBox1.GetItemChecked(3) Then
            If CheckBox1.Checked Then
                ListBox1.Items.Add("团员")
            Else
                ListBox1.Items.Add("非团员")
            End If
        End If
        If CheckedListBox1.GetItemChecked(4) Then
            ListBox1.Items.Add("出生年份：")
            ListBox1.Items.Add(DateTimePicker1.Value.Date)
        End If
        If CheckedListBox1.GetItemChecked(5) Then
            ListBox1.Items.Add("班级：")
            ListBox1.Items.Add(ComboBox1.Text)
        End If
    End Sub
```

其他代码如下：

```
Private Sub TextBox1_TextChanged(ByVal sender As System.Object, ByVal e As System.EventArgs)
Handles TextBox1.TextChanged
    If TextBox1.Text = "" Then
        CheckedListBox1.SetItemCheckState(1, CheckState.Unchecked)
    Else
        CheckedListBox1.SetItemCheckState(1, CheckState.Checked)
    End If
End Sub
Private Sub RadioButton1_CheckedChanged(ByVal sender As System.Object,ByVal e As System.EventArgs)
Handles RadioButton1.CheckedChanged
    CheckedListBox1.SetItemCheckState(2, CheckState.Checked)
End Sub


Private Sub RadioButton2_CheckedChanged(ByVal sender As System.Object, ByVal e As System.EventArgs)
Handles RadioButton2.CheckedChanged
    CheckedListBox1.SetItemCheckState(2, CheckState.Checked)
End Sub


Private Sub CheckBox1_CheckedChanged(ByVal sender As System.Object, ByVal e As System.EventArgs)
Handles CheckBox1.CheckedChanged
    If CheckBox1.CheckState = False Then
        CheckedListBox1.SetItemCheckState(3, CheckState.Unchecked)
    Else
        CheckedListBox1.SetItemCheckState(3, CheckState.Checked)
    End If
End Sub


Private Sub DateTimePicker1_ValueChanged(ByVal sender As System.Object, ByVal e As System.EventArgs)
Handles DateTimePicker1.ValueChanged
    CheckedListBox1.SetItemCheckState(4, CheckState.Checked)
End Sub


Private Sub ComboBox2_TextChanged(ByVal sender As Object, ByVal e As System.EventArgs) Handles
ComboBox2.TextChanged
    If ComboBox2.Text = "" Then
        CheckedListBox1.SetItemCheckState(0, CheckState.Unchecked)
    Else
        CheckedListBox1.SetItemCheckState(0, CheckState.Checked)
```

```
        End If
    End Sub


Private Sub ComboBox1_TextChanged(ByVal sender As Object, ByVal e As System.EventArgs) Handles
ComboBox1.TextChanged
    If ComboBox1.Text = "" Then
        CheckedListBox1.SetItemCheckState(5, CheckState.Unchecked)
    Else
        CheckedListBox1.SetItemCheckState(5, CheckState.Checked)
    End If
End Sub
```

[相关知识]

知识点 2-2-1　　列表框(ListBox)控件的常用属性、事件和方法

列表框用于显示可滚动的项目列表，在列表框中使用者可选择一个或多个项目，使用者不能直接对列表中的项目进行修改，但编程人员可以使用相关方法对项目列表进行增删。

1．常用的属性

(1) SelectedIndex 属性：用于设置和返回列表中当前所选项目的位置。本属性只在运行时可用。当前选定第一个项目时，属性的返回值为 0，当前选定第二个项目时，属性的返回值为 1，以此类推。

(2) Items 属性：用于返回包含列表项目的一个集合。该属性集合非常重要，利用它可以获得列表的项目数(Count 属性)，指定项的列表内容(Item 属性)，插入列表项(Add)，删除列表项(Remove)等。

(3) SelectionMode 属性：设置用户在列表框中选择项目的方式，该属性有四种取值：MultiExtended(类似于 Windows 的扩展多选)、MultiSimple(简单多选)、One(只能选一个)和None(不能选择)。

(4) Sorted 属性：用于设置列表中的项目是否排序。

2．常用的事件

列表框中的常用事件有 Click 事件、DoubleClick(双击)事件与 SelectIndexChanged(选定项目序号发生改变)事件。

3．常用的方法

(1) Clear 方法：用于删除列表框中的所有项目。例如，"列表框名.Items.Clear"将删除指定列表框中的所有项目。

(2) Add 方法：用于向列表中添加项目。添加项目是通过向集合 Items 添加元素的方式实现的。

例如，向列表框中添加项目：

　　　列表框名.Items.Add("string")

(3) Remove 方法：删除列表中的项目。同样，删除项目也是通过删除集合 Items 元素来实现的。

例如，删除列表框中的项目：

列表框名.Items.Remove("string"|Index)

知识点 2-2-2　组合框(ComboBox)控件的常用属性、事件和方法

组合框实际上相当于列表框和文本框功能的组合，一般情况下既可以从下拉列表中选择项目，也可以直接输入文本。

1. 常用的属性

组合框的属性与列表框的属性是非常相似的，但它没有 SelectionMode 属性。组合框有一个设置组合框样式的属性 DropDownStyle，它有以下几种取值：

(1) DropDown：一般组合框，既可以单击下拉箭头进行选择，也可以直接输入。

(2) Simple：简单组合框，布局上相当于文本框与列表框的组合。

(3) DropDownList：下拉列表框，只能通过单击下拉箭头进行选择。

2. 常用的事件

组合框中最常用的事件是 SelectedIndexChanged，即当用户所选定的内容发生变化时触发。

3. 常用的方法

组合框中常用的方法与列表框相同，这里不再详述。

知识点 2-2-3　组合框与列表框的选择

组合框与列表框有许多相似的地方，在很多情况下二者可以互换使用。但在选择时还应该注意以下两点：

● 如果希望用户只在限定的项目中进行选择，则优先选用列表框。因为组合框在一般情况下可以接收用户的输入。

● 如果界面的空间受到限制，则优先选用组合框。因为组合框可以节省空间，尤其是在选择项目较多的情况下。

所以，到底选择组合框还是列表框，需要根据功能要求与界面设置等多种因素综合考虑，并没有严格的区分方法。

复选列表框控件在列表框控件的基础上增加了复选功能，用户在使用时，可以对有关项目进行选定。

知识点 2-2-4　复选列表框(CheckedListBox)的常用属性、事件与方法

复选列表框是列表框的扩展，因此其使用与列表框也非常类似。它可以实现列表框能实现的几乎所有功能，而且在每个项目左边还有一个标明是否选中的复选标记。其不同之处在于它不支持多选属性(SelectionMode)，用户每次只能选择一个。但通过多次选择可以标记多个项目(如图 2-4 所示)。

🔍 **说明**

在复选列表框中，被标记项与被选中项是不一样的。被选中项呈高亮度显示，而被标记项只是在复选标记中有"√"。另外，在复选列表框中只有多个被标记的项，而没有多个被选中的项。

（1）当需要访问 CheckedListBox 控件中显示的被标记数据时，可以循环访问 CheckedItems 属性中存储的集合，或者使用 GetItemChecked 方法逐句通过列表来确定已选中的项。GetItemChecked 方法采用项目索引号作为参数，并返回 True 或 False。

每个项目边上的标记状态可通过 CheckState 属性来设置 Checked(选中)、Indeterminate (不确定的)和 Unchecked(未选中)。

（2）向复选列表框(CheckedListBox)控件中添加项目的方法中也多了一个是否被标记的参数：

> 复选列表框名.Items.add(Item as object,IsChecked as boolean)
>
> 复选列表框名.InsertItems(Index as integer,Value as boolean)

（3）设置与获取复选列表框中项目的"Checked"属性值的方法如下所述。

设置方法如下：

> 复选列表框名.Setitemchecked(Index as integer,Value as boolean)

获取方法如下：

> 复选列表框名.GetItemCheckSatae(Index as integer)

2.3　简单选择控件的使用

在应用程序中，单选按钮(RadioButton)和复选框 CheckBox)是两个常用的控件，它们主要用于提供少量的数据供用户选择。

知识点 2-3-1　　单选按钮(RadioButton)控件的常用属性、事件和方法

单选按钮(RadioButton)通常以一组选项的形式出现,供用户在一组选项中选择其中的一个选项。用户在这一组选项中必须并且只能选中其中的一个选项。当用户选中某个选项后,在该选项左侧的圆圈中出现一个黑点,表示该选项被选中。

1．常用的属性

Checked 属性：用于表示当前的单选按钮(RadioButton)控件对象是否被选中。当属性值为 True 时，表示当前单选按钮(RadioButton)控件对象被选中。

Text 属性：用于设置显示的文本。

2．常用的事件

CheckedChanged 事件：当单选按钮(RadioButton)的 Checked 属性值发生变化后，该事件被触发。

知识点 2-3-2　　复选框 (CheckBox)控件的常用属性、事件和方法

复选框为使用者提供了一组选择项，使用者可以选择其中的一个选项或多个选项，也可以都不选择。

1．常用的属性

Checked 属性、Text 属性与单选按钮相同。另外，复选框还有一个属性(ThreeState)用来设置复选框是否具有"不确定状态"。

2. 常用的事件

CheckedChanged 事件与单选按钮相同。

2.4　RichTextBox 控件的使用

【案例 2-3】　简单的文字处理程序。

本案例要求制作一个简单的文本阅读界面，窗体上有六个按钮(如图 2-6 所示)，分别可以实现以下六个功能。

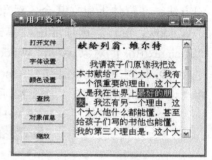

(1)"打开文件"按钮，当用户单击该命令按钮后，弹出"打开文件"对话框，用户可以选择所要打开的文件。本例中只允许打开"*.txt"类型的文件。

(2)"字体设置"按钮，当用户单击该命令按钮后，弹出一个"字体设置"对话框，用户可以对当前选择的文字对象进行字体大小、字型和字体效果的设置。

图 2-6　文本阅读界面

(3)"颜色设置"按钮，当用户单击该命令按钮后，弹出"颜色设置"对话框，用户可以对当前选择的文字对象进行字体颜色的设置。

(4)"查找"按钮，当用户单击该命令按钮后，弹出一个"查找"对话框，在文本框中输入所要查找的文字，单击"确定"按钮后，计算机会自动找到有关文字并以反显的方式显示。

(5)"对象信息"按钮，该命令按钮能将用户选中的文字的起始位置、长度和所选文字在对话框中显示，如图 2-7 所示。

(6)"缩放"按钮，当用户单击该命令按钮后，弹出一个"缩放"对话框，用户可以输入所要缩放的倍数，单击"确定"按钮后，文本框中的文字将进行缩放。

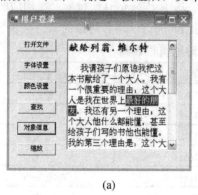

(a)

(b)

图 2-7　对象信息框

【技能目标】

(1) 掌握 RichTextBox 控件的常用属性、事件和方法。

(2) 通过前面几个控件的学习，学会制作一个简单的文字处理软件。

【操作要点与步骤】

(1) 新建项目"VBnet2-3"。单击"文件"菜单，在出现的下拉菜单中单击"新建"，再单击"新建项目"，新建一个项目。项目存放在"D:\VB.net"下，项目名取"VBnet2-3"，项目类型选择"Visual Basic 项目"，模板选择"Windows 应用程序"，项目名与位置按以上要求改写，其他选默认值，单击"确定"按钮。

(2) 在窗体中建立各相关控件。单击控件箱中"Windows 窗体"卷展栏，在相关的"Windows 窗体"卷展栏中双击"Button"控件，将在窗体中出现"Button1"对象。同理创建其余五个按钮对象，并对齐六个按钮对象，拖放"Label1"对象到适当位置，采用相同的方法，在窗体上建立其余各对象。单击控件箱中"Windows 窗体"选项卡，在相关的"Windows 窗体"选项卡中，单击"RichTextBox"控件，在窗体上用拖放的方式建立"RichTextBox1"对象。双击"Windows 窗体"选项卡中的"OpenFileDialog"、"ColorDialog"、"FontDialog"控件，相应的"OpenFileDialog1"、"ColorDialog1"和"FontDialog1"对象将出现在编辑区的下方，如图 2-8 所示。

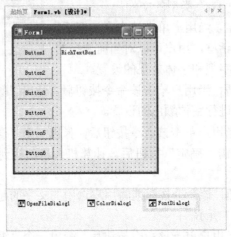

图 2-8　文字处理程序界面中的各对象

(3) 设置窗体中各对象的属性。在窗体中选中"Button1"对象，在相应的属性窗口中将它的"Text"属性设置为"打开文件"，采用相同的方法将各对象的属性按表 2-3 进行设置。

表 2-3　对象属性设置

对象名称	对象属性	属 性 值
Button1	Text	打开文件
Button2	Text	字体设置
Button3	Text	颜色设置
Button4	Text	查找
Button5	Text	对象信息
Button6	Text	缩放
RichTextBox1	Text	
	HideSelection	False
Form1	Text	用户登录

（4）编写程序代码。各窗体对象的相关属性设置完成后，对 Button1、Button2、Button3、Button4、Button5 和 Button6 对象的 Click 事件编写相应的代码。在窗体上逐个双击上述六个命令按钮对象，进入代码编写窗口，输入相应代码。具体代码如下：

```
Private Sub Button2_Click(ByVal sender As System.Object, ByVal e As System.EventArgs) _
                        Handles Button2.Click
        FontDialog1.ShowDialog()
        RichTextBox1.SelectionFont = FontDialog1.Font
    End Sub


    Private Sub Button3_Click(ByVal sender As System.Object, ByVal e As System.EventArgs) _
Handles Button3.Click
        ColorDialog1.ShowDialog()
        RichTextBox1.SelectionColor = ColorDialog1.Color
End Sub


    Private Sub Button4_Click(ByVal sender As System.Object, ByVal e As System.EventArgs) _
                        Handles Button4.Click
        Dim stringf As String
        stringf = InputBox("输入查找的内容：", "查找", "", )
        RichTextBox1.Find(stringf, RichTextBoxFinds.Reverse)
End Sub


    Private Sub Button6_Click(ByVal sender As System.Object, ByVal e As System.EventArgs) _
                        Handles Button6.Click
        Dim tsize As Single
        tsize = InputBox("请输入显示比例：", "显示比例", "", )
        RichTextBox1.ZoomFactor = tsize
End Sub


    Private Sub Button5_Click(ByVal sender As System.Object, ByVal e As System.EventArgs) _
                        Handles Button5.Click
    MessageBox.Show("起始位置：" & RichTextBox1.SelectionStart & "，长度为：" _
        & RichTextBox1.SelectionLength.ToString & Chr(13) & Chr(10) _
            + "所选文字为：" + RichTextBox1.SelectedText)
End Sub


    Private Sub Button1_Click(ByVal sender As System.Object, ByVal e As System.EventArgs) _
                        Handles Button1.Click
        OpenFileDialog1.Filter = "txt files (*.txt)|*.txt"
```

```
            OpenFileDialog1.ShowDialog()
            RichTextBox1.LoadFile(OpenFileDialog1.FileName, RichTextBoxStreamType.PlainText)
        End Sub
```

技巧

(1) 可用"对齐"菜单中的有关命令，进行多个对象的对齐和排列设置。

(2) 可用"Ctrl+C"和"Ctrl+V"键，进行多个对象的快速创建，并可保证各对象的大小一致。

【相关知识】

知识点 2-4-1　　RichTextBox 控件使用简介

RichTextBox 控件是基于 TextBox 控件开发的一种功能更为强大、使用更为方便的控件，它可以完成 TextBox 的一切功能，具有上百个属性与方法(设置字体、颜色和链接)，可从文件中加载文本、插入图片，进行撤消与重做等编辑操作。因此，该控件常用于提供文本显示和编辑的字处理程序，如 Windows 的写字板或 Office Word 等软件。

下面介绍 RichTextBox 控件的主要应用。

1．设置文本的格式

文本格式的设置主要通过两个基本属性来进行。

(1) SelectionFont 属性：获取或设置控件中当前选定文本的字体、字型、字号和其他字体效果。

(2) SelectionColor 属性：获取或设置控件中当前选定文本的颜色。

属性设置只适用于选中的文本，如果没有选中文本，则将只影响当前插入点的文本。

2．设置段落的格式

可以通过设置 SelectionBullet 属性将选定的段落设置为项目符号列表格式，也可以使用 SelectionIndent、SelectionRightIndent 和 SelectionHangingIndent 属性，设置相对于控件的左边缘和右边缘以及其他文本行左边缘的段落缩进。

上述属性均影响包含选定文本的所有段落，还会影响在当前插入点之后键入的文本。例如，当用户在段落中选择一个词然后调整缩进时，新设置将应用于包含这个词的整个段落，还会应用于在选定的段落之后输入的任何段落。

3．滚动条的控制

RichTextBox 控件内置了滚动条控件，缺省情况下将会在需要时显示垂直滚动条与水平滚动条。当然用户也可以通过设置 ScrollBar 属性进行自定义。其属性值有 None、Horizontal、Vertical、Both、ForcedHorizontal、ForcedVertical 和 ForcedBoth，其默认值为 Both。

4．文件管理

RichTextBox 控件中可以显示无格式文本、Unicode 无格式文本、RTF 格式文本等。在控件中加载文件可以使用 LoadFile 方法。要加载一个文件，首先必须知道文件所在的路径。一般来说，需要使用通用对话框 OpenFileDialog 来实现。

控件内容经过编辑以后需要保存时，可以调用 RichTextBox 的 SaveFile 方法，当然还需要通用对话框 SaveFileDialog 来确定文件保存的路径。保存文件时，RichTextBox 控件支持无格式文本、Unicode 无格式文本、Rich-Text 格式、RTF 格式等不同格式的文件类型。

RichText 控件由于其属性、事件与方法众多，因而使用上也比较复杂，本书只简单介绍其基本使用，更多的内容请参考联机手册或其他参考资料。

2.5 滚动条控件的使用

【案例 2-4】 滚动条控件的演示程序。

本案例是一个滚动条控件的演示程序，如图 2-9 所示。在窗体中有三个滚动条分别控制 RGB()函数的三个参数，当用户拖动滚动条时，三个文本框中的值会相应地自动变化，窗体的背景和三个标签控件的背景也会相应地变化。当用户在三个文本框中输入相关的值时，滚动条也会相应地变化，并且窗体背景和三个标签控件的背景也会相应变化。

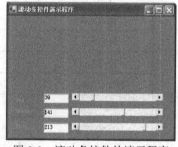

图 2-9　滚动条控件的演示程序

【技能目标】

(1) 掌握 HscrollBar、VscrollBar 控件的常用属性、事件和方法。

(2) 掌握 HscrollBar、VscrollBar 控件的使用。

【操作要点与步骤】

(1) 新建项目"VBnet2-4"。单击"文件"菜单，在出现的下拉菜单中单击"新建"，再单击"新建项目"，新建一个项目。项目存放在"D:\VB.net"下，项目名取"VBnet2-4"，项目类型选择"Visual Basic 项目"，模板选择"Windows 应用程序"，项目名与位置按以上要求改写，其他选默认值，单击"确定"按钮。

(2) 在窗体中建立各相关控件。单击控件箱中"Windows 窗体"选项卡，在相关的"Windows 窗体"选项卡中双击"HscrollBar"控件，将在窗体中出现"HscrollBar1"对象，拖放"HscrollBar1"对象到适当位置，采用相同的方法在窗体上共建立三个"HscrollBar"控件的对象。

利用类似的方法再分别建立三个标签控件和三个文本框控件。具体控件对象在窗体中的布局如图 2-10 所示。

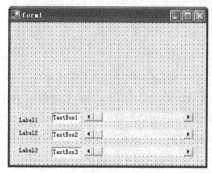

图 2-10　滚动条演示程序的控件对象在窗体中的布局

(3) 设置窗体中各对象的属性。在窗体中选中"Label1"对象，在相应的属性窗口中将它的"Text"属性设置为"Red"，采用相同的方法设置窗体中各对象的相关属性，如表 2-4 所示。

表 2-4　滚动条演示程序的对象属性设置

对象名称	对象属性	属性值	说　明
Label1	Text	Red	
Label2	Text	Green	
Label3	Text	Blue	
TextBox1	Text		设为空
TextBox2	Text		设为空
TextBox3	Text		设为空
HscrollBar1	Maximum	255	RGB 参数取值范围
HscrollBar2	Maximum	255	
HscrollBar3	Maximum	255	

(4) 编写程序代码。各窗体对象的相关属性设置完成后，对 HscrollBar1、HscrollBar2 和 HscrollBar3 对象的 Scroll 事件编写相应的代码，并对 TextBox1、TextBox2 和 TextBox3 对象的 Changed 事件编写相应的代码。具体代码如下：

```
Private Sub Form1_Load(ByVal sender As System.Object, ByVal e As System.EventArgs) _
                    Handles MyBase.Load
        Dim rgbValue As Integer
        Dim rgbValueback As Integer
        Dim r As Integer
        Dim g As Integer
        Dim b As Integer
        r = 88
        g = 88
        b = 88
        TextBox1.Text = r
        TextBox2.Text = g
        TextBox3.Text = b
        rgbValue = RGB(r, g, b)
        rgbValueback = RGB(255 -r, 255 -g, 255 -b)
        Me.BackColor = System.Drawing.ColorTranslator.FromOle(rgbValue)
        Label1.BackColor = System.Drawing.ColorTranslator.FromOle(rgbValue)
        Label2.BackColor = System.Drawing.ColorTranslator.FromOle(rgbValue)
        Label3.BackColor = System.Drawing.ColorTranslator.FromOle(rgbValue)
        Label1.ForeColor = System.Drawing.ColorTranslator.FromOle(rgbValueback)
        Label2.ForeColor = System.Drawing.ColorTranslator.FromOle(rgbValueback)
```

```vb
            Label3.ForeColor = System.Drawing.ColorTranslator.FromOle(rgbValueback)
End Sub


Private Sub HScrollBar2_Scroll(ByVal sender As System.Object, _
        ByVal e As System.Windows.Forms.ScrollEventArgs) Handles HScrollBar2.Scroll
        Dim rgbValue As Integer
        Dim rgbValueback As Integer
        Dim r As Integer
        Dim g As Integer
        Dim b As Integer
        r = HScrollBar1.Value
        g = HScrollBar2.Value
        b = HScrollBar3.Value
        TextBox1.Text = r
        TextBox2.Text = g
        TextBox3.Text = b
        rgbValue = RGB(r, g, b)
        rgbValueback = RGB(255 -r, 255 -g, 255 -b)
        Me.BackColor = System.Drawing.ColorTranslator.FromOle(rgbValue)
        Label1.BackColor = System.Drawing.ColorTranslator.FromOle(rgbValue)
        Label2.BackColor = System.Drawing.ColorTranslator.FromOle(rgbValue)
        Label3.BackColor = System.Drawing.ColorTranslator.FromOle(rgbValue)
        Label1.ForeColor = System.Drawing.ColorTranslator.FromOle(rgbValueback)
        Label2.ForeColor = System.Drawing.ColorTranslator.FromOle(rgbValueback)
        Label3.ForeColor = System.Drawing.ColorTranslator.FromOle(rgbValueback)
End Sub


Private Sub HScrollBar1_Scroll(ByVal sender As System.Object, _
            ByVal e As System.Windows.Forms.ScrollEventArgs) Handles HScrollBar1.Scroll
        Dim rgbValue As Integer
        Dim rgbValueback As Integer
        Dim r As Integer
        Dim g As Integer
        Dim b As Integer
        r = HScrollBar1.Value
        g = HScrollBar2.Value
        b = HScrollBar3.Value
        TextBox1.Text = r
        TextBox2.Text = g
```

```vbnet
        TextBox3.Text = b
        rgbValue = RGB(r, g, b)
        rgbValueback = RGB(255 -r, 255 -g, 255 -b)
        Me.BackColor = System.Drawing.ColorTranslator.FromOle(rgbValue)
        Label1.BackColor = System.Drawing.ColorTranslator.FromOle(rgbValue)
        Label2.BackColor = System.Drawing.ColorTranslator.FromOle(rgbValue)
        Label3.BackColor = System.Drawing.ColorTranslator.FromOle(rgbValue)
        Label1.ForeColor = System.Drawing.ColorTranslator.FromOle(rgbValueback)
        Label2.ForeColor = System.Drawing.ColorTranslator.FromOle(rgbValueback)
        Label3.ForeColor = System.Drawing.ColorTranslator.FromOle(rgbValueback)
    End Sub

    Private Sub HScrollBar3_Scroll(ByVal sender As System.Object, _
            ByVal e As System.Windows.Forms.ScrollEventArgs) Handles HScrollBar3.Scroll
        Dim rgbValue As Integer
        Dim rgbValueback As Integer
        Dim r As Integer
        Dim g As Integer
        Dim b As Integer
        r = HScrollBar1.Value
        g = HScrollBar2.Value
        b = HScrollBar3.Value
        TextBox1.Text = r
        TextBox2.Text = g
        TextBox3.Text = b
        rgbValue = RGB(r, g, b)
        rgbValueback = RGB(255  -r, 255 -g, 255 -b)
        Me.BackColor = System.Drawing.ColorTranslator.FromOle(rgbValue)
        Label1.BackColor = System.Drawing.ColorTranslator.FromOle(rgbValue)
        Label2.BackColor = System.Drawing.ColorTranslator.FromOle(rgbValue)
        Label3.BackColor = System.Drawing.ColorTranslator.FromOle(rgbValue)
        Label1.ForeColor = System.Drawing.ColorTranslator.FromOle(rgbValueback)
        Label2.ForeColor = System.Drawing.ColorTranslator.FromOle(rgbValueback)
        Label3.ForeColor = System.Drawing.ColorTranslator.FromOle(rgbValueback)
    End Sub

    Private Sub TextBox1_TextChanged(ByVal sender As System.Object, ByVal e As _
            System.EventArgs) Handles TextBox1.TextChanged
        HScrollBar1.Value = TextBox1.Text
```

```
End Sub

Private Sub TextBox2_TextChanged(ByVal sender As System.Object, ByVal e As _
        System.EventArgs) Handles TextBox2.TextChanged
    HScrollBar2.Value = TextBox2.Text
End Sub

Private Sub TextBox3_TextChanged(ByVal sender As System.Object, ByVal e As _
        System.EventArgs) Handles TextBox3.TextChanged
    HScrollBar3.Value = TextBox3.Text
End Sub
```

本例中对窗体的 Load 事件也相应地编写了一段代码。在程序运行时，预设 RGB()函数的三个参数分别为 88、88 和 88。程序运行后，当用户在文本框中输入参数时，必须是 0～255 之间的数值，否则，程序会出错。

技巧

本例中标签控件对象的背景颜色和标签控件对象的字体颜色以互补色的方式出现。这样可保证当标签背景颜色变化时，始终能够看到标签字体。

【相关知识】

知识点 2-5-1　　滚动条(Scroll)控件的常用属性、事件和方法

滚动条控件分为两种：垂直滚动条(VscrollBar)和水平滚动条(HscrollBar)，其主要作用是方便地改变可视浏览区域的范围。一般来说，滚动条控件要和其他控件组合起来使用，当然也有一些控件(如 ListBox、ComboBox、RichTextBox 等)内置了滚动条控件，使用起来会更加方便。两种滚动条的属性、事件以及使用方法是相同的。

1. 常用的属性

(1) Value 属性：用于设置或获取当前滑块所在位置的值，其取值范围为大于 Minimum 属性值，并且小于 Maximum 属性值。

(2) Minimum 属性：用于设置滚动条 Value 属性的最小取值。

(3) Maximum 属性：用于设置滚动条 Value 属性的最大取值。

(4) LargeChange 属性：用于设置单击滑块与上下箭头之间的区域时滑块所移动的距离。

(5) SmallChange 属性：用于设置单击滚动条两端的三角箭头时滑块的移动量。

2. 常用的事件

(1) Scroll 事件：当拖动滚动条中的滑块时，发生 Scroll 事件。

(2) ValueChange 事件：当单击滚动条两端的三角箭头或拖动滚动条时，先发生 ValueChange 事件，再发生 Scroll 事件。

说明

水平滚动条 HscrollBar 控件和垂直滚动条 VscrollBar 控件的属性、事件和方法完全一致，其区别仅在于它们在窗体中的显示方向不同。

2.6　定时器控件的使用

【案例 2-5】　　制作具有限时登录功能的用户登录界面。

　　本案例在案例 2-1 的基础上增加了限时登录功能，当程序运行后，用户必须在限制的时间内，输入用户帐号和用户密码，单击"确定"按钮，程序进行识别。如果输入正确，则显示欢迎信息；否则，当用户运行程序后，没有在规定动作的时间内输入正确的用户帐号和密码，系统在出现提示信息后将自动退出程序。其运行效果如图 2-11 所示。

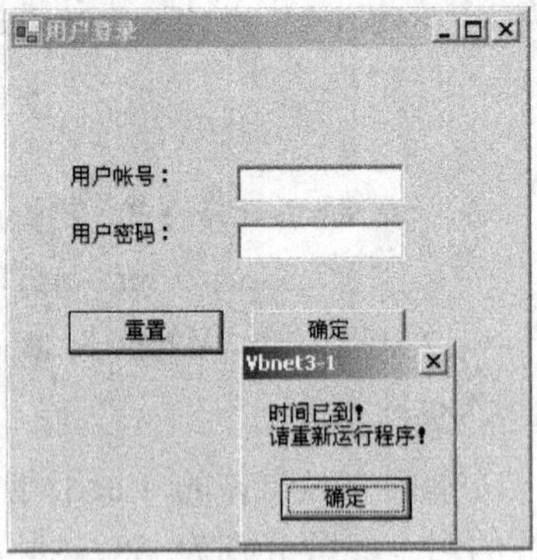

图 2-11　具有限时功能的登录界面

【技能目标】

(1) 掌握定时器(Timer)控件的常用属性、事件和方法。

(2) 掌握定时器(Timer)控件的使用。

(3) 掌握 DateTimePicker 控件的使用。

【操作要点与步骤】

(1) 打开项目"VBnet2-1"。单击"文件"菜单，在出现的下拉菜单中单击"打开"，再单击"项目"，在"D:\VB.net"下查到项目名为"VBnet2-1"，其他选默认值，单击"打开"按钮。

(2) 在窗体中建立定时器(Timer)控件。单击控件箱中"Windows 窗体"选项卡，在相关的"Windows 窗体"选项卡中双击"Timer1"控件，在窗体下方将出现"Timer1"对象。采用同样的方法添加"Timer2"对象，效果如图 2-12 所示。

图 2-12　定时登录用户的登录界面布局

(3) 设置窗体中各对象的属性。在窗体中选中"Timer1"对象，在相应的属性窗口中将它的属性值按表 2-5 进行设置。

表 2-5　定时登录程序的对象属性设置

对象名称	对象属性	属 性 值
Timer1	Enable	True
	Interval	5000
Timer2	Enable	False
	Interval	2000

(4) 编写程序代码。各窗体对象的相关属性设置完成后，对 Timer1 和 Timer2 对象的 Tick 事件编写相应的代码。在窗体上双击 Timer1 对象，进入代码编写窗口，输入相应代码，双击 Timer2 对象进入代码编写窗口，输入相应代码。具体代码如下：

```
Private Sub Timer1_Tick(ByVal sender As System.Object, ByVal e As System.EventArgs) _
                Handles Timer1.Tick
    Timer2.Enabled = True
    MsgBox("时间已到！" & Chr(10) & Chr(13) & "请重新运行程序！")
End Sub
Private Sub Timer2_Tick(ByVal sender As System.Object, ByVal e As System.EventArgs) _
                Handles Timer2.Tick
        End
End Sub
```

本例中预设的用户名为"user01"，密码为"user@01"。MsgBox()的作用是将相关内容在对话框中显示出来。我们将在后续课程中学习其具体用法。

【要点分析】

增加了限时登录功能的用户登录界面是一个较为常见的界面，用户登录时，用户必须在限定的时间内输入正确的用户帐号和密码，目的是进一步增强密码的安全性。在程序中创建了两个定时器，目的是当运行程序 5 秒后，第一个定时器被触发后，弹出对话框并启动第二个定时器，2 秒后，程序自动关闭。

程序运行后，只有第一个定时器开始运行，第二个定时器的 Enable 属性被设置为 False。约 5 秒后(Interval 属性设置为 5000)，当第一个定时器被触发后，第二个定时器的 Enable 属性被设置为 True，第二个定时器开始运行，约再过 2 秒后(Interval 属性设置为 2000)程序自动退出。

【相关知识】

知识点 2-6-1　　定时器(Timer)控件的常用属性、事件和方法

定时器控件用于在一定的时间间隔中产生相应的事件驱动。

1. 常用的属性

(1) Enable 属性：用于设置定时器是否可用。当属性值为 True 时，定时器(Timer)控件可用。

(2) Interval 属性：用于设置定时器的定时时间。属性值 1000 为 1 秒。

2．常用的事件

定时器(Timer)控件的常用事件为 Tick 事件。当达到属性 Intervar 所设置的时间间隔时触发。

技巧

定时器(Timer)控件的 Interval 属性值 1000 大约为 1 秒，最大不超过 10 秒，若要进行较长时间的定时，则要设置一个变量，结合条件语句才能实现长时间的定时。

知识点 2-6-2　　　DateTimePicker 控件的常用属性、事件和方法

DateTimePicker 控件是一个方便进行日期和时间设定的控件，使用该控件可以使使用者直观地进行日期和时间的设置。

1．常用的属性

(1) Value 属性：设置并返回日期和时间值。

(2) MaxDate 属性：用于设置最大日期。

(3) MinDate 属性：用于设置最小日期。

(4) Enable 属性：用于表示该控件是否可用。

(5) ShowUpDown 属性：用于决定是否设置该控件的上下按钮。

(6) Format 属性：用于设置显示的格式(时间格式、长日期格式、短日期格式和自定义格式)。

2．常用的事件

当该控件的 Value 值发生变化时，触发 ValueChanged 事件。此外，该控件常用的还有 MouseUp、MouseDown、MouseLeave、GotFocus、LostFocus 等事件。

说明

DateTimePicker 控件可以方便用户进行有关日期的设置，在可视化方式下进行日期的输入。

【知识扩展】

Windows 窗体的 MonthCalendar 控件为查看用户和设置日期信息提供了一个直观的图形界面。该控件以网格形式显示日历，网格包含月份的编号日期，这些日期排列在周一到周日下的七个列中，并且突出显示选定的日期范围。可以单击月份标题任何一侧的箭头按钮来选择不同的月份。与 DateTimePicker 控件不同，该控件可用来选择多个日期。

2.7　进度条控件的使用

【案例 2-6】　　　有进度条的用户登录界面。

本案例在增加了限时登录功能的基础上，又增加了一个进度条(ProgressBar)控件，用以指示程序运行后的限定时间，如图 2-13 所示。当用户运行程序后，窗体中的进度条指示用户登录的剩余时间。

图 2-13　有进度条的用户登录界面

【技能目标】

(1) 复习标签控件、命令按钮控件和文本框控件的常用属性、事件和方法。

(2) 复习并巩固 Timer 控件的有关知识。

(3) 掌握进度条(ProgressBar)控件的使用。

(4) 掌握滑块(TrackBar)控件的使用。

【操作要点与步骤】

(1) 打开项目"VBnet2-1"。单击"文件"菜单，在出现的下拉菜单中单击"打开"，再单击"项目"。在"D:\VB.net"下，查到项目名为"VBnet2-1"。其他选默认值，单击"打开"按钮。

(2) 在窗体中建立进度条(ProgressBar)控件。单击控件箱中"Windows 窗体"选项卡，在相关的"Windows 窗体"选项卡中双击"ProgressBar"控件，在窗体中将出现"ProgressBar1"对象，见图 2-14。

(3) 设置窗体中各对象的属性。相关对象的属性设置如表 2-6 所示。

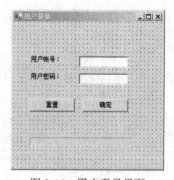

图 2-14　用户登录界面

表 2-6　相关对象的属性设置

对象名称	对象属性	属 性 值
Timer1	Enable	True
	Interval	100
Timer2	Enable	False
	Interval	2000
ProgressBar1	Maximum	100
	Minimum	0

(4) 编写程序代码。各窗体对象的相关属性设置完成后，对 Button1 和 Button2 对象的 Click 事件编写相应的代码。在窗体上双击 Button1 对象，进入代码编写窗口，输入相应代码，双击 Button2 对象，进入代码编写窗口，输入相应代码。具体代码如下：

```
    Private Sub Button1_Click(ByVal sender As System.Object, ByVal e As System.EventArgs) _
                    Handles Button1.Click
        TextBox1.Text = ""
        TextBox2.Text = ""
    End Sub
    Private Sub Button2_Click(ByVal sender As Object, ByVal e As System.EventArgs) _
                    Handles Button2.Click
        If TextBox1.Text = "user01" And TextBox2.Text = "user@01" Then
            MsgBox("欢迎进入本系统！")
        Else
            MsgBox("你输入的用户帐号或密码有误！")
            TextBox1.Text = ""
            TextBox2.Text = ""
        End If
    End Sub
    Dim i As Integer
    Private Sub Timer1_Tick(ByVal sender As System.Object, ByVal e As System.EventArgs) _
                    Handles Timer1.Tick
        i = i + 1
        If i <= 100 Then
            ProgressBar1.Value = i
        Else
            Timer2.Enabled = True
            Timer1.Enabled = False
            MsgBox("时间已到！" & Chr(10) & Chr(13) & "请重新运行程序！")
        End If
    End Sub
    Private Sub Timer2_Tick(ByVal sender As System.Object, ByVal e As System.EventArgs) _
                    Handles Timer2.Tick
        End
    End Sub
```

【要点分析】

本例增加了进度条和限时登录功能的用户登录界面的程序。在程序运行后，第二个定时器的 Enable 属性被设置为 False，第一个定时器开始工作，每隔 0.1 秒(Interval 属性值为100)将变量 i 的值加 1，ProgressBar1.Value 属性值等于 i 的值，随着 ProgressBar1.Value 属性值的增加，在窗体上我们看到进度条在滚动。当 i 等于 100 时，进度条完成滚动。第一个定时器被触发后，第二个定时器的 Enable 属性被设置为 True，第二个定时器开始运行，约再过 2 秒(Interval 属性设置为 2000)程序自动退出。

【相关知识】

知识点 2-7-1　　　进度条(ProgressBar)控件的常用属性、事件和方法

进度条用于直观显示某个任务完成的状态，是一个水平放置的指示器。

常用的属性有以下几种。

(1) Maximum 属性：用于设置进度条控件对象的最大值。

(2) Minimum 属性：用于设置进度条控件对象的最小值。

(3) Value 属性：用于设置进度条控件对象的当前值。该值应界于 Maximum 属性值和 Minimum 属性值之间。

(4) Step 属性：用于设置进度条每次的增加值。

习　　题

一、单项选择

1. 以下关于属性设置的说法中，_____是正确的。

A. 在属性窗口中可以设置所有属性的值

B. 在程序代码中可以设置所有属性的值

C. 属性的名称由 VB 事先定义，用户不能改变

D. 所有对象的属性都是可见的

2. 在选中多个控件进行宽度相同的操作时，以_____为基准。

A. 选择的第一个控件　　　　　　　B. 基准控件

C. 选择的最后一个控件　　　　　　D. 选择的最宽的控件

3. _____适合于存在一组"建议"选项的情况。

A. 列表框　　　　B. 组合框　　　　C. 文本框　　　　D. 标签框

4. 控件的 Enabled 属性值是_____类型的。

A. 整形　　　　　B. 字符串　　　　C. 逻辑　　　　　D. 日期

5. 改变_____的值将会改变窗体标题栏上的内容。

A. Text　　　　　B. Name　　　　　C. Font　　　　　D. Caption

6. Timer 控件的时间间隔的长度由 Interval 属性定义，其值以_____为单位。

A. 毫秒　　　　　B. 秒　　　　　　C. 分　　　　　　D. 时

7. 决定一个控件在窗体上的位置要使用_____属性。

A. Size　　　　　B. Top　　　　　C. Left　　　　　D. Location

8. 决定控件大小属性的是_____。

A. Size　　　　　B. Top　　　　　C. Left　　　　　D. Location

9. 如果窗体上有命令按钮 OK，在代码编辑器窗口有与之对应的 cmdOK_Click()事件，则该按钮的名称与 Text 属性分别为_____。

A. OK,cmdOK　　B. cmd, OK　　　C. cmdOK,OK　　D. OK,cmdOK

二、多项选择

1. 在设计窗体时，要选择多个控件可以采用_____。

A. Ctrl+A
B. 框选
C. Ctrl+鼠标单击
D. Shift+鼠标单击

2. Label 控件用于显示_____。

A. 用户能编辑的文本
B. 用户能编辑的图像
C. 用户不能编辑的文本
D. 用户不能编辑的图像

3. 文本框的用途有_____。

A. 实现文字输入
B. 实现密码输入
C. 控制插入点位置
D. 高亮显示文本

4. 组合框根据 DropDownStyle 属性值的不同，有_____。

A. 简单组合框
B. 一般组合框
C. 下拉列表框
D. 简单列表框

5. 将 InputBox 函数和 MsgBox 函数的提示文字分两行显示时，可在两行文字之间加入_____字符串。

A. chr(10)
B. chr(13)
C. chr(13)+chr(10)
D. vbCrLf

三、思考题

1. 简述 Label 控件的属性 TextAlign、Image、Autosize、BorderStyle 的作用。
2. 简述命令按钮的常用事件及发生顺序。
3. TextBox 控件的常用属性 PasswordChar 的作用是什么？
4. TextBox 控件的常用事件 TextChanged、GotFocus 在什么情况下引发？
5. 简述列表框(ListBox)控件的属性 SelectedIndex、Items、SelectionMode 的作用。
6. 组合框(ComboBox)控件的属性 DropDownStyle 设置为何值时为下拉列表框形式？
7. 单选按钮(RadioButton)的 Checked 属性的值代表什么？
8. 简单描述 RichTextBox 控件的主要功能。
9. 定时器(Timer)控件的属性 Interval 设置为 1000 代表定时时间为多少？
10. 使用什么控件可以方便地进行日期和时间的设定？

实验二　常用控件的使用

一、实验目的

1. 掌握标签、按钮、单选按钮、复选框、分组框等常用控件的功能及在窗体上建立的操作方法。

熟练掌握这些控件的 Name、Text、Height、Width、Location、Enabled、Visible、Font、ForeColor、BackColor、TextAlign、AutoSize、TabIndex 等常用属性；掌握这些控件的基本事件，如 Click、CheckedChanged、GotFocus、LostFocus、KeyPress、MouseDown 等。

2．掌握事件过程代码程序的编写方法，掌握常用事件的功能和触发时机。

二、实验内容

1．分组框的使用。创建一个个人资料输入窗口，如图 2-15 所示。

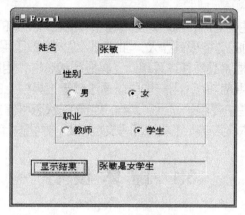

图 2-15　个人资料输入窗口

提示：使用两个分组框分别将"性别"和"职业"中包含的 4 个单选按钮分为互不影响的两组。

思考：如果不使用分组框来区分两组单选按钮，试分析程序运行结果。

2．设计一个学生资料的输入窗口，如图 2-16 所示。

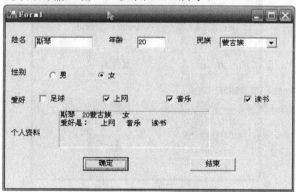

图 2-16　学生资料的输入窗口

提示：

(1) 使用单选按钮选择"性别"，复选框选择"爱好"，组合框选择"民族"。

(2) 单击"确定"按钮，将个人资料输出在"个人资料"右侧的 Label 控件中。

(3) 单击"结束"按钮，终止程序的运行。

第3章 用户界面设计

和现实世界的复杂性相对应，用户对应用程序界面表现形式的要求往往是复杂多样的。VB.NET 在界面设计方面的功能极其强大，可以实现绝大多数应用程序复杂的界面需求。一个典型的 Windows 应用程序必然包含菜单、工具栏和状态栏，用户通过单击菜单中的菜单项来实现应用程序所提供的功能，用户也可以通过单击工具栏上的工具按钮来实现应用程序中的常用功能，状态栏主要用于显示应用程序当前的状态等信息。本章将介绍在应用程序界面设计中涉及的窗体、菜单、工具栏和多文档(MDI)界面设计等内容。

3.1 窗 体 设 计

【案例 3-1】 常用窗体属性的测试程序。

VB.NET 的窗体与 VB 的窗体相比，增加了许多新的功能，本案例主要测试窗体的各种属性。图 3-1 所示为"窗体属性演示"窗口。

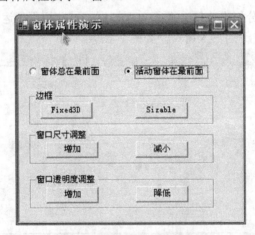

图 3-1 "窗体属性演示"窗口

【技能目标】

(1) 掌握 Windows 窗体的组成与形态。

(2) 能根据各种不同的需要，通过对窗体不同属性的设置来实现窗体的不同行为。

【操作要点与步骤】

本案例在窗体上建立了六个命令按钮和两个 RadioButton 控件，用来测试窗体的若干个具有一定代表性的属性。窗体的 TopMost 属性用来表示当前窗体与其他窗体的关系，当窗体的 TopMost 属性值为 True 时，该窗体总在最前面；当窗体的 TopMost 属性值为 False 时，只有活动窗体在最前面。窗体的 FormBorderStyle 属性用来表示窗体的边框类型,当窗体的 FormBorderStyle 属性值为 Fixed3D 时,该窗体的边框为固定大小的三维立体边框;当窗体的 FormBorderStyle 属性值为 Sizable 时,该窗体的边框为默认边框,可通过鼠标拖曳窗体边框来改变窗体大小。窗体的 Opacity 属性用来表示窗体的透明度,取值范围为 0~1,当窗体的 Opacity 属性值为 0 时,表示该窗体透明;当窗体的 Opacity 属性值为 1 时,表示该窗体不透明。窗体的 Width 属性用来表示窗体的宽度,窗体的 Height 属性用来表示窗体的高度。

事件处理代码如下:

```
Private Sub Button1_Click(ByVal sender As System.Object, ByVal e As System.EventArgs) _
                    Handles Button1.Click
        Me.FormBorderStyle = FormBorderStyle.Fixed3D
    End Sub


    Private Sub Button2_Click(ByVal sender As System.Object, ByVal e As System.EventArgs) _
                    Handles Button2.Click
        Me.FormBorderStyle = FormBorderStyle.Sizable
    End Sub


    Private Sub Button3_Click(ByVal sender As System.Object, ByVal e As System.EventArgs) _
                    Handles Button3.Click
        Me.Size = New Size(Me.Size.Width + 10, Me.Size.Height + 10)
    End Sub


    Private Sub Button4_Click(ByVal sender As System.Object, ByVal e As System.EventArgs) _
                    Handles Button4.Click
        Me.Sizc = New Size(Me.Size.Width-10, Me.Size.Height-10)
    End Sub


    Private Sub Button5_Click(ByVal sender As System.Object, ByVal e As System.EventArgs) _
                    Handles Button5.Click
        Me.Opacity = Me.Opacity-0.1
    End Sub


    Private Sub Button6_Click(ByVal sender As System.Object, ByVal e As System.EventArgs) _
                    Handles Button6.Click
        Me.Opacity = Me.Opacity + 0.1
    End Sub


    Private Sub RadioButton1_CheckedChanged(ByVal sender As Object, ByVal e As System.EventArgs)
```

```
Handles RadioButton1.CheckedChanged
    If RadioButton1.Checked = False Then
        Me.TopMost = False
    Else
        Me.TopMost = True
    End If
End Sub
Private Sub RadioButton2_CheckedChanged(ByVal sender As Object, ByVal e As System.EventArgs)
Handles RadioButton1.CheckedChanged
    If RadioButton2.Checked = True Then
        Me.TopMost = False
    Else
        Me.TopMost = True
    End If
End Sub
```

【相关知识】

知识点 3-1-1　　窗体的基本概念：对象、属性、事件和方法

在 VB.NET 中，窗体也是一个对象，它有自己的属性、事件和方法，并提供了面向对象的可扩展的类集。

窗体是 Windows 应用程序在屏幕上的外在表现形式，外观通常是一个矩形，用来接受用户输入并显示信息。窗体可以分为标准窗体、MDI 窗体、对话框等。最简单的定义窗体用户界面的方法就是直接将控件放到窗体中，通过设置窗体和控件的属性、事件响应代码来实现程序的功能。

窗体对象是 VB.NET 应用程序的基本构造模块，是用户运行应用程序时人机交互操作的实际窗口。窗体有自己的属性、事件和方法，可用于控制窗体的外观和行为。窗体是包含所有组成程序的用户界面的对象。

1. 窗体的属性

通过设置窗体的属性可改变窗体的外观和执行一些窗体操作。窗体属性可以在设计阶段通过属性窗口进行设置，也可以在运行阶段通过代码来进行设置。运行后不再改变的窗体属性通常在窗体设计阶段进行设置，而在运行后需要改变的窗体属性通常在程序运行阶段通过代码来进行设置。任何对窗体的引用都需要使用窗体名称。窗体名称只能在设计阶段设置窗体对象名称，不能在程序代码中修改窗体名称。

窗体的常用属性如表 3-1 所示。

🔍 **说明**

在进行窗体透明度设计时，通常不要将窗体的透明度设置为 0，因为当窗体的透明度为 0 时，将无法对该窗体中的对象进行相关操作。

表 3-1　窗体的常用属性

属 性 名	描 述
Name	标识窗体的名称
Text	设置窗体标题栏上显示的内容
Enable	决定窗体对象是否允许操作。True 表示允许用户操作；False 表示禁止用户操作，窗体对象呈暗淡色
Visible	决定窗体对象是否可见，只在运行阶段起作用
Size	窗体对象的高度和宽度，代码设置格式为： 窗体对象名称.Size.Width=窗体宽度值 窗体对象名称.Size.Height=窗体高度值
Location	决定窗体对象左上角的位置，代码设置格式为： 窗体对象名称.Location=new Point(x,y)
Font	决定窗体对象的字体
ControlBox	决定是否在窗体对象的标题栏上显示有关控制框
FormBorderStyle	决定窗体对象边框的外观
MaximizeBox，MinimizeBox	决定在窗体对象上是否有最大化或最小化按钮
Startposition	决定窗体对象第一次出现的位置
WindowState	决定窗体对象在运行时的状态，属性值为： 　　Normal：缺省值； 　　Maximized：最大化； 　　Minimized：最小化(以图标方式运行)
BackColor	决定窗体对象的背景

2．窗体的事件

窗体事件是指发生在窗体对象上的动作。常用的窗体事件有以下几种。

- Load：当窗体对象被首次运行时发生的事件。
- Activated：当窗体对象被激活时发生的事件。
- Paint：当窗体对象被显示时发生的事件。
- GotFocus：当窗体对象获得焦点时发生的事件。
- LostFocus：当窗体对象失去焦点时发生的事件。
- Click：当窗体对象被单击时发生的事件。
- DbClick：当窗体对象被双击时发生的事件。
- Closed：当窗体对象被关闭时发生的事件。

知识点 3-1-2　　启动窗体

如果在 VB.NET 项目中包含了多个窗体，则必须指定一个窗体为启动窗体(默认的启动窗体为项目中第一个建立的窗体)。指定的启动窗体将会是在程序运行时第一个加载的窗体。通常使用"项目"→"***属性"→"启动对象"来选择启动对象，从而完成启动窗体的设置。

3.2 菜单的制作

菜单是 Windows 界面的重要组成部分。VB.NET 菜单的形式丰富,功能强大。菜单按使用形式可分为下拉式菜单和弹出式菜单两种。下拉式菜单通常位于窗体的顶部,弹出式菜单是独立于窗体菜单栏而显示在窗体内的浮动菜单。

【案例 3-2】 常用窗体属性的测试程序(增加菜单方式)。

【技能目标】

(1) 掌握菜单的结构与组成。

(2) 根据应用程序的功能规划并设计一般的菜单。

【操作要点与步骤】

(1) 启动或打开相关项目。

(2) 添加 MainMenu 控件,在“工具箱”中找到 MainMenu 控件并双击,即向窗体添加了一个菜单对象。

(3) 建立菜单和菜单项。在窗体中添加 MainMenu 控件对象,即向窗体添加一个菜单对象。菜单对象显示内容为“请在此输入”。单击文本“请在此输入”,输入菜单名称。在已输入菜单的下方和右方出现“请在此输入”菜单框,按图 3-2～图 3-4 所示的设计要求完成菜单的设计,其中图 3-4 为图 3-2 中各菜单项的菜单。

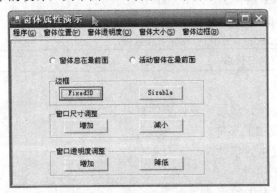

图 3-2 窗体属性的测试程序(增加菜单栏)界面　　图 3-3 窗体属性的测试程序的弹出菜单

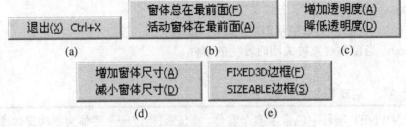

图 3-4 窗体属性的测试程序的下拉菜单

(4) 设置各菜单和菜单项的属性。

本案例中各菜单和菜单项的属性设置见表 3-2。

表 3-2 菜单和菜单项的属性设置

Name	Text	Shortcut
MenuItem1	程序(&G)	
MenuItem2	窗体位置(&P)	
MenuItem3	窗体透明度(&O)	
MenuItem4	窗体大小(&S)	
MenuItem5	窗体边框(&B)	
MenuItem6	退出(&X)	Ctrl X
MenuItem7	窗体总在最前面(&F)	
MenuItem8	活动窗体在最前面(&A)	
MenuItem9	增加透明度(&A)	
MenuItem10	降低透明度(&D)	
MenuItem11	增加窗体尺寸(&A)	
MenuItem12	减小窗体尺寸(&D)	
MenuItem13	FIXED3D 边框(&F)	
MenuItem14	SIZEABLE 边框(&S)	

(5) 输入各菜单项的代码。双击已建立的菜单项，进入相关菜单项的代码段，输入完成该项菜单项功能的代码。

【要点分析】

本案例在 3.1 节程序内容的基础上增加了相应的菜单(包括下拉菜单和弹出菜单)，并增加了一个退出菜单项。

本程序在原有程序的基础上增加了相应的窗体菜单，在程序中增加了退出功能，用"close()"命令来关闭窗体，退出程序，触发窗体对象的 Close 事件。

部分常用窗体属性的测试程序代码(仅实现菜单功能部分代码)如下：

```
Private Sub MenuItem6_Click(ByVal sender As System.Object, ByVal e As System.EventArgs)_
                Handles MenuItem6.Click
    Me.Close()
End Sub


Private Sub MenuItem8_Click(ByVal sender As System.Object, ByVal e As System.EventArgs) _
                Handles MenuItem8.Click
    Me.TopMost = False
End Sub


Private Sub MenuItem12_Click(ByVal sender As System.Object, ByVal e As System.EventArgs) _
                Handles MenuItem12.Click
    Me.Size = New Size(Me.Size.Width-10, Me.Size.Height-10)
End Sub
```

```
Private Sub MenuItem7_Click(ByVal sender As System.Object, ByVal e As System.EventArgs) _
                    Handles MenuItem7.Click
    Me.TopMost = True
End Sub


Private Sub MenuItem9_Click(ByVal sender As System.Object, ByVal e As System.EventArgs) _
                    Handles MenuItem9.Click
    Me.Opacity = Me.Opacity-0.1
End Sub


Private Sub MenuItem10_Click(ByVal sender As System.Object, ByVal e As System.EventArgs) _
                    Handles MenuItem10.Click
    Me.Opacity = Me.Opacity + 0.1
End Sub


Private Sub MenuItem11_Click(ByVal sender As System.Object, ByVal e As System.EventArgs) _
                    Handles MenuItem11.Click
    Me.Size = New Size(Me.Size.Width + 10, Me.Size.Height + 10)
End Sub


Private Sub MenuItem13_Click(ByVal sender As System.Object, ByVal e As System.EventArgs) _
                    Handles MenuItem13.Click
    Me.FormBorderStyle = FormBorderStyle.Fixed3D
End Sub


Private Sub MenuItem14_Click(ByVal sender As System.Object, ByVal e As System.EventArgs) _
                    Handles MenuItem14.Click
    Me.FormBorderStyle = FormBorderStyle.Sizable
End Sub
```

🔍 说明

　　菜单快捷键可以在菜单项不可见的情况下使用。

　　菜单热键只有在所对应的菜单或菜单项可见的情况下可用。

【相关知识】

知识点 3-2-1　　菜单的基本概念

　　下面以 VB.NET 的环境为例来说明有关菜单的若干个基本概念。

1. 菜单

菜单有下拉式菜单和弹出式菜单两种类型。

图 3-5 中的"程序"、"窗体位置"、"窗体透明度"等都是下拉式菜单，这种类型的菜单通常以菜单栏的形式出现在窗体的顶端，当单击菜单栏中的每个菜单时，将下拉出该项菜单的所有菜单项。图 3-5 中，鼠标单击菜单栏中的"程序"菜单，下拉出了"程序"菜单中的所有菜单项，供用户进一步选取。如果某个菜单项右侧有一个黑色三角，则表示该菜单项为一个子菜单，当单击该子菜单时，将会展开其所对应的所有菜单项。

2．菜单栏

图 3-5 中窗体标题栏下面"程序"、"窗体位置"等菜单所在的区域为菜单栏。

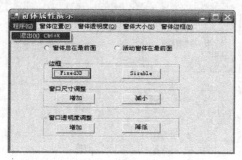

图 3-5　菜单实例

3．菜单项

菜单项也称为菜单命令，是菜单中的最小单位，单击菜单项就可执行菜单项所对应的相关命令。图 3-5 中的"退出"是"程序"菜单中的菜单项。当鼠标单击"退出"菜单项时，将执行"退出"菜单项所对应的相关命令。

4．菜单热键

图 3-5 中的"程序"菜单右侧的"G"就是"程序"菜单的热键，"退出"菜单项右侧的"X"为"退出"菜单项的热键。当程序运行后，用户按下 Alt+G 组合键，等效于鼠标单击"程序"菜单，再按 Alt+X 组合键，等效于用鼠标单击"退出"菜单项。

5．菜单快捷键

图 3-5 中，"程序"下拉菜单中的"退出"菜单项最右侧的 Ctrl+X 就是菜单快捷键。当用户按 Ctrl+X 组合键时，等效于用户用鼠标单击"退出"菜单项。

6．子菜单

当菜单项的右侧出现黑色三角时，表示该菜单项为子菜单。

🔍 **说明**

在设计菜单时要注意以下几点：
① 菜单和菜单项的首字母应大写；
② 为每个菜单项分配唯一的菜单热键；
③ 可为菜单项设置快捷键。

知识点 3-2-2　　弹出式菜单及其设计

弹出式菜单也称快捷菜单，操作时是通过右键弹出的。弹出式菜单的设计操作步骤如下：

(1) 打开相关项目。

(2) 添加 ContextMenu 控件。在"工具箱"中找到 ContextMenu 控件并双击，即向窗体中添加一个"上下文菜单"。

(3) 在"上下文菜单"菜单中建立菜单项。选中"ContextMenu1"，在"上下文菜单"菜单中显示内容为"请在此输入"框。单击文本"请在此输入"，输入菜单项名称。在已输入菜单项下方出现的"请在此输入"框中，按设计要求继续输入相关内容，完成弹出式菜单的设计，如图 3-6 所示。

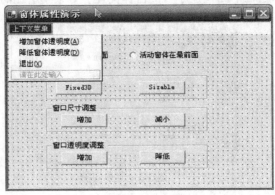

图 3-6　弹出式菜单实例

(4) 设置各菜单和菜单项的属性。本案例中弹出式菜单的各菜单项的属性设置如表 3-3 所示。

表 3-3　弹出式菜单的各菜单项的属性设置

Name	Text
MenuItem15	增加窗体透明度(&A)
MenuItem16	降低窗体透明度(&D)
MenuItem17	退出(&X)

(5) 输入各菜单项的代码。双击已建立的菜单项，进入相关菜单项的代码段，输入完成该项菜单项功能的代码。代码如下：

```
Private Sub MenuItem15_Click(ByVal sender As System.Object, ByVal e As System.EventArgs) _
                          Handles MenuItem15.Click
    Me.Opacity = Me.Opacity-0.1
End Sub


Private Sub MenuItem16_Click(ByVal sender As System.Object, ByVal e As System.EventArgs) _
                          Handles MenuItem16.Click
    Me.Opacity = Me.Opacity + 0.1
End Sub


Private Sub MenuItem17_Click(ByVal sender As System.Object, ByVal e As System.EventArgs) _
                          Handles MenuItem17.Click
```

```
        Close()
End Sub
```

(6) 设置窗体 ContextMenu 属性。选中窗体，将窗体的 ContextMenu 属性设置为"ContextMenu1"。

🔍 说明

一般情况下，任何 VB.NET 可视控件对象都有一个"ContextMenu"属性，利用该属性可以关联弹出式菜单。

3.3　工具栏与状态栏

【案例 3-3】　部分常用的窗体属性的测试程序(增加了工具栏和状态栏)。

本实例在 3.2 节内容的基础上增加了工具栏和状态栏，工具栏中设置了两组三个按钮，第一组两个按钮用于控制窗体的透明度，第二组一个按钮用于退出当前程序。在状态栏中设置了四个窗格，显示制作者的有关信息和系统当前的时期和时间。界面如图 3-7 所示。

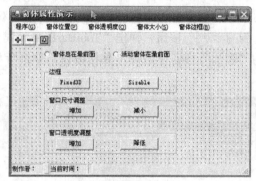

图 3-7　窗体属性的测试程序(增加工具栏)界面

【技能目标】

(1) 掌握开发工具栏所用到的 ToolBar 控件与 ImageList 控件的使用方法。

(2) 能根据应用程序的功能规划设计一般的工具栏。

【操作要点与步骤】

1．在项目中创建工具栏的步骤

(1) 在当前窗体中添加工具条对象和图像列表对象。选中要添加工具栏的窗体，在"工具箱"中找到并双击"ToolBar"控件，在当前窗体中就增加了一个"ToolBar1"工具条对象；在"工具箱"中找到并双击"ImageList"控件，在当前窗体中就增加了一个"ImageList1"图像列表对象。

(2) 为 ImageList1 对象添加图像。选中 ImageList1 对象，双击 ImageList1 对象的 Images 属性右侧的"　"按钮，弹出"Image 集合编辑器"对话框。在"Image 集合编辑器"中单击"添加"按钮，逐个添加按钮图标文件，本案例中使用的三个图标分别为 VB.NET 的安装目录下的\Common7\Graphic\bitmaps\Outline 目录下的 PLUS.bmp、MINUS.bmp 以及在

VB.NET 的安装目录下的\Common7\Graphic\bitmaps\assorted\BELL.bmp 图标文件，如图 3-8
所示。

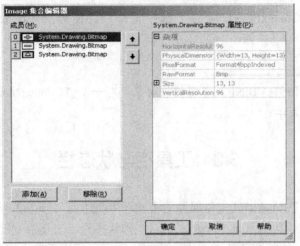

图 3-8　　"Image 集合编辑器"对话框

(3) 选中当前窗体中的ToolBar1 对象，将ToolBar1 对象的ImageList 属性设置为ImageList1。

(4) 创建工具栏中的按钮。选中窗体中的"ToolBar1"对象，双击"ToolBar1"工具条
对象的"Button"属性右侧的"…"按钮，弹出"ToolBarButton 集合编辑器"对话框(见图
3-9)。单击该对话框中的"添加"按钮，添加工具栏按钮，并进行相应的按钮属性设置(见
表 3-4)。

图 3-9　　"ToolBarButton 集合编辑器"对话框

表 3-4　　工具栏按钮属性设置

Name	ImageIndex	Style	ToolTipText	说　明
ToolBarButton1	0	PushButton	增加透明度	
ToolBarButton2	1	PushButton	降低透明度	
ToolBarButton3	2	Separator		分隔条
ToolBarButton4	3	PushButton	退出	

(5) ButtonClick 事件处理代码如下:

```
'ButtonClick 事件处理代码
Private Sub ToolBar1_ButtonClick(ByVal sender As System.Object, _
    ByVal e As System.Windows.Forms.ToolBarButtonClickEventArgs) Handles ToolBar1.ButtonClick
    Select Case ToolBar1.Buttons.IndexOf(e.Button)
        Case 0
            Me.Opacity = Me.Opacity - 0.1
        Case 1
            Me.Opacity = Me.Opacity + 0.1
        Case 3
            Me.Close()
    End Select
End Sub
```

2. 在项目中创建状态栏的步骤

(1) 在当前窗体中添加状态栏对象。选中要添加工具栏的窗体,在"工具箱"中找到并双击"StatusBar"控件,这样就可在当前窗体中增加一个"StatusBar1"状态栏对象。

(2) 将 StatusBar1 对象的 ShowPanels 属性设置为"True"。

(3) 双击 StatusBar1 对象的 Panels 属性右侧的 "......" 按钮,弹出"StatusBarPanel 集合编辑器"对话框,见图 3-10。单击"StatusBarPanel 集合编辑器"中的"添加"按钮,逐个添加状态栏中的窗格,并设置相关的属性,见表 3-5。设置 StatusBar1 的属性"ShowPanels"为"True"。

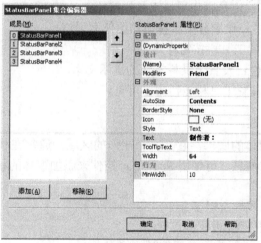

图 3-10 "StatusBarPanel 集合编辑器"对话框

表 3-5 StatusBarPanel 属性设置

Name	AutoSize	BorderStyle	Text	说 明
StatusBarPanel1	Contents	Sunken	制作者:	
StatusBarPanel2	Contents	Raised		
StatusBarPanel3	Contents	Sunken	当前时间:	
StatusBarPanel4	Contents	Sunken		

(4) 添加 Timer1 对象，将该对象的 Enabled 属性设置为 "True"，并编写如下代码：

```
Private Sub Timer1_Elapsed(ByVal sender As System.Object, ByVal e As _
                          System.Timers.ElapsedEventArgs) Handles Timer1.Elapsed
        StatusBar1.Panels(3).Text = Now

    End Sub
```

【相关知识】

知识点 3-3-1　　　工具栏对象

每一个 Windows 应用程序都提供一个包含工具栏控件的工具栏系统，用户可以借助工具栏控件方便的使用命令。每个工具栏都可以定位在应用程序窗口的顶部、底部以及左边或者右边，也可以作为浮动窗口放置在工作区的任何位置上。每个工具栏控件都是一个简单的图形化的控件。

1．ToolBar 对象的常用属性

(1) Appearance 属性：设置工具栏按钮的外观。其属性值为 Normal，表示立体效果，为默认值；属性值为 Flat 表示平面效果。

(2) ImageList 属性：设置与当前 ToolBar 对象相关联的 ImageList 对象。

(3) ShowToolTips 属性：决定是否显示工具栏按钮的提示。

(4) TextAlign 属性：设置工具栏按钮的文本对齐方式。

(5) ButtonSize 属性：设置工具栏按钮的大小。

2．ToolBarButton 对象的常用属性

(1) Enabeld 属性：决定是否启用该工具栏按钮。

(2) Imageindex 属性：设置分配给按钮的图像索引值。

(3) Style 属性：设置工具栏按钮样式。

(4) ToolTipText 属性：设置工具栏按钮的提示文本。

(5) Visible 属性：设置工具栏按钮为不可见。

知识点 3-3-2　　　状态栏

状态栏通常位于窗体的底部。它是一个矩形的区域，通常在状态栏中显示系统的时间和应用程序的各种状态信息。可使用 StatusBar 控件来添加窗体的状态栏，该控件最多可添加 16 个窗格(Panels)。

状态栏窗格的常用属性有以下几个。

(1) Text 属性：设置窗格的显示文本。

(2) AutoSize 属性：设置窗格在调整时的特点。

● None：窗格的宽度不随内容的变化而变化。

● Contexts：窗格的宽度随内容的变化而变化。

● Spring：窗格共享状态栏上的空间。

(3) BorderStyle 属性：设置窗格边框的样式。

● None：不显示边框。

● Raisd：窗格以凸起方式显示。

- Sunken：窗格以凹陷方式显示。

(4) Icon 属性：设置窗格显示的图标。

(5) Style 属性：设置窗格的样式。

- OwnerDraw：表示窗格可显示图像或以不同字体显示。

- Text：表示窗格以标准字体显示文本。

📌 说明

只有当状态栏对象的 ShowPanels 属性值设置为"True"时，状态栏中才能显示有关窗格的内容。

3.4　MDI 窗体

【案例 3-4】　多文档应用程序实例。

本实例主要介绍多文档界面窗体的设计，在制作过程中复习菜单栏、状态栏和工具栏等知识，效果如图 3-11 所示。本实例具有如下功能：

- 文档的新建和关闭。

- 可运用菜单、工具栏、弹出菜单实现文档中文本的剪切、复制和粘贴功能。

- 使多个文档窗体按一定规则排列(叠放、水平平铺和垂直平铺)。

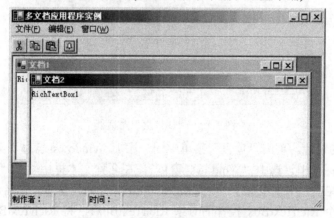

图 3-11　多文档应用程序实例界面

【技能目标】

(1) 掌握 MDI 窗体的概念与组成，了解主窗体、子窗体的区别与联系。

(2) 会设计简单的 MDI 窗体程序。

【操作要点与步骤】

在本案例中，设计阶段包含了两个窗体的设计：一个为主窗体，命名为 MainFrm；另一个为子窗体，命名为 ChildFrm。通过相关代码可创建和关闭多个子窗体，并实现相关功能。

(1) 主窗体的设计。新建一个项目，选中系统自动添加的 Form1 窗体，将 Form1 窗体的属性按表 3-6 进行设置。

表 3-6　　主窗体属性设置

属　性	属　性　值	说　明
Name	MainFrm	窗体名称
IsMDIContainer	True	将窗体设置为 MDI 窗体
Text	多文档应用程序实例	设置窗体标题

🔍 **说明**

系统默认的启动窗体为 Form1，本案例中将 Form1 窗体名称改名为 MainFrm 后，必须将启动窗体设置为 MainFrm。

在"解决方案资源管理器"窗口中选中本项目，单击"项目"菜单中的"属性页"菜单项，在"属性页"对话框(见图 3-12)中，将启动对象设置为"MainFrm"。

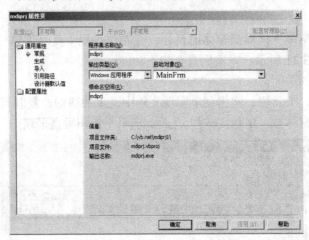

图 3-12　　"属性页"对话框

(2) 子窗体的设计。单击"项目"菜单中的"添加 Windows 窗体"菜单项，在出现的"添加新项"对话框中，选中"Windows 窗体"，在名称文本框中输入"ChildFrm"，单击"打开"按钮，在项目中就添加了一个名为"ChildFrm"的新窗体。在名为"ChildFrm"的新窗体上添加一个 RichTextBox 控件的对象 RichTextBox1，将 RichTextBox1 对象的 Dock 属性设置为"Fill"。

(3) 在主窗体上建立菜单栏。在"解决方案资源管理器"窗口中选中 MainFrm.vb 文件，然后，在"工具箱"中找到并双击 MainMenu 控件，这样在 MainFrm 窗体上就增加了名为 MainMenu1 的对象。依次建立各菜单和菜单项，如图 3-13 所示，并将各菜单和菜单项的属性按表 3-7 进行设置。

(a) "文件"菜单　　　　　(b) "编辑"菜单　　　　　(c) "窗口"菜单

图 3-13　　菜单项

表 3-7　菜单和菜单项的属性设置

Name	Text	Shortcut	MdiList
Menufile	文件(&F)	None	False
Menunew	新建(&N)	None	False
Menuclose	关闭(&C)	None	False
Menuexit	退出(&X)	None	False
Menuedit	编辑(&E)	None	False
Menucut	剪切(&X)	CtrlX	False
Menucopy	复制(&C)	CtrlC	False
Menupaste	粘贴(&V)	CtrlV	False
Menuwindow	窗口(&W)	None	True
Menucascade	叠放(&C)	None	False
Menuwv	水平平铺(&V)	None	False
Menuwh	垂直平铺(&H)	None	False

技巧

当主窗体中名为 "menuwindow" 的菜单项的 MdiList 属性设置为 "True" 时，在主窗体中打开的每一个文档的标题都会出现在相应的菜单中，并且在当前活动的菜单项前打钩。

(4) 在主窗体 MailFrm 中添加如下代码：

```
Public Class MainFrm
    Inherits System.Windows.Forms.Form
    Private intwindowcount As Integer          '添加的代码
#Region " Windows  窗体设计器生成的代码 "
    Public Sub New()
        MyBase.New()
        ' 该调用是 Windows 窗体设计器所必需的。
        InitializeComponent()
        ' 在 InitializeComponent() 调用之后添加任何初始化
        Dim f As New childfrm           '添加的代码
        f.Text = "文档 1"               '添加的代码
        f.MdiParent = Me                '添加的代码
        f.Show()                        '添加的代码
        intwindowcount = 1              '添加的代码
    End Sub
End Sub
```

上述代码定义了一个局部变量 intwindowcount，在整个主窗体模块中有效，用于记录当前打开的文档窗口的个数。同时，在主窗体启动时，打开一个子窗体，并将它的标题命名为 "文档 1"。

(5) 相关菜单功能的实现。

● "新建"菜单项的 Click 事件过程代码如下：

```
Private Sub Menunew_Click(ByVal sender As System.Object, ByVal e As System.EventArgs) _
                    Handles Menunew.Click
        Dim f   As New childfrm
        intwindowcount += 1
        f.Text = "文档" & CStr(intwindowcount)
        f.MdiParent = Me
        f.Show()
        If Menuclose.Enabled = False Then
            Menuclose.Enabled() = True
        End If
    End Sub
```

● "关闭"菜单项的 Click 事件过程代码如下：

```
Private Sub Menuclose_Click(ByVal sender As System.Object, ByVal e As System.EventArgs) _
                    Handles Menuclose.Click
        Me.ActiveMdiChild.Close()
        intwindowcount-= 1
        If intwindowcount = 0 Then
            Menuclose.Enabled = False
        End If
    End Sub
```

● "退出"菜单项的 Click 事件过程代码如下：

```
Private Sub Menuexit_Click(ByVal sender As System.Object, ByVal e As System.EventArgs) _
                    Hndles Menuexit.Click
        End
    End Sub
```

● "剪切"菜单项的 Click 事件过程代码如下：

```
Private Sub Menucut_Click(ByVal sender As System.Object, ByVal e As System.EventArgs) _
Handles Menucut.Click
        Dim f As childfrm
        f = Me.ActiveMdiChild
        Clipboard.SetDataObject(f.RichTextBox1.SelectedText)
        f.RichTextBox1.SelectedText = ""
    End Sub
```

● "复制"菜单项的 Click 事件过程代码如下：

```
Private Sub Menucopy_Click(ByVal sender As System.Object, ByVal e As System.EventArgs) _
                    Handles Menucopy.Click
```

```
        Dim f As childfrm
        f = Me.ActiveMdiChild
        Clipboard.SetDataObject(f.RichTextBox1.SelectedText)
    End Sub
```

- "粘贴"菜单项的 Click 事件过程代码如下：

```
Private Sub Menupaste_Click(ByVal sender As System.Object, ByVal e As System.EventArgs) _
                Handles Menupaste.Click
        Dim f As childfrm
        Dim idata As IDataObject = Clipboard.GetDataObject
        f = Me.ActiveMdiChild
        If idata.GetDataPresent(DataFormats.Text) Then
            f.RichTextBox1.SelectedText = CType(idata.GetData(DataFormats.Text), String)
        End If
    End Sub
```

- "叠放"菜单项的 Click 事件过程代码如下：

```
Private Sub Menucascade_Click(ByVal sender As System.Object, ByVal e As System.EventArgs) _
                Handles Menucascade.Click
        Me.LayoutMdi(MdiLayout.Cascade)
    End Sub
```

- "水平平铺"菜单项的 Click 事件过程代码如下：

```
Private Sub Menuwv_Click(ByVal sender As System.Object, ByVal e As System.EventArgs) _
                Handles Menuwv.Click
        Me.LayoutMdi(MdiLayout.TileVertical)
    End Sub
```

- "垂直平铺"菜单项的 Click 事件过程代码如下：

```
Private Sub Menuwh_Click(ByVal sender As System.Object, ByVal e As System.EventArgs) _
                Hndles Menuwh.Click
        Me.LayoutMdi(MdiLayout.TileHorizontal)
    End Sub
```

(6) 工具栏的设计。在"解决方案资源管理器"窗口中选中 MainFrm.vb，在"工具箱"中找到并双击"ToolBar"控件，在当前窗体中就增加了一个"ToolBar1"工具条对象；在"工具箱"中找到并双击"ImageList"控件，在当前窗体中就增加了一个"ImageList1"图像列表对象。选中 ImageList1 对象，双击 ImageList1 对象的 Images 属性右侧的"..."按钮，弹出"Image 集合编辑器"对话框，在"Image 集合编辑器"中单击"添加"按钮，逐个添加按钮图标，在 VB.NET 的安装目录下的\Common7\Graphic 目录下可找到相关的图标，如图 3-14 所示。

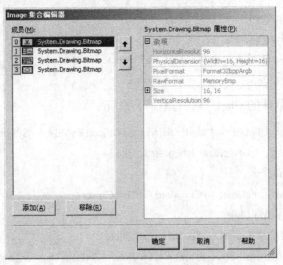

图 3-14　"Image 集合编辑器"对话框

选中当前窗体中的 ToolBar1 对象，将 ToolBar1 对象的 ImageList 属性设置为 ImageList1。选中窗体中的"ToolBar1"对象，双击"ToolBar1"工具条对象的"Button"属性右侧的"…"按钮，弹出"ToolBarButton 集合编辑器"对话框，如图 3-15 所示。单击该对话框中的"添加"按钮，添加工具栏按钮，并进行相应的按钮属性设置，如表 3-8 所示。

图 3-15　"ToolBarButton 集合编辑器"对话框

表 3-8　工具栏按钮的属性设置

Name	ImageIndex	Style	ToolTipText	说　明
ToolBarButton1	0	PushButton	剪切	
ToolBarButton2	1	PushButton	复制	
ToolBarButton3	2	PushButton	粘贴	
ToolBarButton4	3	Separator		分隔条
ToolBarButton5	4	PushButton	退出	

ButtonClick 事件处理代码如下：

```
Private Sub ToolBar1_ButtonClick(ByVal sender As System.Object, _
    ByVal e As System.Windows.Forms.ToolBarButtonClickEventArgs) Handles ToolBar1.ButtonClick
    Select Case ToolBar1.Buttons.IndexOf(e.Button)
        Case 0
            Menucut_Click(Menucut, e)
        Case 1
            Menucopy_Click(Menucopy, e)
        Case 2
            Menupaste_Click(Menupaste, e)
        Case 4
            Menuexit_Click(Menuexit, e)
    End Select
End Sub
```

（7）状态栏的设计。选中要添加工具栏的窗体，在"工具箱"中找到"StatusBar"控件并双击，在当前窗体中就增加了一个"StatueBar1"状态栏对象。将 StatusBar1 对象的 ShowPanels 属性设置为"True"。双击 StatusBar1 对象的 Panels 属性右侧的"..."按钮，弹出"StatusBarPanel 集合编辑器"对话框，如图 3-16 所示。

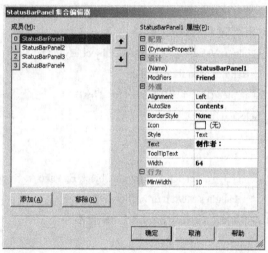

图 3-16　"StatusBarPanel 集合编辑器"对话框

单击"StatusBarPanel 集合编辑器"中的"添加"按钮，逐个添加状态栏中的窗格，并设置相关的属性，见表 3-9。

表 3-9　StatusBarPanel 属性设置

Name	AutoSize	BorderStyle	Text	说　明
StatusBarPanel1	Contents	None	制作者：	
StatusBarPanel2	Contents	Raised		
StatusBarPanel3	Contents	None	当前时间：	
StatusBarPanel4	Contents	Sunken		

本案例中，当程序运行时，要在状态栏中显示时间，则应在 Form1_Load 过程中添加如下代码：

```
Private Sub Form1_Load(ByVal sender As System.Object, ByVal e As System.EventArgs) _
                Handles MyBase.Load
        StatusBar1.Panels(3).Text = Now
End Sub
```

这样就完成了本例状态栏部分的设计。

(8) 弹出菜单的设计。选中要添加上下文菜单对象的 ChildFrm 子窗体，在"工具箱"中找到"ContextMenu"控件并双击，在当前窗体中就增加了一个"ContextMenu1"上下文菜单对象。如图 3-17 设计相关菜单项，按表 3-10 设置有关菜单项的属性，选中 RichTextBox1 对象，将 RichTextBox1 对象的 ContextMenu 属性的属性值设置为"ContextMenu1"。

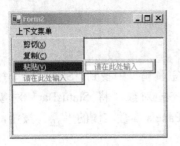

图 3-17　相关菜单项

表 3-10　弹出式菜单项的属性设置

Name	Text
MenuItem1	剪切(&X)
MenuItem2	复制(&C)
MenuItem3	粘贴(&V)

相关菜单项的 Click 事件过程代码如下：

```
Private Sub MenuItem1_Click(ByVal sender As System.Object, ByVal e As System.EventArgs) _
                Handles MenuItem1.Click
        Clipboard.SetDataObject(RichTextBox1.SelectedText)
        RichTextBox1.SelectedText = ""
End Sub


Private Sub MenuItem2_Click(ByVal sender As System.Object, ByVal e As System.EventArgs) _
                Handles MenuItem2.Click
        Clipboard.SetDataObject(RichTextBox1.SelectedText)
End Sub


Private Sub MenuItem3_Click(ByVal sender As System.Object, ByVal e As System.EventArgs) _
                Handles MenuItem3.Click
        Dim idata As IDataObject = Clipboard.GetDataObject
        If idata.GetDataPresent(DataFormats.Text) Then
            RichTextBox1.SelectedText = CType(idata.GetData(DataFormats.Text), String)
        End If
End Sub
```

到此完成了整个实例的设计，保存并运行程序，测试相关功能。

习　　题

一、单项选择

1. 将某窗体设置为父窗体时，必须将它的_____属性设置为"True"。

A. Enabled　　　　　　　　　　　　　B. Locked

C. TopMost　　　　　　　　　　　　　D. IsMdiContainer

2. 要在窗体上设计工具栏，则需添加_____控件对象。

A. StatusBar　　　　　　　　　　　　B. ToolBar

C. ToolTip　　　　　　　　　　　　　D. Button

二、思考题

1. 简述窗体(Form)控件对象的属性 TopMost 的作用。

2. 如果项目中包含多个窗体，那么如何指定哪一个窗体是启动窗体？

3. 菜单按使用形式分为哪两种？有什么区别？

4. 如何在工具栏按钮上设置图像？

5. 如何在状态栏(StatusBar)对象中显示窗格(Panels)的内容？

实验三　用户界面设计

一、实验目的

1. 熟练掌握窗体的概念，掌握窗体的 Text、Height、Location、Name、Visible、Width、MaxButton、MinButton 等常用属性，熟练掌握窗体的 Click 和 Load 等事件及其常用方法 Show 等，掌握设置启动窗体的方法。

2. 使用菜单对各种功能进行分组，使用户能更加方便、直观地使用应用程序。掌握下拉式菜单的使用和菜单事件的编程方法，了解弹出式菜单的建立方法，了解工具栏和状态栏的使用。

3. 掌握多文档界面的建立和使用。理解 MDI 父窗体和 MDI 子窗体之间的关系，能够确定活动子窗体，向活动子窗体发送数据。

二、实验内容

1. 窗体的使用如图 3-18 所示。新建项目，它包含两个名称分别为 Form1、Form2 的窗体。在 Form1 上放置"结束"按钮，在 Form2 上放置"开始"按钮。要求 Form2 设置为启动窗体，单击 Form2 窗体上的"开始"按钮，显示 Form1；单击 Form1 上的"结束"按钮，关闭 Form1 和 Form2，并结束程序运行。

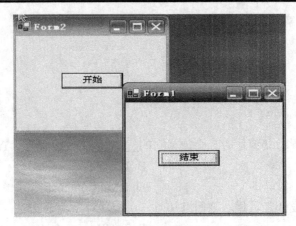

图 3-18　实验界面 1

提示:

(1) 在项目的属性页中可以设置启动对象。

(2) Form2 的"开始"按钮代码如下:

```
Dim frm1 As New Form1
frm1.Show()
```

2. 编制一个能够显示多个图片文件的多文档程序,如图 3-19 所示。

图 3-19　实验界面 2

步骤:

(1) 新建一个项目,并将一个 MainMenu 组件和一个 OpenFileDialog 组件放置到窗体 Form1 上。编辑 MainMenu 建立主菜单项:"文件"和"窗口"。其中,"文件"菜单项有两个子菜单项:"打开"、"退出";"窗口"菜单项有三个子菜单项:"水平平铺"、"垂直平铺"和"层叠"。

(2) 创建父窗体。选中 Form1,要使其成为父窗体,需要将窗体的 IsMdiContainer 属性设置为 True。

(3) 创建子窗体模板。添加一个 Windows 窗体 Form2,将其 AutoScroll 属性设置为 True。将一个 PictureBox 控件放置到 Form2 上,并将其 SizeMode 属性设置为 AutoSize。

(4) 添加事件代码。

● "文件" → "打开":

```
Private Sub MenuItem2_Click(ByVal sender As System.Object, ByVal e As System.EventArgs) Handles
MenuItem2.Click
        OpenFileDialog1.ShowDialog()
End Sub
Private Sub OpenFileDialog1_FileOk(ByVal sender As System.Object, ByVal e As
System.ComponentModel.CancelEventArgs) Handles OpenFileDialog1.FileOk
        Dim frmchild As New Form2
        frmchild.MdiParent = Me
        frmchild.PictureBox1.Image = Image.FromFile(OpenFileDialog1.FileName)
        frmchild.Show()
End Sub
```

- "文件"→"退出":

```
Private Sub MenuItem3_Click(ByVal sender As System.Object, ByVal e As System.EventArgs) Handles
MenuItem3.Click
        End
End Sub
```

- 水平平铺:

```
Private Sub MenuItem5_Click(ByVal sender As System.Object, ByVal e As System.EventArgs) Handles
MenuItem5.Click
        Me.LayoutMdi(MdiLayout.TileHorizontal)
End Sub
```

- 垂直平铺:

```
Private Sub MenuItem6_Click(ByVal sender As System.Object, ByVal e As System.EventArgs) Handles
MenuItem6.Click
        Me.LayoutMdi(MdiLayout.TileVertical)
End Sub
```

- 层叠:

```
Private Sub MenuItem7_Click(ByVal sender As System.Object, ByVal e As System.EventArgs) Handles
MenuItem7.Click
        Me.LayoutMdi(MdiLayout.Cascade)
End Sub
```

(5) 模仿案例 3-3 添加工具栏和状态栏。

第 4 章　VB.NET 语言基础

VB.NET 是一种支持面向对象技术的程序设计语言。一个 VB.NET 程序由两部分构成：一部分是程序的应用界面，其设计特点在于能够灵活、合理地使用 VB.NET 提供的各种界面控件；另一部分是响应各种事件的程序代码，可用于设计数据结构、算法和描述算法中的各种语句。程序的应用界面通过程序代码将界面中的各个对象有机地结合起来，从而可实现程序所需要的功能。作为初学者，学习的重点和难点在于设计程序代码和典型问题的计算机算法。本章主要介绍 VB.NET 的数据类型、基本语句、函数与过程和面向对象程序设计等。

4.1　VB.NET 程序设计基础

4.1.1　代码书写规则

1. 关键字和标识符

关键字又称系统保留字，是具有固定含义和使用方法的字母组合。关键字用于表示系统的标准过程、方法、属性、函数和各种运算符等，如 Private、Sub、If、Else、Select 等。

标识符是由程序设计人员定义的，用于表示变量名、常量名、控件对象名称等的字母组合。

VB.NET 中标识符的命名规则如下：

(1) 标识符必须以字母或下划线开头；

(2) 标识符中不能出现空格符号；

(3) 不能使用关键字。

例如，以下为错误的标识符：

　　　Public(错误原因为使用了系统保留字)；

　　　Student name(错误原因为标识符中出现了空格)；

　　　505Ccomputer(错误原因为标识符以数字开头)。

2. 代码书写规则

程序语句是执行具体操作的指令，是程序的基本功能单位。程序语句最长不能超过 1023 个字符。例如：

　　　End

　　　TextBox.Value="Hello"

程序代码的书写规则如下：

- 不区分字母的大小写；
- 一句语句中包含的字符数不能超过 1023 个字符，一行中包含的字符数不能超过 255 个字符；
- 一行可书写若干句语句，语句之间用 ":" 分隔；
- 一句语句分若干行书写时，要用空格加续行符 "_" 连接；
- 同一语句的续行符之间不能有空行；
- 不能在对象名、属性名、方法名、变量名和关键字的中间断开。

🔍 **说明**

原则上，不提倡一行写多条语句，若需续行，则续行符应该加在运算符的前面或后面。

3. 注释

加入注释语句是为了便于阅读程序代码，以方便程序的维护和调试。注释语句可用 REM 或 "'" 引导。在调试程序时，通常在语句前加上 "'"，以使该语句在程序运行时不被执行。注释语句的各种用法如下：

```
'以下语句的作用是定义一个变量

REM    以下语句的作用是定义一个变量

Dim studentno   as int        '定义一个学生学号的变量

Dim studentno   as int        REM 定义一个学生学号的变量

TextBox.Value="Hello"
```

利用文本编辑器工具栏给某一个程序段整个加上注释，其方法是：先选中需要注释的代码段，单击编辑工具栏中的"块注释"按钮，如要取消注释，则只要再单击"取消块注释"按钮即可。这种注释特别有利于程序的调试。

4.1.2　基本数据类型

VB.NET 语言定义了多种数据类型，用以存储各种不同形式的数据，节省存储的空间。VB.NET 常用的数据类型如表 4-1 所示。

表 4-1　VB.NET 常用的数据类型

VB.NET	公共语言运行库 类型结构	字节数	取 值 范 围
Boolean	System.Boolean	2	True 或 False
Byte	System.Byte	1	0～255(无符号)
Char	System.Char	2	0～65 535(无符号)
Date	System.DateTime	8	0001 年 1 月 1 日凌晨 0：00：00 到 9999 年 12 月 31 日晚上 11：59：59

VB.NET	公共语言运行库 类型结构	字节 数	取 值 范 围
Decimal	System.Decimal	16	0～±79 228 162 514 264 337 593 543 950 335 之间不带小数点的数； 0～±7.922 816 251 426 433 759 354 395 033 5 之间带 28 位小数的数； 最小非零数为 ±0.000 000 000 000 000 000 000 000 000 1
Double (双精度浮点型)	System.Double	8	负值取值范围为 −1.79769313486231570E + 308～ −4.94065645841246544E −324； 正值取值范围为 4.94065645841246544E −324～ 1.79769313486231570E + 308
Integer	System.Int32	4	−2 147 483 648～2 147 483 647
Long (长整型)	System.Int64	8	−9 223 372 036 854 775 808～ 9 223 372 036 854 775 807
Object	System.Object(类)	4	任何类型都可以存储在 Object 类型的变量中
Short	System.Int16	2	−32 768～32 767
Single (单精度浮点型)	System.Single	4	负值取值范围为 −3.4028235E+38～−1.401298E−45； 正值取值范围为 1.401298E−45～3.4028235E + 38
String(变长)	System.String(类)		大约 20 亿个 Unicode 字符
用户自定义的类型 (结构)	(从 System.Value Type 继承)		结构中的每个成员都可以由自身数据类型决定取值范围，与其他成员的取值范围无关

🔍 **说明**

　　VB.NET 中的数据类型与 VB 相比有两点不同：一是所有的数据类型都是对象；二是许多数据类型(特别是整型)的取值范围扩大了。

4.1.3　常量与变量

1. 常量

　　所谓常量，是指在整个应用程序执行过程中其值保持不变的量。常量包括直接常量和符号常量两种形式。

1) 直接常量

直接常量是指在程序中直接给出的数据，包括数值常量、字符型常量、布尔常量、日期常量等。

各类常量的表示方法如下：

(1) 数值常量：23、235、65、23.54、0.345、234.65。

(2) 字符型常量："A"、"a"、"t"、"上海"、"VB.NET 程序设计"。

(3) 布尔常量：True、False。

(4) 日期常量：#10/21/2006#、#8/18/2007#。

2) 符号常量

在应用程序中，使用的一些固定不变的数据，如固定的数学常量 π，就应该考虑改用符号常量。通常在声明符号常量时，使用 Const 语句来给常量分配名字、值和类型。

定义符号常量的一般格式如下：

　　　Const <常量名>　[As 数据类型] = [表达式]

功能：定义由"常量名"指定的符号常量。

说明："常量名"是标识符，它的命名规则与标识符的命名规则一样。"As 数据类型"用来说明常量的数据类型。

2. 变量

在 VB.NET 中，变量用来存储在应用程序执行时会发生变化的值。一个变量在内存中占据一定的存储单元，一个变量中可以存放一个数据。每个变量应有一个名字。

在使用变量之前，应先声明变量。在声明变量的同时还可以给变量赋初值。

变量声明语句的一般格式如下：

　　　Dim <变量名>　As 数据类型 [=初值]

功能：定义由"变量名"指定的变量，并可以给它赋初值。

说明：语句中的"Dim"可以是 Declare、Public、Protected、Friend、Private、Shared和 Static。本节只介绍 Dim。

数据类型可以是基本数据类型，也可以是用户自定义的类型。

📖 **说明**

在 VB.NET 中，变量的声明分为显式声明(先声明后使用)与隐式声明(不声明而直接使用)两种，但一般推荐使用显式声明。

初值用来定义变量的初值。如果在声明变量的时候没有给变量赋初值，则 VB.NET 就用数据类型的默认值来给出初始值。

例如：

　　　Dim aa As integer =100　　'将变量 aa 声明为整型变量并将初值设置为 100

　　　Dim StudentName As String ="张毅"　　'将变量 aa 声明为字符型变量并将初值设置为"张毅"

在 VB.NET 中，变量的命名应符合标识符命名规定。

变量的命名规则如下：

● 变量必须以字母或下划线开头；

● 变量中不能出现空格和符号；

● 变量不能使用关键字。

3. Option Explicit 语句

1) Option Explicit 的工作方式

当 Option Explicit 设置为 On 时(这是缺省情况)，必须在使用变量前显式声明该变量，否则将产生编译错误。

当 Option Explicit 设置为 Off 时，可以在代码中直接使用变量，即隐式声明该变量。这时该变量作为对象类型创建。虽然隐式声明变量比较方便，但会增加命名冲突和隐藏拼写错误并且会抵消使用内存。

2) 设置 Option Explicit

在代码最前面编写相应的语句，可以将 Option Explicit 设置为 On 或 Off。

```
Option Explicit   On        ' 将 Option Explicit 设置为 On
Option Explicit   Off       ' 将 Option Explicit 设置为 Off
```

如果使用隐式声明变量，则 VB.NET 会将遇到的每一个没有声明的标识符均看成一个变量。

例如，在没有声明 x 和 y 的前提下，有下列语句：

```
x=314
y=250
```

系统将自动创建 x 和 y 这两个变量。

4.1.4　运算符和表达式

VB.NET 中也具有丰富的运算符，通过运算符和操作数组合成表达式，可实现程序编制中所需的大量操作。VB.NET 中的运算符可分为算术运算符、关系运算符、逻辑运算符和字符串运算符四类，相应的表达式也可分为算术表达式、关系表达式、逻辑表达式和字符串表达式等。

1. 算术运算符

算术运算符可以对数值型数据进行幂(^)、乘法(*)、除(/)、整除(\)、取余(mod)、加法(+)和减法(−)等运算。算术运算符的运算规律如表 4-2 所示。

表 4-2　算术运算符的运算规律

运算符	名　称	优先级	实例 a = 3	结　果
^	乘方	1	a^2	9
−	负号	2	−a	−3
*	乘	3	a*a*a	27
/	除	3	10/a	3.333 333
\	整除	4	10\a	3
mod	取余	5	10 mod a	1
+	加	6	10 + a	13
−	减	7	10 − a	7

🔍 **说明**

在 VB.NET 中也引入了类似 C 语言的反目赋值运算。

在 VB.NET 中新增了一些新的算术运算符 "+="、"−="、"&=" 等，其功能如表 4-3 所示。

表 4-3　VB.NET 和 VB6.0 中的算术运算符对比

VB.NET	VB6.0
X +=4	X=X + 4
X − = 4	X = X −4
X/=4	X = X/4
X \=4	X = X\4
X ^=4	X = X^4
X& = "ok"	X = X & "ok"

2．关系运算符

关系运算符也称比较运算符，用来对两个相同类型的表达式或变量进行等于(=)、大于(>)、小于(<)、大于等于(>=)、小于等于(<=)、不等于(<>)、字符串比较(Like)和对象引用比较(Is)，其结果是一个逻辑值，即 True 或 False。关系运算符的运算规律如表 4-4 所示。

在比较时注意以下规则：

● 如果两个操作数都是数值型，则按其大小比较。

● 如果两个操作数都是字符型，则按字符的 ASCII 码值从左到右逐一比较。

● 关系运算符的优先级相同。

● VB.NET 中，Like 比较运算符用于字符串匹配，可与通配符 "?"、"#"、"*" 结合使用。

表 4-4　关系运算符的运算规律

运算符	名　称	实　例	结　果
=	等于	"ABCDE"="ABR"	False
>	大于	"ABCDE">"ABR"	False
>=	大于等于	"bc">="大小"	False
<	小于	23<3	False
<=	小于等于	"23"<="3"	True
<>	不等于	7<>8	True
Like	字符串匹配	"ABCDEFG" Like" * DE"	True
Is	对象引用比较	ClassSample 1 Is Nothing	True

🔍 **说明**

通配符 "?"、"#"、"*" 的作用如下：

"?" 表示任何单个字符;

"#" 表示任何单个数字(0～9);

"*" 表示零或更多字符。

3. 逻辑运算符

逻辑运算也称为布尔运算，有与(And)、或(Or)、非(Not)、异或(Xor)等操作。逻辑运算符的运算规律如表 4-5 所示。

表 4-5　逻辑运算符的运算规律

运算符	名　称	结　果
Not	逻辑非	当操作数为假时，结果为真，反之亦然
And	逻辑与	A 和 B 都是 True 时，结果才为 True
Or	逻辑或	A 和 B 都是 False 时，结果才为 False
Xor	逻辑异或	两个操作数的值不相同时，结果为 True，相同时结果为 False
AndAlso	简化逻辑合取	当 A 为 False 时，结果为 False；当 A 为 True 时，结果与 B 相同
OrElse	短路逻辑析取	当 A 为 True 时，结果为 True；当 A 为 False 时，结果与 B 相同

4. 字符串运算符

字符串运算符有"＋"和"＆"两个运算符，用来连接两个或更多个字符串。"＋"要求参加连接的两个字符串必须均为字符串数据，"＆"可以把不同类型的数据转变成字符串来连接。

例如，"中国"＋"上海"＝"中国上海"；"中国上海"＆2010＝"中国上海2010"。

4.1.5　常用函数

VB.NET 中提供了许多具有一定功能的内置函数供开发人员直接调用。函数通常有一个返回值，按返回值的数据类型可以将 VB.NET 中的函数分为数学函数、字符处理函数、类型转换函数和日期时间函数。

🔍 **说明**

VB.NET 中的函数与 VB6.0 中的函数并不一一对应，VB6.0 中的有些函数在 VB.NET 中已经不支持或已经变成了方法。

1. 数学函数

数学函数包含在 Math 类中，使用时应在函数名之前加上"Math"，如 Math.sin(3.14)，也可以先将 Math 命名框架引入到程序中，然后直接调用函数。引入命名空间在类模块、窗体模块或标准模块的声明部分使用 Imports 语句，如导入 Math 命名空间可使用如下语句：Imports System.Math。

随机函数 Rnd 是一种经常使用的数学函数，其一般格式为 Rnd(X)。

使用 Rnd 函数可产生一个 0～1(不包括 0 和 1)的单精度随机数。当 X<0 时，总产生随机数；当 X=0 时，总产生上一次产生的随机数；当 X>0 时，产生序列中的一个随机数。X 值可以缺省，缺省时与 X>0 等价。通常使用该函数之前，先用 Randomize 初始化，然后使用不同参数的 Rnd()函数。Randomize 语句使随机数生成器用系统计时器返回的值作为新的种子值。

另外，在 Math 类中还定义了两个重要的常数——Math.PI(圆周率：3.141 592 653 589 793 238 46)

和 Math.E(自然对数底：2.718 281 828 459 045 235 4)。

Math 类中的常用函数有 Abs()、Sin()、Cos()、Round()、Sqr()、Sign()、Exp()、Log()、Max()、Min()等。

2．字符处理函数

字符处理函数可以直接调用，常用的字符处理函数有 Ltrim()、Rtrim()、Trim()、Mid()、Left()、Len()、Ucase()、Lcase()、Space()等。

常用函数及功能如表 4-6 所示。

表 4-6　常用函数及功能

类　型	函 数 名	功　能	举　例	结　果
数学函数	Abs(N)	取绝对值	Abs(−12.34)	12.34
	Rnd([N])	产生随机数	Rnd	0～1 之间的任意数
	Sqr(N)	平方根	Sqr(16)	4
字符处理函数	Len(C)	字符串长度	Len("Visual Basic")	12
	Left(C,n)	取字符串左边 n 个字符	Left("Visual Basic",6)	"Visual"
	Right(C,n)	取字符串右边 n 个字符	Right("Visual Basic",5)	"Basic"
	Ltrim(C)	去掉字符串左边的空格	Ltrim("Basic")	"Basic"
	Rtrim(C)	去掉字符串右边的空格	Rtrim("Visual")	"Visual"
	Mid(C,n1,n2)	从 n1 位开始取 n2 个字符	Mid("Visual Basic",9,2)	"as"
	InStr(C1,C2)	在字符串 C1 中查找 C2	InStr("Visual","a")	5
	Ucase(C)	将 C 转换成大写字母	Ucase("Visual")	VISUAL
	Lcase(C)	将 C 转换成小写字母	Lcase("Visual")	visual
类型转换函数	Asc(C)	转换成 ASCII 值	Asc("A")	65
	Chr(N)	ASCII 值转换为字符	Chr(65)	"A"
	Str(N)	数值转换为字符	Str(45.90)	"45.9"
	Val(C)	字符转换为数值	Val("23.4a")	23.4
日期时间函数	Date( )	取系统日期	Date	当前日期
	Time( )	取系统时间	Time	当前时间
	Day(C|N)	取日期值	Day("07/13/2001")	13
	Month(C|N)	取月份值	Month("07/13/2001")	7
	Year(C|N)	取年份值	Year("07/13/2001")	2001

4.2　流 程 控 制

与其他程序设计语言一样，VB.NET 的程序结构也可分为顺序结构、分支结构和循环结构三种。

4.2.1　顺序结构

顺序结构是一种最简单的程序结构，各语句按排列的先后顺序执行。

【案例 4-1】　编写一个解一元二次方程 $AX^2 + BX + C = 0$ 的程序，其中，A、B、C 三个参数满足条件 $B^2 - 4AC \geq 0$。

A、B、C 三个参数使用 InputBox 语句输入，方程的两个解通过 MsgBox 语句输出。相关界面见图 4-1。

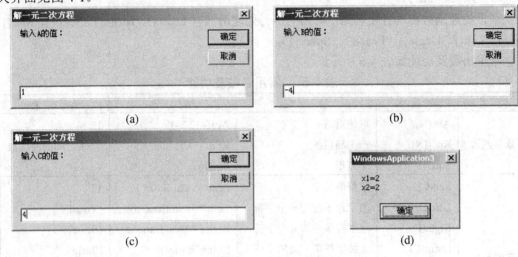

图 4-1　案例 4-1 界面

【技能目标】

(1) 掌握顺序结构的程序流程。

(2) 掌握赋值语句、Input 语句和 MsgBox 语句的使用。

【操作要点与步骤】

(1) 新建一个项目"VBnet4-1"；

(2) 在窗体上建立一个命令按钮；

(3) 双击命令按钮，进入代码编写窗口；

(4) 输入以下代码：

```vbnet
Private Sub Button1_Click(ByVal sender As System.Object, ByVal e As System.EventArgs) _
                Handles Button1.Click
        Dim a As Integer
        Dim b As Integer
        Dim c As Integer
        Dim x1 As Single
        Dim x2 As Single
        a = InputBox("输入 A 的值：", "解一元二次方程")
        b = InputBox("输入 B 的值：", "解一元二次方程")
        c = InputBox("输入 C 的值：", "解一元二次方程")
        x1 = (-b + Math.Sqrt(b * b-4 * a * c)) / (2 * a)
        x2 = (-b + Math.Sqrt(b * b-4 * a * c)) / (2 * a)
        MsgBox("x1=" & x1 & Chr(13) & Chr(10) & "x2=" & x2)
    End Sub
```

🔍 **说明**

数学函数包含在 Math 类中，使用时应在函数名前加上"Math"，或在程序中导入 Math 命令空间，即 Imports system.math。

【相关知识】

知识点 4-2-1　　　InputBox 函数

InputBox 函数提供了一种和用户交互的语句，在对话框中显示提示信息，等待用户输入文本和单击按钮，返回包含相关内容的字符串。

InputBox 函数用来接收键盘的输入，例如以下的语句将显示如图 4-2 所示的输入框：

strName=InputBox("请输入要查找的姓名：", "输入")

其典型使用格式如下：

InputBox(prompt[, title] [, default] [, xpos] [, ypos])

其中，prompt 是输入框中的提示文字，如"请输入要查找的姓名："；title 为输入框的标题，如"输入"；default 为显示在输入文本框中的默认内容，省略则显示空串；xpos、ypos 是输入框在屏幕上显示的位置坐标。

从图 4-2 中可以看出，该函数的作用是打开一个对话框，等待用户输入信息，信息输入完成后单击"确定"或按回车键，函数将返回文本框中输入的字符型值并赋给指定的变量。在图 4-2 中，如输入"张三"后按回车键，则 strName 变量中的内容即为"张三"。

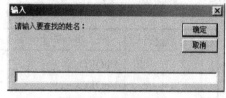

图 4-2　信息输入框

在使用该函数时，除了第一项提示外都是可以省略的，但要注意如果省略一部分参数，则被省略的参数必须用占位符，即逗号跳过。

在使用该函数时要注意以下几点：

● 提示文字的最大长度为 1024 个字符，在对话框中显示这些提示信息时会自动换行。如果想按自己的要求换行，则必须在提示信息中插入回车换行来实现。例如，将提示信息写成 "请输入要查找的姓名："+ Chr(13)+Chr(10) +" 按确定按钮或回车键结束"。执行后将在对话框中显示两行文字。其中，Chr(13)+Chr(10)也可以用 VB 的常量"vbCrLf"来代替。

● 默认情况下该函数的返回值为字符串型，如果用户没有输入而直接按回车键，则会返回空字符串。

● 如果需要接受一个数值(如年龄、成绩等)，则通常要将接收返回值的变量声明成一个数值类型的变量。如果事先没有声明，则该变量仍然是一个字符型，因此在使用该变量前一般要进行转换，以防止类型不匹配的错误发生。另外，如果已将该变量声明成数值型变量，则为防止出现运行错误，一般要设置 default 参数，以保证用户不输入也有一个默认的数值返回到变量中。

● 该函数在运行时还有一个"取消"按钮用于将输入的值作废，相当于按 Esc 键，此时将返回一个空串。

● 每次调用该函数时只能输入一个值，如果需要连续输入多个值，则必须将该函数与循环语句联合使用，每调用一次可将输入的数据保存下来(通常是存放到一个数组中)以备再次调用。

知识点 4-2-2   MsgBox 函数

在 Windows 及其应用软件中，消息框的使用非常频繁，如警告信息、提示信息、确认信息等。VB.NET 也提供了消息框功能，图 4-3 所示的询问消息框就是用 MsgBox 函数实现的。

MsgBox 的主要格式如下：

图 4-3   询问消息框

MsgBox(prompt[, buttons] [, title])

其中，prompt 指消息框中的提示信息(与 InputBox 函数的使用相同)，如图 4-3 中"继续吗?"；buttons 定义消息框中的按钮类型、数目及图标样式；title 即消息框的标题，如图 4-3 中的"询问"。

应用 MsgBox 时最主要的是确定第二项参数，该参数共有 4 组，即为 4 项参数之和："按钮数目值" + "图标类型值" + "缺省按钮值" + "模式值"。该参数有两种取法，一种是直接用 4 个取值相加，另一种是用 4 个内部常量相加。按钮取值及意义见表 4-7。

表 4-7   按钮取值及意义

参 数	内部常量	取 值	描 述
按钮数目	VbOKOnly	0	只显示确定按钮(缺省)
	VbOKCancel	1	显示确定与取消按钮
	VbAbortRetryIgnore	2	显示终止、重试与忽略按钮
	VbYesNoCancel	3	显示是、否与取消按钮
	VbYesNo	4	显示是与否按钮
	VbRetryCancel	5	显示重试与取消按钮
图标类型	VbCritical	16	显示关键信息图标(红色 STOP 标志)
	VbQuestion	32	显示询问信息图标(?)
	VbExclamation	48	显示警告信息图标(!)
	VbInformation	64	显示普通信息图标(i)
缺省按钮	VbDefaultButton1	0	第一个按钮为缺省按钮
	VbDefaultButton2	256	第二个按钮为缺省按钮
	VbDefaultButton3	512	第三个按钮为缺省按钮
模式	VbApplicationModel	0	应用模式(缺省)
	VbSystemModel	4096	系统模式

图 4-3 所示的消息框可用下列命令之一来实现：

```
intRet=MsgBox("继续吗?"，VbYesNoCancel+VbQuestion，"询问")        '用内部常量
intRet=MsgBox("继续吗?"，3+32，"询问")                            '用数值
```

命令执行后，函数有一个返回值送到变量 intRet 中。返回值取决于用户响应了哪一个按钮，各个按钮对应的返回值见表 4-8。程序可以根据用户响应的按钮所返回的值来决定程序的流程。

表 4-8　各个按钮对应的返回值

响应按钮名	内部常量	返 回 值
确定	VbOk	1
取消	VbCancel	2
终止	VbAbort	3
重试	VbRetry	4
忽略	VbIgnore	5
是	VbYes	6
否	VbNo	7

4.2.2　分支结构

在 VB.NET 中提供了多种形式的分支结构语句，根据条件是否为真，执行不同的分支语句，这种结构又称为选择结构。

【案例 4-2】　编写一个解一元二次方程 $AX^2 + BX + C = 0$ 的程序。当 $B^2 - 4AC \geq 0$ 时，通过 MsgBox 语句输出方程的解；否则，通过 MsgBox 语句输出"无实数解"。相关界面见图 4-4。

图 4-4　案例 4-2 界面

【技能目标】

(1) 掌握 IF 分支结构的程序流程。

(2) 进一步掌握赋值语句、InputBox 函数和 MsgBox 函数的使用。

【操作要点与步骤】

只要将案例 4-1 中的代码作相应修改即可实现，修改后的代码如下：

```
Private Sub Button1_Click(ByVal sender As System.Object, ByVal e As System.EventArgs) _
                Handles Button1.Click
        Dim a As Integer
        Dim b As Integer
        Dim c As Integer
        Dim x1 As Single
        Dim x2 As Single
        a = InputBox("输入 A 的值：", "解一元二次方程")
        b = InputBox("输入 B 的值：", "解一元二次方程")
        c = InputBox("输入 C 的值：", "解一元二次方程")
        If   b * b-4 * a * c >= 0 Then
            x1 = (-b + Math.Sqrt(b * b-4 * a * c)) / (2 * a)
            x2 = (-b + Math.Sqrt(b * b-4 * a * c)) / (2 * a)
            MsgBox("x1=" & x1 & Chr(13) & Chr(10) & "x2=" & x2)
        Else
            MsgBox("无实数解！")
        End If
End Sub
```

【相关知识】

知识点 4-2-3　　IF 分支结构

IF 分支结构语句分单行结构与块结构两种形式。

1．单行结构

If condition Then statement [Else elsestatement]

2．块结构

If condition [Then]

　　　[statements]

[ElseIf condition-n [Then]

　　　[elseifstatements]]

[Else

　　　[elsestatements]]

End If

单行结构适用于简单的测试；块结构不仅具有更强的结构性与适应性，而且也易于维护与调试。单行结构与块结构的区别有以下两点：

● 块结构的 Then 后面可以没有语句，而单行结构的 Then 后面肯定有语句；

● 单行结构没有 End If 结束语句，而块结构必须有该结束语句。

【案例 4-3】　　编写一个输入月份、输出季节名称的程序。

【技能目标】

掌握 Select 分支结构的程序流程与使用。

本案例是一个输入月份查询季节的程序。当输入月份为 12、1 和 2 时，输出"冬季!"；当输入月份为 3、4 和 5 时，输出"春季!"；当输入月份为 6、7 和 8 时，输出"夏季!"；当输入月份为 9、10 和 11 时，输出"秋季!"；当输入其他数字时，输出"输入错误，请重新输入!"。相关界面见图 4-5。

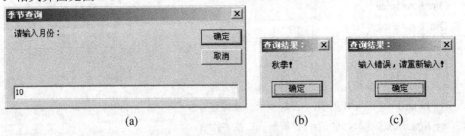

(a)　　　　　　　　　　　　(b)　　　　　(c)

图 4-5　案例 4-3 界面

【操作要点与步骤】

(1) 新建一个项目"VBnet4-3"。

(2) 在窗体上建立一个命令按钮。

(3) 双击命令按钮，进入代码编写窗口。

(4) 输入以下代码：

```
Private Sub Button1_Click(ByVal sender As System.Object, ByVal e As System.EventArgs) _
Handles Button1.Click
```

```
        Dim nm As Integer
        nm = InputBox("请输入月份：", "季节查询")
        Select Case nm
            Case 1, 2, 12
                MsgBox("冬季！", MsgBoxStyle.OKOnly, "查询结果：")
            Case 3, 4, 5
                MsgBox("春季！", MsgBoxStyle.OKOnly, "查询结果：")
            Case 6, 7, 8
                MsgBox("夏季！", MsgBoxStyle.OKOnly, "查询结果：")
            Case 9, 10, 11
                MsgBox("秋季！", MsgBoxStyle.OKOnly, "查询结果：")
            Case Else
                MsgBox("输入错误，请重新输入！", MsgBoxStyle.OKOnly, "查询结果：")
        End Select
    End Sub
```

【相关知识】

知识点 4-2-4　　　Select Case 语句

有时需要判定的条件较多，如果再用以上的条件结构，则代码显得十分繁琐且容易出错。为此 VB.NET 提供了专门用于多重判定的选择结构(也称为情况语句)。

Select Case 语句是 VB.NET 语言中的多分支语句，语句格式如下：

```
        Select Case <测试表达式>
            Case <表达式列表 1>
                <语句块 1>
            Case <表达式列表 2>
                <语句块 2>
                …
            [Case Else
                <语句块 n+1>]
        End Select
```

VB.NET 在执行时首先计算测试表达式的值，然后将该值与每个 Case 后的值进行比较，若值相同，则执行该 Case 后的语句块。如果有多个 Case 值与之相匹配，则只执行第一个；如果没有一个与之相匹配，则执行 Case Else 后的语句块。

使用 Select 选择结构语句的关键是选择合适的测试表达式，并确定合适的测试值。测试值的表示方法可以有以下几种：

● 具体取值，可以是一个或多个，如 100、85、1。

● 连续的数据范围，如 85 To 100、60 To 84 等。

● 利用 Is 关键字来判定，如对于成绩而言不可能大于 100，因此 85～100 就可以写成 Is >=85。

● 以上几种表示方法的组合，如 100、60 To 84、Is >=85。

4.2.3　循环结构

在 VB.NET 中提供了多种形式的循环结构语句，循环结构是指在指定的条件下多次重复执行一组语句。

【案例 4-4】　编写一个程序，计算 $1 + 2 + \cdots + (n-1) + n$ 的值，其中 n 通过 input 语句输入，结果通过 MsgBox 语句输出。相关界面见图 4-6。

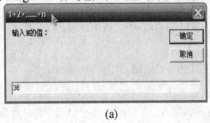

(a) 　　　　　　　　　　　　　(b)

图 4-6　案例 4-4 界面

【技能目标】

(1) 掌握循环结构的程序流程。

(2) for … next 循环语句的使用。

【操作要点与步骤】

(1) 新建一个项目"VBnet4-4"。

(2) 在窗体上建立一个命令按钮。

(3) 双击命令按钮，进入代码编写窗口。

(4) 输入以下代码：

```
Private Sub Button1_Click(ByVal sender As System.Object, ByVal e As System.EventArgs) _
                 Handles Button1.Click
    Dim i As Integer
    Dim n As Integer
    n = InputBox("输入 N 的值：", "1 + 2 + … + n")
    Dim s As Integer
    For i = 1 To n
        s = s + i
    Next
    MsgBox("s=" & s)
End Sub
```

【相关知识】

知识点 4-2-5　　For 循环

For 循环一般用于循环次数已知的情况。For 循环含有一个循环计数变量，每执行一次循环，该变量就会增加或减少指定的值，直到循环结束。其语法格式如下：

```
For counter = start To end [Step step]
    [statements]
    [Exit For]
    [statements]
Next [counter]
```

该语句执行时，先将 counter 设为 start(初值)。测试 counter 的值是否超过 end(如 step 为正数，则是大于，否则是小于)，若已经超过，则循环结束，否则执行循环体中的语句。step 是每次循环时 counter 变化的数值，它可正可负，缺省时为 1。本次循环结束后，counter 将加上步长 step 的值返回到循环开始，再进行测试，直到 counter 的值超过终值，循环结束。同样可以在循环体内加上判定结构与 Exit For 结合，从而提前退出循环。

🏆 技巧

① 不要在循环体内修改循环计数变量的值，否则会造成循环次数的不准确，而且程序调试也非常困难。

② 初值、终值与步长均为数值表达式，但其值不一定是整数，也可以是实数，VB 会自动取整。

知识点 4-2-6　　其他循环语句

1. Do While…Loop 语句

使用 Do While…Loop 语句实现案例 4-4 功能的代码如下：

```
Private Sub Button1_Click(ByVal sender As System.Object, ByVal e As System.EventArgs) _
                    Handles Button1.Click
        Dim i As Integer
        Dim n As Integer
        n = InputBox("输入 N 的值：", "1 + 2 + … + n")
        Dim s As Integer
        i = 1
        Do While   i< = n
            s = s + i
            i = i + 1
        Loop
        MsgBox("s=" & s)
    End Sub
```

2. Do Until…Loop 语句

使用 Do Until…Loop 语句实现案例 4-4 功能的代码如下：

```
Private Sub Button1_Click(ByVal sender As System.Object, ByVal e As System.EventArgs) _
                    Handles Button1.Click
        Dim i As Integer = 1
        Dim n As Integer
```

```
        n = InputBox("输入 N 的值：", "1 + 2 + … + n")
        Dim s As Integer
        i = 1
        Do Until i > n
            s = s + i
            i = i + 1
        Loop
         MsgBox("s=" & s)
    End Sub
```

3. Do…Loop While 语句

使用 Do…Loop While 语句实现案例 4-4 功能的代码如下：

```
Private Sub Button1_Click(ByVal sender As System.Object, ByVal e As System.EventArgs) _
                    Handles Button1.Click
        Dim i As Integer = 1
        Dim n As Integer
        n = InputBox("输入 N 的值：", "1 + 2 + … + n")
        Dim s As Integer
        Do
            s = s + i
            i = i + 1
        Loop While i<=n
         MsgBox("s=" & s)
    End Sub
```

4. Do…Loop Until 语句

使用 Do…Loop Until 语句实现案例 4-4 功能的代码如下：

```
Private Sub Button1_Click(ByVal sender As System.Object, ByVal e As System.EventArgs) _
                    Handles Button1.Click
        Dim i As Integer = 1
        Dim n As Integer
        n = InputBox("输入 N 的值：", "1 + 2 + … + n")
        Dim s As Integer
        Do
            s = s + i
            i = i + 1
        Loop Until i>n
         MsgBox("s=" & s)
    End Sub
```

🔍 说明

Do 循环主要用于循环次数预先不能确定的循环结构。它有两种语法形式，即当型与直到型。

① 当型循环如下：

  Do [{While | Until} condition]

    [statements]

    [Exit Do]

    [statements]

  Loop

② 直到型循环如下：

  Do

    [statements]

    [Exit Do]

    [statements]

  Loop [{While | Until} condition]

当型循环是先判断后执行，循环体中的语句可能一次也不执行；直到型循环是先执行后判断，循环体中的语句至少执行一次。

4.3　过　　程

所谓过程，是指能完成某种特定功能，且能被反复调用的一组程序代码。VB.NET 中的过程可以分为两大类：一类是 VB.NET 本身所提供的大量内部函数过程和事件过程；另一类是用户根据需要自己定义的、可供事件过程反复调用的自定义过程。事件过程构成了应用程序的主体，而自定义过程则为事件过程服务，供事件过程调用。

在 VB.NET 中，自定义过程又可以分为以下 4 种：

● Sub 过程：指以 Sub 为关键字的过程，也称为子过程。实际上通常的事件过程也是 Sub 过程。

● Function 过程：指以 Function 为关键字的过程，又称为函数。

● Property 过程：指以 Property 为关键字的过程，也称为属性过程，主要用于用户自定义控件的属性。

● 事件过程：为响应由用户操作或程序中的事件所触发的事件而执行的 Sub 过程。

对于 VB.NET 过程有以下几点说明：

(1) VB.NET 中的任何过程均必须包含在某一个模块之中。

(2) Sub 过程在调用后不会返回值，而 Function 过程会返回一个值。

(3) 用户自定义过程根据其作用范围的不同可分为公有过程和私有过程两种。

(4) 事件过程的作用范围一般局限于该模块范围之内。

本书限于篇幅，只讨论前两种过程。

4.3.1　Sub 过程

【案例 4-5】　　编写一个已知三角形三边长求三角形面积的过程，通过对过程的调用，计算三角形的面积。相关界面见图 4-7。

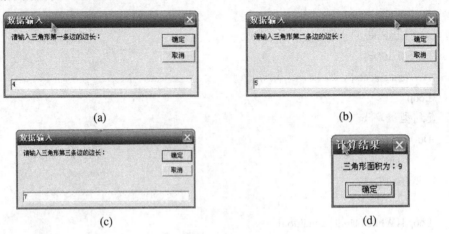

图 4-7　案例 4-5 界面

【技能目标】

(1) 掌握 Sub 过程的定义。

(2) 掌握 Sub 过程的调用方法。

【案例说明】

编写一个程序，建立一个 Sub 过程，通过对过程的调用，计算三角形的面积。

【操作要点与步骤】

(1) 新建一个项目"VBnet4-5"。

(2) 单击"项目"菜单中的"添加模块"命令添加模块，在 Module1 中输入如下代码：

```
Module Module1
    Public Sub s(ByVal a As Single, ByVal b As Single, ByVal c As Single, ByRef ss As Single)
        Dim cc As Single
        cc = (a + b + c) / 2
        ss = Math.Sqrt(cc * (cc-a) * (cc-b) * (cc-c))
    End Sub
End Module
```

(3) 在窗体上建立一个命令按钮。

(4) 双击命令按钮，进入代码编写窗口。

(5) 输入以下代码：

```
Private Sub Button1_Click(ByVal sender As System.Object, ByVal e As System.EventArgs) _
                Handles Button1.Click
        Dim aa As Single
        Dim bb As Single
        Dim cc As Single
```

```
        Dim area As Single
        aa = InputBox("请输入三角形第一条边的边长：", "数据输入")
        bb = InputBox("请输入三角形第二条边的边长：", "数据输入")
        cc = InputBox("请输入三角形第三条边的边长：", "数据输入")
        Call s(aa, bb, cc, area)
        MsgBox("三角形面积为：" & Int(area), MsgBoxStyle.OKOnly, "计算结果")
    End Sub
```

【相关知识】

知识点 4-3-1　　Sub 过程

设计一个比较复杂的程序，首先应按照程序中要实现的若干主要功能，将程序分解成一个个相对简单的问题去解决。每个简单问题通过一段程序来实现，它们之间相对独立，这种程序称为过程，以"Sub"保留字开始的子程序过程没有返回值。

1．定义 Sub 过程

定义 Sub 过程的一般格式如下：

[Private | Friend | Public | Protected | Protected Friend] Sub 过程名(参数列表)

　　　　[局部变量和常量声明]　　 '用 Dim 或 Const 声明

　　　　[语句块]

　　　　[Exit Sub]

　　　　[语句块]

　　End Sub

功能：建立一个由"过程名"标识的通过过程。

需要说明的有以下几点：

(1) 缺省[Private | Public…]时，系统默认为 Public。

(2) 以关键字 Private 开头的过程是模块级的(私有的)过程，私有过程只能被同一模块中的过程调用。以关键字 Public 开头的过程是公有的或全局的过程，公有过程可以被应用程序中的任一过程调用。

(3) 过程的命名规则与标识符的命名规则相同，在同一个模块中，同一符号名不得既用做 Sub 过程名，又用做 Function 过程名。

(4) "参数列表"中的参数称为形式参数，简称形参。它可以是变量名或数组名，只能是简单变量，不能是常量、数组元素和表达式。若有多个参数，则各参数之间用逗号分隔，行参没有具体的值。VB.NET 的过程可以没有参数，但一对圆括号不可以省略。不含参数的过程称为无参数过程。形参的一般格式如下：

格式 1：

　　[Optional]　[ByVal] 变量名[()] As 数据类型

格式 2：

　　[Optional]　[ByRef] 变量名[()] As 数据类型

格式 3：

　　ByVal | ByRef　ParemArray 参数数组名()As 数据类型

🔍 **说明**

● ByVal: 表明其后的形参是按值来传递参数(传值参数)的，也称为"传值"(Passed By Value)方式。

● ByRef: 表明参数是按地址传递(传址参数)的，也称"传址"(Passed By Reference)方式。

● Optional: 表明该参数是一个可选参数。

● 变量名[()]: 变量名为合法的 VB.NET 变量名或数组名，无括号表示变量，有括号表示数组。

通常，调用的过程所包含的参数不能超出过程声明指定的数目。当需要数量不确定的参数时，可声明一个"参数数组"，它允许过程接受参数的值数组。定义过程时，并不需要知道参数数组中的元素数。每次过程调用都单独确定数组的大小。

(5) Sub 过程不能嵌套定义，但可以嵌套调用。

(6) End Sub 标志该过程结束，系统返回并调用该过程语句的下一条语句。

(7) 过程中可以用 End Sub 提前结束过程，并返回到调用该过程语句的下一条语句。

2．建立 Sub 过程的方法

通用过程可以在窗体中建立，也可以在模块中建立。

在窗体中建立通用过程的一般步骤如下:

(1) 打开代码编辑器窗口。

(2) 找到文字"Windows 窗体设计器生成的代码"的所在位置。

(3) 直接在该段文字的下方输入要建立的通用过程。

通用过程还可以定义在模块文件中，模块文件以 .vb 为扩展名。模块代码以 Module 开头，以 End Module 结尾。可以将各窗口都公用的过程或函数一起放在模块中，这样可使程序更加清晰、易懂，便于维护。

在模块中建立通用过程的一般步骤如下:

(1) 选择"项目"下的"添加模块"命令，出现"添加新项"对话框。

(2) 在"添加新项"对话框的"模板"内选择"模块"，在"名称"文本框中输入模块文件名，单击"打开"按钮，在代码对话框中显示建立的模板。

(3) 在 Module Module1 下面输入要建立的通用过程代码。

(4) 选择"文件"下的"保存 Module1.vb"命令，保存模块文件。

3．Sub 子过程的调用

Sub 子过程的调用是一条独立的调用语句。

格式:

　　　　Call <通用过程名> ([实际参数列表])

或

　　　　<通用过程名> ([实际参数列表])

功能: 调用执行"通用过程名"指定的过程。

🔍 **说明**

实际参数的个数、类型和顺序应该与被调用过程的形式参数相匹配，有多个参数时，用逗号分隔。如果通用过程无形参，则"实际参数列表"可以缺省。

4.3.2　Function 过程

【**案例 4-6**】　编写一个已知三角形三边长求三角形面积的函数，通过对函数的调用，计算三角形的面积。相关界面见图 4-8。

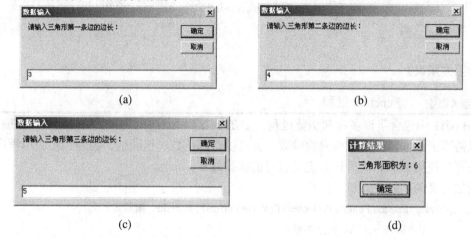

(a)　　　　　　　　　　　　　　(b)

(c)　　　　　　　　　　　　　　(d)

图 4-8　案例 4-6 界面

【**技能目标**】

(1) 掌握 Function 过程的定义。

(2) 掌握 Function 过程的调用方法。

【**操作要点与步骤**】

(1) 新建一个项目"VBnet4-6"。

(2) 单击"项目"菜单中的"添加模块"命令添加模块，在 Module1 中输入如下代码：

```
Public Function s(ByVal a As Single, ByVal b As Single, ByVal c As Single)
        Dim cc As Single
        cc = (a + b + c) / 2
        Dim ss As Single
        ss = Math.Sqr(cc * (cc-a) * (cc-b) * (cc-c))
        Return ss
End Function
```

(3) 在窗体上建立一个命令按钮。

(4) 双击命令按钮，进入代码编写窗口。

(5) 输入以下代码：

```
Private Sub Button1_Click(ByVal sender As System.Object, ByVal e As System.EventArgs) _
Handles Button1.Click
        Dim aa As Single
        Dim bb As Single
        Dim cc As Single
```

```
        Dim area As Single
        aa = InputBox("请输入三角形第一条边的边长：", "数据输入")
        bb = InputBox("请输入三角形第二条边的边长：", "数据输入")
        cc = InputBox("请输入三角形第三条边的边长：", "数据输入")
        area = s(aa, bb, cc)
        MsgBox("三角形面积为：" & Int(area), MsgBoxStyle.OKOnly, "计算结果")
    End Sub
```

【相关知识】

知识点 4-3-2　　　Function 过程

VB.NET 中包含了许多内部函数过程，如 Trim(x)、Asc(x)、Mid(c,Start,n)等，在编写程序时只需写出函数过程名和相应的参数，就可以得到函数的返回值。另外，在应用程序中，用户还可以使用 Function 语句来定义自己的函数过程。

函数定义的一般格式如下：

　　[Private | Friend | Public | Protected | Protceted Friend] Function　函数过程名

　　　　[(参数列表)] [As　数据类型]

　　　　[局部变量和常量声明]　　' 用 Dim 或 Const 声明

　　　　[语句块]

　　　　[Exit Function]

　　　　[函数过程名=表达式] | [Return　表达式]

　　　　[语句块]

　　End　Function

功能：建立一个由"函数过程名"标识的自定义函数。

需要说明的有以下几点：

(1) "函数过程名"的命名规则与标识符的命名规则相同，函数过程必须由函数名返回一个值。

(2) "As 数据类型"用来指定函数过程返回值的类型。缺省该选项时，返回值类型默认为 Object 类型。

(3) 在函数过程体内通过"函数过程名=表达式"给过程名赋值，所赋的值就是函数过程的返回值，也可以直接使用"Return"表达式语句来返回函数值，表达式的值就是函数过程的返回值。

(4) 如果函数体内没有给函数名赋值，则返回对应类型的缺省值，数值型返回 0，字符型返回空字符串。

4.3.3　参数传递

在调试过程时，一般主调过程与被调过程之间有数据传递，即将主调过程的实参传递给被调过程的形参，完成实参与形参的结合，然后执行被调过程体，这个过程称为参数传递。

注意：过程调用时实际参数的个数、类型和含义与形式参数的个数、类型和含义一致。

1. 按值传递参数

定义形参时，形参前面加上"ByVal"表示该形参是按值传递的。传递过程为：首先，将实际参数(表达式)的数值进行计算并将结果存放到对应的形式参数存储单元中；然后，实际参数与形式参数断开联系。被调用过程中的操作是在形式参数自己的存储单元中进行的，当过程调用结束时，这些形式参数所占用的存储单元也同时被释放。因此，在过程中形式参数的任何操作不会影响到实参。

按值传递参数是一种单向传递，即实参的值能够传给形参，但对形参的改变却无法影响到实参。

2. 按址传递参数

定义形参时，形参前面加上"ByRef"表示该形参是按址传递的。按址传递参数是指将实际参数的地址传给对应的形式参数。在被调过程中对形式参数的任何操作都变成了对对应实参的操作，因此实际参数的值就会随形式参数的改变而改变。当参数是字符串、数值时，使用按址传递参数直接将实参的地址传递给过程会使程序的效率提高。

4.4　程序调试和异常处理

随着程序规模越来越庞大和结构越来越复杂，在程序编写中不可避免地会产生一些错误，这些错误称为缺陷。找出并排除这些错误的过程称为调试。本节将介绍错误的类型、常用的调试工具和在应用程序中实现结构化的异常处理。

4.4.1　错误类型

程序中的错误通常可以分成三类：语法错误、运行错误和逻辑错误。可以使用不同的方法和工具来查找并修改每种类型的错误。其中，语法错误比较容易排除，也是一种低级错误；运行错误和逻辑错误需要靠经验、调试工具以及不断深入地分析代码来排除。

1. 语法错误

语法错误通常是由于编程人员对语言本身的熟悉度不足而产生的，例如关键字拼错、标点错误(如西文标点写成了中文标点)或漏写、结构错误(如 If 之后忘了加上 Then 或者 For 语句少了 Next)等。

在应用程序代码中每输入一条语句，VB.NET 都会显示其所包含的语法错误(若存在语法错误的话)，包含错误的那部分代码下会标有波浪线。当把鼠标指针移到带波浪线的代码上时，鼠标指针附近就会出现一条简短的错误描述提示，并且，运行后在任务列表窗体中会产生相关的错误信息，如图 4-9 所示。

(a)

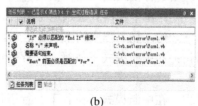

(b)

图 4-9　语法错误

2．运行错误

运行错误多数发生于不可预期的异常。比如，打开硬盘上的某个文件时，该文件不存在；向硬盘上写某个文件时，硬盘的空间不足；由于网络阻塞而得不到预期的数据等。运行错误也有可能是用户不按正确的操作步骤操作而造成的，比如在做除法时除数为零，访问数组时超出了可访问下标的范围。

3．逻辑错误

逻辑错误是指程序算法的错误，这种错误是程序不发生任何程序中断或跳出程序，而是一直执行到最后，但是执行结果是错误的。由于逻辑错误不会产生错误的信息，因此逻辑错误的发现和排除是比较困难的。

4.4.2　调试工具

1．VB.NET 的工作模式

VB.NET 的工作模式有三种：设计模式、运行模式和中断模式。

VB.NET 启动后，自动进入设计模式。在设计模式下，标题栏显示"设计"字样。在设计模式下，可以进行相关的设计操作，如窗体设计，添加控件，设置对象属性，编写代码等。

当程序设计完成后，执行启动命令，系统进入运行模式。在运行模式下，标题栏显示"运行"字样。在运行模式下，设计人员不能修改程序代码，但可以查阅程序代码。

当程序处于运行模式时，在以下情况下将进入中断模式：执行"全部中断"命令，程序运行到断点处，程序执行到"STOP"语句。在中断模式下，标题栏显示"中断"字样。在中断模式下，设计人员可以查看和修改程序代码，同时，可以检查或修改数据。修改完成后，可单击"继续"按钮，从中断处继续程序的运行。

2．调试工具栏

单击视图菜单工具栏中的"调试"命令，将在工具栏中出现"调试"工具栏，如图 4-10 所示。

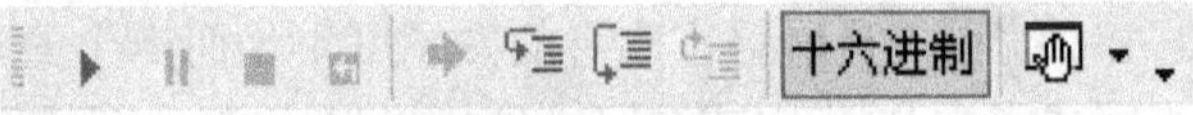

图 4-10　"调试"工具栏

"调试"工具栏中从左到右各按钮的功能分别如下：

- 启动/继续：开始执行程序。在设计模式下显示"启动"，在中断模式下显示"继续"。
- 全部中断：强迫进入中断模式。
- 停止：由运行模式进入设计模式。
- 重新启动：由中断模式进入运行模式。
- 显示下一句：显示程序的下一行语句。
- 逐语句：在中断模式下执行下一行语句，如果执行到过程，则进入过程内部，逐语句执行。
- 逐过程：在中断模式下执行下一行语句，如果执行到过程，则过程中的语句一次执行完成。

● 跳出：在中断模式下执行下一行语句，如果执行到过程或函数，则不逐语句执行，并跳回调用函数的代码处。

● 十六进制：以十六进制显示。

● 设置断点：打开"断点"窗口。

3．调试窗口

若在调试程序时采用上述逐语句、逐过程的方法还无法解决问题，则必须运用并结合 VB.NET 中的各类调试窗口进行分析。在 VB.NET 中共有以下几个调试窗口。

1) 自动窗口

自动窗口只能在运行模式和中断模式下打开，用于显示当前代码处的相关变量的值，如图 4-11 所示。

图 4-11　自动窗口

2) 局部变量窗口

局部变量窗口只能在运行模式和中断模式下打开，用于显示当前过程中所有局部变量的值，如图 4-12 所示。

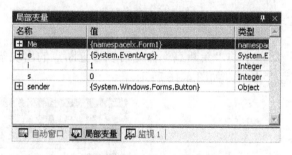

图 4-12　局部变量窗口

3) 调用堆栈窗口

调用堆栈窗口只能在运行模式和中断模式下打开，用于跟踪多个过程的调用情况，如图 4-13 所示。

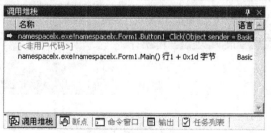

图 4-13　调用堆栈窗口

4) 监视窗口

监视窗口只能在运行模式和中断模式下打开，用于显示指定的表达式的值，如图 4-14 所示。

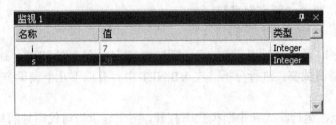

图 4-14　监视窗口

5) 命令窗口

在命令窗口中可以输入执行函数和语句，从而可以查看和更改有关变量的值，如图 4-15 所示。

图 4-15　命令窗口

6) 断点窗口

通过运行"调试"菜单中的"新断点"命令可以设置断点的出现条件。在运行过程中，当满足相关条件时，程序中断，如图 4-16 所示。

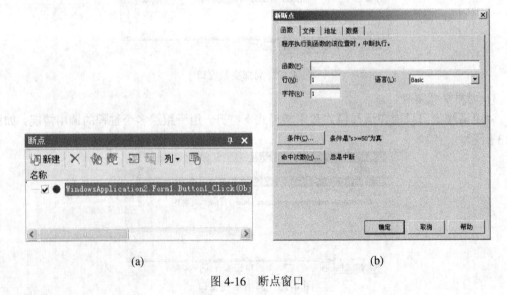

(a)　　　　　　　　　　　　　　　　(b)

图 4-16　断点窗口

4.4.3　异常处理

VB.NET 支持结构化和非结构化异常(错误)处理。通过在应用程序中设置特定代码，可以处理用户可能遇到的大多数错误并使应用程序能够继续运行。结构化和非结构化错误处理允许为潜在的错误进行计划，防止它们干扰应用程序的正常工作。

如果发生异常的方法不能处理它，则异常将被传回调用该方法的前一个方法。如果前一个方法也没有异常处理程序，则异常被传回该方法的调用方，以此类推。对处理程序的搜索一直持续到"调用堆栈"，它是应用程序内被调用过程的序列。如果未能找到异常的处理程序，则显示错误信息并终止应用程序。

1．结构化异常处理

VB.NET 支持结构化异常处理，该处理帮助创建和维护具有可靠、全面的错误处理程序的程序。结构化异常处理旨在通过将控件结构(类似于 Select Case 或 While)与异常、受保护的代码块和筛选器结合起来，在执行期间检测和响应错误的代码。

使用 Try…Catch…Finally 语句可以保护有可能引发错误的代码块，可以嵌套异常处理程序，并且每个块内生命的变量将具有局部范围。

格式：

  Try

  [Try 语句块]

  [Catch [exception [As type]] [When expression] ' 用于捕获 Try 语句块中的异常

  语句块]   ' Catch 语句块用来对捕捉的错误进行处理

  …

  [Finally

  [Finally 语句块]]   ' Finally 语句块，存放异常处理后执行的代码

  End Try

2．非结构化异常处理

非结构化异常处理由三个语句实现：Error 语句、On Error 语句和 Resume 语句。当方法使用非结构化异常处理时，将为整个方法建立单个的异常处理程序来捕获引发的所有异常。然后，该方法跟踪最新的异常处理程序的位置和已引发的最新异常。在方法的入口点，异常处理程序的位置和异常均设置为 Nothing。

4.5　面向对象的程序设计

【案例 4-7】　类及对象的创建。

有一汽车类的具体参数为：具有四个轮子、五个座椅，每行驶 3000 公里需要保养一次，行驶 50 000 公里后，该车报废，如图 4-17 所示。

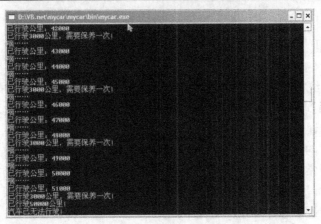

图 4-17　案例 4-7 界面

【技能目标】

(1) 掌握类和对象的创建；

(2) 掌握类的属性、方法、事件和构造函数；

(3) 了解控制台应用程序的创建方法。

【操作要点与步骤】

(1) 单击"文件"菜单，在出现的下拉菜单中，单击"新建"，再单击"新建项目"，新建一个项目。项目存放在"D:\VB.net"下，项目名称取为"mycar"。项目类型选择"Visual Basic 项目"，模板选择"控制台应用程序"，项目名与位置按以上要求改写，其他选默认值，单击"确定"按钮，如图 4-18 所示。

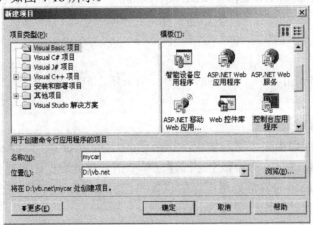

图 4-18　创建控制台应用程序

(2) 创建类(Car)，为类添加属性、方法和事件。创建汽车类的实例"mycar"，行驶了 3000 公里后，触发"保养"事件；行驶了 50 000 公里后，触发"报废"事件。

具体代码如下：

```
Module Module1
    Public WithEvents mycar As New Car
    Sub Main()
        Dim i As Integer
```

```
            For i = 1 To 200
                If mycar.runable = True Then
                    mycar.go()
                    mycar.runcount += 1000
                Else
                    Console.WriteLine("汽车已无法行驶！")
                    Exit For
                End If
            Next
            Console.ReadLine()    'wait for press anykey
    End Sub

    Sub takecareeventhandler() Handles mycar.takecare
        Console.WriteLine("已行驶 3000 公里，需要保养一次！")
    End Sub

    Sub expireeventhandler() Handles mycar.expire
        Console.WriteLine("已行驶 50000 公里！")
        mycar.runable() = False
    End Sub

    Public Class Car
        ' 成员变量
        Private _Color As String = "红色"
        Public _wheelcount As Short = 4
        Public _chaircount As Short = 5
        Public _runcount As Integer = 0
        Public _runable As Boolean = True
        ' 声明事件
        Public Event takecare() '保养
        Public Event expire() '报废
        ' 属性：颜色
        Public Property Color() As String
            Get
                Return _Color           ' 返回属性值
            End Get
            Set(ByVal Value As String)
                _Color = Value
            End Set
```

```
        End Property
        ' 轮子的数目
        Public ReadOnly Property wheelcount() As Short
            Get
                    Return _wheelcount
            End Get
        End Property
        ' 椅子的数目
        Public Property chaircount() As Short
            Get
                    Return _chaircount
            End Get
            Set(ByVal Value As Short)
                    _chaircount = Value
            End Set
        End Property
        ' 行驶公路数
        Public Property runcount() As Integer
            Get
                    Return _runcount
            End Get
            Set(ByVal Value As Integer)
                    _runcount = Value
                    Console.WriteLine("已行驶公里：" & _runcount.ToString())
                    If _runcount Mod 3000 = 0 Then
                        ' 每 3000 公里保养一次！
                        RaiseEvent takecare()
                    End If
                    If _runcount > 50000 Then
                        ' 50000 公里汽车报废！
                        RaiseEvent expire()
                    End If
            End Set
        End Property
        ' 可行驶状态
        Public Property runable() As Boolean
            Get
                    Return _runable
            End Get
```

```
                Set(ByVal Value As Boolean)
                    _runable = Value
                End Set
            End Property
            '方法：汽车开动
            Public Sub go()
                Console.WriteLine("嘀……")
            End Sub
            Sub New()
                _Color = "米色"
            End Sub
        End Class
End Module
```

【相关知识】

知识点 4-5-1　　类的创建

创建类的关键字是 Class，完整的类包含了组成类的属性、方法、事件，以及类的变量和构造函数等。创建类的代码如下：

```
Public Class Car
    End Class
```

知识点 4-5-2　　类的方法的创建

在 VB.NET 中，使用 Sub 和 Function 过程来创建方法。

```
'方法：汽车开动
    Public Sub go()
        Console.WriteLine("嘀……")
    End Sub
```

在 VB.NET 中，使用 Property 语句来定义类的属性。

知识点 4-5-3　　类的属性的创建

(1) 设置汽车的颜色属性为可读/写的属性，代码如下：

```
'属性：颜色
    Public Property Color() As String
        Get
            Return _Color          '返回属性值
        End Get
        Set(ByVal Value As String)
            _Color = Value
        End Set
    End Property
```

(2) 设置汽车的轮子数目属性为只读属性，代码如下：

```
Public ReadOnly Property wheelcount() As Short
        Get
                Return _wheelcount
        End Get
End Property
```

知识点 4-5-4　　类的事件的创建与驱动

事件是一种对外界操作产生响应的机制。在程序中，通过事件的声明和驱动机制可以使对象具有与应用程序交互的能力。

1. 类的事件的创建

本案例中共创建了两个事件：

(1) 行驶 3000 公里，需要保养一次；

(2) 行驶 50 000 公里，汽车报废。

代码如下：

```
Sub takecareeventhandler() Handles mycar.takecare
        Console.WriteLine("已行驶 3000 公里，需要保养一次！")
 End Sub
 Sub expireeventhandler() Handles mycar.expire
        Console.WriteLine("已行驶 50000 公里！")
    mycar.runable() = False
 End Sub
```

2. 事件的驱动

驱动事件的代码如下：

```
RaiseEvent takecare()
RaiseEvent expire()
```

知识点 4-5-5　　对象的创建和使用

1. 对象的创建

类的对象又称为类的实例。创建类的对象的语句如下：

```
Public    mycar As New Car
```

2. 对象的使用

```
Mycar.runable=True              '为对象设置属性
Mycar.go()                      '对象的方法
Cc=mycar.runcount               '读取对象的属性
```

知识点 4-5-6　　类的成员变量

成员变量是指在类中声明，在运行应用程序时适用于每一个单独对象的变量。

```
Private _Color As String = "红色"
Public _wheelcount As Short = 4
Public _chaircount As Short = 5
Public _runcount As Integer = 0
Public _runable As Boolean = True
```

知识点 4-5-7　　构造函数

构造函数是在创建对象时调用的一种特定的方法。构造函数主要用于为对象分配存储空间，完成初始化操作。构造函数是一个通用过程，过程名为 New。当类中定义构造函数时，系统采用默认构造函数。

```
Public sub new
End sub
```

本例的构造函数如下：

```
Sub New()
    _Color = "米色"
End Sub
```

【案例 4-8】　类和类的继承。

先创建一个 Animal 类，Dog 类使用类的继承方法来创建，如图 4-19 所示。

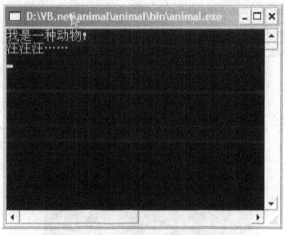

图 4-19　案例 4-8 运行结果

【技能目标】

(1) 巩固掌握类和对象的创建；

(2) 掌握类的继承。

【操作要点与步骤】

(1) 单击"文件"菜单，在出现的下拉菜单中，单击"新建"，再单击"新建项目"，新建一个项目。项目存放在"D:\VB.net"下，项目名取为"animal"。项目类型选择"Visual Basic 项目"，模板选择"控制台应用程序"，项目名与位置按以上要求改写，其他选默认值，然后单击"确定"按钮。

(2) 创建一个 Animal 类，并创建一个实例 a_animal，如图 4-20 所示。

图 4-20　运行结果

代码如下：

```
Module Module1
    Public Class animal
        Dim legs As Short
        Public Sub speak()
            Console.WriteLine("我是一种动物!")
        End Sub
    End Class
    Sub Main()
        Dim a_animal As New animal()
        a_animal.speak()
        Console.ReadLine()
    End Sub
End Module
```

(3) 通过类的继承创建如图 4-21 所示的 Dog 类，代码如下：

图 4-21　创建 Dog 类

```
Module Module1
    Public Class animal
        Dim legs As Short
        Public Sub speak()
```

```
            Console.WriteLine("我是一种动物!")
        End Sub
    End Class
    Public Class dog
        Inherits animal
    End Class
    Sub Main()
        Dim a_animal As New animal
        a_animal.speak()
        Dim a_dog As New dog
        a_dog.speak()
        Console.ReadLine()
    End Sub
End Module
```

知识点 4-5-8　　类的继承

　　VB.NET 中最重要的新特性就是继承(Inheritance)。继承就是从一个简单的类(Basic Class)派生出一个新类(称为派生类或继承类)的能力。派生类继承了基类的所有属性、方法和事件等。

```
Public Class dog
        Inherits animal
    End Class
```

　　Dog 类中的"speak"方法的重载如图 4-22 所示。

图 4-22　方法的重载

　　代码如下：

```
Module Module1
    Public Class animal
        Dim legs As Short
        Public Overridable Sub speak()
            Console.WriteLine("我是一种动物!")
        End Sub
```

```
            End Class
        Public Class dog
            Inherits animal
            Public Overloads Sub speak()
                Console.WriteLine("汪汪汪……")
            End Sub
    End Class
        Sub Main()
            Dim a_animal As New animal()
            a_animal.speak()
            Dim a_dog As New dog()
            a_dog.speak()
            Console.ReadLine()
        End Sub
    End Module
```

知识点 4-5-9　　方法的重载

　　派生类(又称继承类)从基类中继承了属性和方法。为了使派生类具有新的属性和方法，就要用到重载。要能在派生类中实现方法的重载，必须在基类中对该方法进行声明时采用 Overrideable 修饰符。

```
Public Overridable Sub speak()
```

在重载方法时，应采用 Overloads 修饰符。

```
Public Overloads Sub speak()
    Console.WriteLine("汪汪汪……")
End Sub
```

【案例 4-9】　将类组织到命名空间。
　　将 class1 类和 class2 类组织到命名空间 namespace1，见图 4-23。

　　　　　(a)　　　　　　　　　　　　(b)　　　　　　　　　　　　(c)

图 4-23　命名空间实例

【技能目标】

(1) 掌握命名空间的概念；

(2) 掌握类的继承。

【操作要点与步骤】

(1) 单击"文件"菜单，在出现的下拉菜单中，单击"新建"，再单击"新建项目"，新建一个项目。项目存放在"D:\VB.net"下，项目名取为"namespacelx"。项目类型选择"Visual Basic 项目"，模板选择"Windows 应用程序"，项目名与位置按以上要求改写，其他选默认值，然后单击"确定"按钮。

(2) 单击"项目"菜单中的"添加类"命令，在出现的对话框的"模板"中选择"代码文件"，单击"打开"按钮。在出现的对话框中输入如下代码：

```
Namespace namespace1
Class class1
    Public Sub class1method()
        MsgBox("class1's method")
    End Sub
End Class
    Class class2
        Public Sub class2method()
            MsgBox("class2's method")
        End Sub
    End Class
End Namespace
```

(3) 在 Form1 窗体中建立两个命令按钮 Button1 和 Button2，在相应的"Click"事件中输入以下代码：

```
Imports namespacelx.namespace1
Private Sub Button1_Click(ByVal sender As System.Object, ByVal e As System.EventArgs) _
Handles Button1.Click
        Dim myclass1 As New class11()
        myclass1.class1method()
End Sub

Private Sub Button2_Click(ByVal sender As System.Object, ByVal e As System.EventArgs) _
Handles Button2.Click
        Dim myclass2 As New class12()
        myclass2.class2method()
    End Sub
End Class
```

(4) 运行后，单击两个命令按钮，效果如图 4-23 所示。

习　题

一、单项选择

1. 一条语句中包含的字符数不能超过_____个。

A. 1024   B. 1023   C. 255   D. 256

2. 在默认设置下，代码的颜色为_____时，表示该代码有语法错误。

A. 绿色   B. 蓝色   C. 红色   D. 黑色

3. 下列属于分支结构的语句是_____。

A. Do While_Loop 语句   B. For_Next 语句

C. Do_Loop While 语句   D. Select Case 语句

4. 基本数据类型 Integer 占_____字节。

A. 1   B. 2   C. 4   D. 8

5. 一条语句分若干行书写时，要用空格加_____符连接。

A. ":"   B. ";"   C. "_"   D. "-"

6. 程序中的错误通常可以分成三类：语法错误、运行错误和逻辑错误。其中，_____比较容易排除，也是一种低级的错误。

A. 语法错误   B. 运行错误

C. 逻辑错误   D. 语法错误和运行错误

7. VB.NET 提供了_____种方法来处理异常。

A. 1   B. 2   C. 3   D. 4

二、多项选择

1. 可以组成变量名的有_____。

A. 字母   B. 数字   C. 下划线   D. 汉字

2. 下列标识符可以作为变量名的为_____。

A. 0508_abc   B. End   C. gsxx_1   D. gsxx a

3. 程序的基本结构是_____。

A. 顺序结构   B. 分支结构   C. 循环结构   D. 递归结构

4. 以下运算符属于同一类的有_____。

A. +, \, /, <   B. mod, \, +=, ^

C. Not，And，Or，Xor   D. <, <>, Like, =

5. 过程分为_____。

A. Sub 过程   B. Function 过程   C. 属性过程   D. 事件过程

三、思考题

1. VB.NET 中标识符的命名规则有哪些？

2. 注释语句用什么引导？

3．在代码的最前面设置 Option Explicit On 表示什么？

4．VB.NET 中的运算符分为哪几类？

5．关系运算符的返回值是什么类型？

6．进行字符串匹配运算的符号是什么？

7．VB.NET 中使用什么语句来实现分支结构？Do 循环有几种语法形式，区别是什么？

8．Sub 过程和 Function 过程的区别是什么？

9．程序中的错误分为几种？自己在调试过程中是否遇到？

10．VB.NET 中结构化异常处理的语句是什么？

实验四　VB.NET 语言基础

一、实验目的

1．理解程序的分支结构。

2．掌握基本的数据输入/输出方法。输入数据可以通过文本框等控件，也可以使用 InputBox 函数；输出数据可以通过 MsgBox 函数和各种控件，也可以在输出窗口中查看。

3．培养良好的编程风格，提高程序的可读性。

二、实验内容

1．设计一个人所得税计算器，如图 4-24 所示。

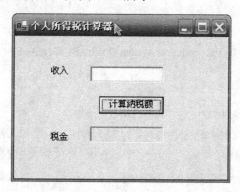

图 4-24　实验 4-1

基本要求：

(1) 月收入在 1600 元以内，免征；

(2) 月收入在 1600～3000 元以内，超过 1600 元的部分纳税 5%；

(3) 月收入超过 3000 元的部分纳税 10%；

(4) 当用户输入收入金额，按下"计算纳税额"按钮后，计算并显示金额。

思考：

(1) 分析文本框获取的数据类型，并予以正确处理。

(2) 若文本框中输入非法数据或未输入数据，按下了"计算纳税额"按钮，则应该如何处理？

2. 设计一个倒计时程序，如图 4-25 所示。

图 4-25　实验 4-2

基本要求：

(1) 通过 InputBox()函数输入倒计时时间(单位为分钟)，默认值为 1 分钟。

(2) 当倒计时时间到后，自动停止计时并用 MsgBox 显示"时间已到"信息。

(3) 当按下"结束"按钮时，结束程序。

提示：

(1) 时钟的间隔设置为 1 秒。

(2) 设计窗体时，"启动倒计时"按钮 enabled 属性为 False；当倒计时时间设定后，将该按钮 enabled 属性设置为 True。

参考代码：

● 定义变量：

```
Dim min, sec As Int16
```

● "设置倒计时"按钮：

```
Private Sub Button1_Click(ByVal sender As System.Object, ByVal e As System.EventArgs) Handles
Button1.Click
        min = sec = 0                    '变量清零
        Label1.Text = "00:00:00"         '剩余时间显示清零
        min = InputBox("请输入倒计时分钟：", "输入", 1, , )     '输入倒计时分钟数
        If min < 10 Then                                      '设置标签显示格式
            Label1.Text = "00:0" + min.ToString               '将数值转换为字符串
        Else
            Label1.Text = "00:" + min.ToString
        End If
        If sec < 10 Then
            Label1.Text += ":0" + sec.ToString
        Else
            Label1.Text += ":" + sec.ToString
        End If
        Button2.Enabled = True           '"启动倒计时"按钮可用
End Sub
```

● "结束"按钮：

```
Private Sub Button3_Click(ByVal sender As System.Object, ByVal e As System.EventArgs) Handles
Button3.Click
        End
End Sub
```

● 定时器时间到事件：

```
Private Sub Timer1_Tick(ByVal sender As System.Object, ByVal e As System.EventArgs) Handles
Timer1.Tick
        If min = 0 And sec = 0 Then                ' 时间已经到
            Timer1.Enabled = False                 ' 定时器不可用
            MsgBox("时间到", MsgBoxStyle.OKOnly, "时间结束")
            Button2.Enabled = False                ' "启动倒计时"按钮不可用
            Label1.Text = "00:00:00"
            Exit Sub                               ' 退出子过程
        End If
        If sec = 0 Then                            ' 时间未到，修改变量
            sec = 59
            min =min-1
        Else
            sec =sec-1
        End If
        If min < 10 Then
            Label1.Text = "00:0" + min.ToString
        Else
            Label1.Text = "00:" + min.ToString
        End If
        If sec < 10 Then
            Label1.Text += ":0" + sec.ToString
        Else
            Label1.Text += ":" + sec.ToString
        End If

End Sub
```

● "启动定时器"按钮：

```
Private Sub Button2_Click(ByVal sender As System.Object, ByVal e As System.EventArgs) Handles
Button2.Click
        Timer1.Enabled = True
End Sub
```

第 5 章　文件与资源管理

　　计算机中的数据通常以文件的形式存储在外部存储器中，以便于长久存储。VB.NET 提供了三种文件操作方法：文件处理函数、流文件访问和文件对象模型。文件处理函数是一种传统的文件操作方法；流文件访问是一种较新的方法；文件对象模型是一种基于面向对象概念进行文件访问的方法，其功能有一定的局限性。本章将主要介绍常用的文件对话框组件、文件处理函数和流文件访问方式。

5.1　资源管理技术

　　【**案例 5-1**】　类似 Windows 资源管理器功能的窗体(1)。浏览计算机逻辑盘及逻辑盘上的资源(各逻辑盘及逻辑盘上的文件夹及其文件)。

　　用 TreeView 和 ListView 两个主要控件及 ImageList1 控件、StatusBar 控件和 RichTextBox 控件可实现类似 Windows 资源管理器窗体。在 TreeView 控件中显示计算机中的逻辑盘，当单击某个逻辑盘时，显示此逻辑盘中的文件夹，此时选择某个文件夹，在 ListView 控件中显示此文件夹中的文件名称等。另外，当鼠标位于左右窗格分界处 Splitter 控件上时，可以调整左右窗格的大小。效果图如图 5-1 所示。

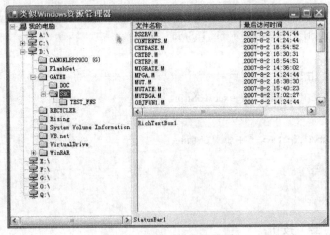

图 5-1　案例 5-1 设计界面

　　【**技能目标**】

　　能利用前面学习过的控件(ImageList1 控件、StatusBar 控件和 RichTextBox 控件)及 TreeView 控件和 ListView 控件设计出类似 Windows 资源管理器功能的窗体，以浏览计算机逻辑盘及逻辑盘上的资源(各逻辑盘及逻辑盘上的文件夹及文件夹下的文件)。

【操作要点与步骤】

(1) 建立一个新的 Windows 应用程序，命名为 VBnet5-1。启动 VB.NET，新建一个"Windows 应用程序"项目，项目名为 VBnet5-1，该项目存放在"D:\VB.net"目录下。

(2) 窗体设计。输入项目名及该项目存放目录后，在所出现的窗体上放置 ImageList1 控件、TreeView 控件、StatusBar 控件、ListView 控件、Splitter 控件和 RichTextBox 控件。

(3) 设置窗体及各控件属性。按表 5-1 设置窗体及各控件的属性，窗体设计和各控件属性设置后的效果图如图 5-2 所示。

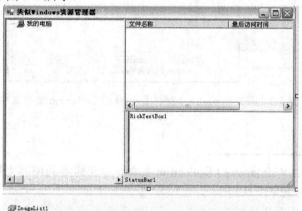

图 5-2　窗体设计及各控件属性设置后的效果图

- 设置 ImageList1 控件 Images 的 Collection 集合属性。

表 5-1　项目 VBnet5-1 中窗体及控件属性

控 件 名	属 性 名	设 置 值
Form	Name	Frmexplorer
	Text	类似 Windows 资源管理器
ImageList	Name	ImageList1
	Images	Collection 集合属性如图 5-3 所示
TreeView(先设置好 ImageList1 控件的属性，再设置本控件的属性)	Name	TreeView1
	Dock	Left
	ImageList	ImageList1
	Nodes	Collection 集合属性如图 5-4 所示
StatusBar	Name	StaBar
	Dock	Bottom
	Panels	Collection 集合属性如图 5-5 所示
	ShowPanels	True
ListView	Name	ListView1
	Dock	Top
	View	Details
	Columns	Collection 集合属性如图 5-8 所示
RichTextBox	Name	RichTextBox1
	Dock	Fill
Splitter	Name	Splitter1
	在工具箱中双击该控件，则此控件自动放在窗体的 TreeView 和 RichTextBox 控件之间，且该控件的 Dock 属性自动为 Left	

图 5-3　添加 ImageList1 控件 Images 的 Collection 集合属性

🔍 说明

① ImageList1 控件 Images 的 Collection 集合属性所需要的图片文件在 VB.NET 的安装文件夹中或在因特网上可以找到。

② 注意添加图片文件的顺序。第 1、2、3、4 幅图片所对应的文件名分别是 MYCMP.ICO、DRIVDSE.ICO、CLSDFOLD.ICO 和 OPENFOLD.ICO，对应的图片索引号分别为 0、1、2、3。

● 设置 TreeView1 控件 Nodes 的 Collection 集合属性(只添加根节点，子节点由程序实现)。

🔍 说明

在图 5-4 中单击"添加根"按钮，在"标签"下的文本框中输入"我的电脑"；在"图像"的下拉列表框中选择第 1 幅图片；在"选定的图像"的下拉列表框中选择第 1 幅图片后按确定按钮。

图 5-4　TreeView1 控件 Nodes 的 Collection 集合属性

● 设置 StatusBar 控件 Panels 属性的 Collection 集合属性(SBPFile 属性)。

🔍 **说明**

在图 5-5 中右半边已经显示 SBPFile 成员属性，SBPFont 和 SBPCount 成员属性分别如图 5-6 和图 5-7 所示。这三个成员属性是通过单击图 5-5 中的"添加"按钮添加的。

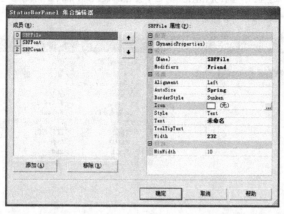

图 5-5　StatusBar 控件 Panels 属性的 Collection 集合属性(SBPFile 属性)

- 设置 StatusBar 控件 Panels 属性的 Collection 集合属性(SBPFont 属性)。

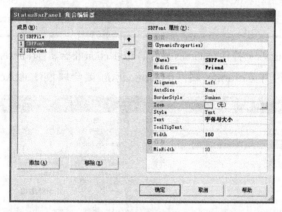

图 5-6　StatusBar 控件 Panels 属性的 Collection 集合属性(SBPFont 属性)

- 设置 StatusBar 控件 Panels 属性的 Collection 集合属性(SBPCount 属性)。

图 5-7　StatusBar 控件 Panels 属性的 Collection 集合属性(SBPCount 属性)

● 设置 ListView 控件 Columns 属性的 Collection 集合属性(FileName 属性)。

在图 5-8 中，右半边显示 FileName 属性。LastAccess 属性如图 5-9 所示。这两个属性是通过单击图 5-8 中的"添加"按钮添加的。

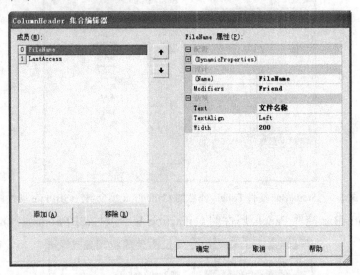

图 5-8　ListView 控件 Columns 属性的 Collection 集合属性(FileName 属性)

● 设置 ListView 控件 Columns 属性的 Collection 集合属性(LastAccess 属性)。

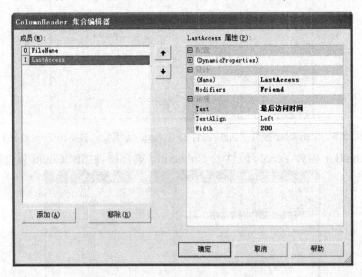

图 5-9　ListView 控件 Columns 属性的 Collection 集合属性(LastAccess 属性)

(4) 完成了界面及各控件的属性设计后，还需要编写代码才能实现所需要的功能。因为该案例要浏览计算机逻辑盘及逻辑盘上的资源(各逻辑盘上的文件夹及文件夹下的文件)，所以首先在程序代码的最开头使用语句 Imports System.IO，以引用 System.IO 命名空间；同时为了能完成本章中所有案例的功能，在整个程序模块中应定义一些公共变量。引用命名空间及定义公共变量的代码如下：

```
Imports System.IO
Public Class frmexplorer

    Inherits System.Windows.Forms.Form

    Dim strCurrentPath As String

    ' 定义当前目录路径变量

    Dim strCurrentfile As String

    ' 定义当前文件名变量

    Dim tvCurrentNode As TreeNode

    ' 定义当前目录在树节点中位置的变量

    Dim copySourceFile As String, copyFileName As String

    ' 定义要拷贝的源文件路径全名，以及该文件文件名的变量

    Dim contextMenuFocus As Integer

    ' 定义用来确定上下文菜单的弹出位置(在 TreeView1 还是 ListView1)的变量 ListView

    Dim bModify As Boolean = False

    Dim sEditFileName As String


#Region " Windows  窗体设计器生成的代码 "

    ' 此部分代码省略不写，因为按上述步骤(1)及(2)操作后，这部分代码会自动生成
#End Region


#Region "浏览磁盘、文件夹及文件的操作，熟悉常用控件 TreeView 和 ListView"

    ' 此部分代码见步骤(5)的代码
#End Region
End Class
```

(5) 为了能够浏览逻辑盘和文件夹，在 TreeView1_AfterSelect 事件中根据用户所选择节点的类型决定调用不同的自定义函数。如果用户选择的是根节点，则调用自定义函数 DispDriver()；如果用户选择的是子节点，则调用 DispDir()自定义函数。为了在用户选择子节点时能够在 ListView 控件中显示此子节点(文件夹)下的文件，在 TreeView1 控件中列举完此子节点(文件夹)下的文件夹后，再调用 DispFile()自定义函数，ListView 控件中的列表即显示此子节点(文件夹)下的文件。

调用自定义函数的程序及三个自定义函数 DispDriver()、DispDir()、DispFile()的程序代码如下：

```
#Region "浏览磁盘、文件夹及文件的操作，熟悉常用控件 TreeView 和 ListView"
Private Sub TreeView1_AfterSelect(ByVal sender As Object, ByVal e As    _
    System.Windows.Forms.TreeViewEventArgs) Handles TreeView1.AfterSelect
        If e.Node.Text = "我的电脑" Then
            ' 列举驱动器
            DispDriver(e.Node)
```

```
            Else
                '列举子文件夹
                DispDir(e.Node)
            End If
        End Sub
        '列举驱动器
        Private Sub DispDriver(ByVal node As TreeNode)
            Dim drv As String
            Dim i As Integer
            If node.Nodes.Count = 0 Then
'下面的循环遍历微机中的逻辑盘并在树节点中增加这些逻辑盘符
                For Each drv In Directory.GetLogicalDrives
                    TreeView1.SelectedNode = node
                    Dim tmpNode As New TreeNode
                    'tmpNode.Text = drv.Substring(0, drv.Length)
                    tmpNode.Text = drv      '将逻辑盘符赋值给节点实例 tmpNode 的属性 Text
                    tmpNode.Tag = drv
                    tmpNode.ImageIndex = 1
                    tmpNode.SelectedImageIndex = 1
                    TreeView1.SelectedNode.Nodes.Add(tmpNode) '在树节点中增加逻辑盘符
                    TreeView1.SelectedNode.Nodes(i).EnsureVisible()
                '在树节点中增加逻辑盘符节点可见
                    i = i + 1
                Next
            End If
        End Sub


        '列举子文件夹名称
        Private Sub DispDir(ByVal node As TreeNode)
            Try
                TreeView1.SelectedNode = node
                Dim DirectoryPath As String = node.Tag.ToString()
                If node.Nodes.Count = 0 Then
                    '下面的条件用于保证所选定的目录路径名的最后一个字符为 "\"
                    If DirectoryPath.Substring(DirectoryPath.Length - 1) <> "\" Then
                        DirectoryPath += "\"
                    End If
                    strCurrentPath = DirectoryPath                '保存当前选定的文件夹的目录路径
                    tvCurrentNode = TreeView1.SelectedNode        '保存当前选定的树节点中位置
```

```
                    Dim Dir As String
                    Dim i As Integer
        '下面的循环遍历选定的逻辑盘或文件下的子文件夹并在树节点中增加这些子文件夹
                    For Each Dir In Directory.GetDirectories(DirectoryPath)
                        Dim tmpNode As New TreeNode
                        tmpNode.Text = Dir.Substring(Dir.LastIndexOf("\") + 1)
                        '取出选定文件夹下的子文件夹的名称
                        tmpNode.Tag() = Dir
                        tmpNode.ImageIndex = 2
tmpNode.SelectedImageIndex = 3
    '当在树节点中选定某文件夹时，显示索引号为3的图形(即打开文件夹的图形)
TreeView1.SelectedNode.Nodes.Add(tmpNode)
    '在树节点中增加选定文件夹下子文件夹的名称
TreeView1.SelectedNode.Nodes(i).EnsureVisible()
    '在树节点中增加的子文件夹节点可见
                        i += 1
                    Next
                End If
                ListView1.Update()
                DispFile(node)    '列举完文件夹之后，再列表显示这个文件夹中的文件
            Catch ex As Exception
            End Try
        End Sub


        '列举所选定文件夹下面的文件的名称及最后访问时间
        Private Sub DispFile(ByVal node As TreeNode)
            Dim DirectoryPath As String = node.Tag.ToString()
            '下面的条件用于保证所选定的目录路径名的最后一个字符为 "\"
            If DirectoryPath.Substring(DirectoryPath.Length - 1) <> "\" Then
                DirectoryPath += "\"
            End If
            Try
ListView1.Items.Clear()
    '清除列表框中的所有项目，以便显示所选定文件夹下面的文件信息
                Dim tmpFile As String
                Dim lvItem As ListViewItem
                '下面的循环遍历选定的目录下的文件并在列表框中显示
                For Each tmpFile In Directory.GetFiles(DirectoryPath)
                    lvItem = New ListViewItem(Path.GetFileName(tmpFile))    '文件名称
```

```
                lvItem.SubItems.Add(File.GetLastAccessTime(tmpFile))
            ' 为文件名称增加子项目(最后访问时间)
                ListView1.Items.Add(lvItem)
            ' 将文件名称项目加载到 ListView 中('它的子项目在第二列显示)
            Next
                ListView1.Update()
        Catch ex As Exception
        End Try
    End Sub
#End Region
```

(6) 项目的保存与运行。代码输入完成后，先将项目保存，然后按 F5 键或单击工具栏上的运行按钮运行该项目。项目运行后，在左窗格中会将计算机中的逻辑盘符显示出来，选择逻辑盘的某个文件夹，此文件夹下的文件将会在右窗格中显示，效果图如图 5-1 所示。

【相关知识】

知识点 5-1-1　　　TreeView 控件

TreeView 控件又称为树型视图控件，工具箱中的图标为 ┇ TreeView 。TreeView 控件类似于在 Windows 资源管理器左窗格中以文件夹和文件的方式显示节点的层次结构。每个节点都可能包含称为子节点的其他节点。父节点或包含子节点的节点可以以展开或折叠的方式显示。

1. TreeView 控件的主要属性

1) Nodes 属性

Nodes 属性是 TreeView 控件最重要的属性，它是一个集合属性，Nodes 集合包含分配给 TreeView 控件的所有 TreeNode 对象。此集合中的树节点称做根树节点。随后添加到根树节点上的任何树节点称做子节点。

可以在图 5-4 所示的"树节点编辑器"中向 TreeView 控件添加根节点和子节点，每个节点的名称都可以通过"标签"设置，各节点折叠时的图像可以在"图像"下拉列表框中设置，各节点展开时的图像可以在"选定的图像"下拉列表框中设置。Nodes 属性可以通过在图 5-4 中添加节点并设置各节点的属性来设置，也可以用编程的方式来设置。例如，案例 5-1 就是用编程方式来设置的。Nodes 集合属性如图 5-10 所示。Nodes 集合属性的功能说明如表 5-2 所示。

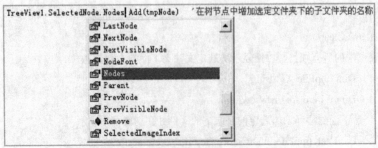

图 5-10　Nodes 集合属性

表 5-2　Nodes 集合属性的功能说明

属 性 名	属 性 说 明
FirstNode 属性	FirstNode 返回当前节点的第一个子节点。如果当前节点没有子节点，则 FirstNode 属性返回空(Nothing)
LastNode 属性	LastNode 返回当前节点的最后一个子节点。如果当前节点没有子节点，则 LastNode 属性返回空(Nothing)
NodeFont 属性	返回或设置当前节点的字体
PrevVisibleNode 属性	返回当前节点的上一个可见节点
PrevNode 属性	返回当前节点的上一个节点(无论该节点是否可见)
NextVisibleNode 属性	返回当前节点的下一个可见节点
NextNode 属性	返回当前节点的下一个节点(无论该节点是否可见)
Parent 属性	返回当前节点的父节点
IsExpanded 属性	返回当前节点是否已经展开
IsSelected 属性	返回当前节点是否被选中
FullPath 属性	返回该节点的的完整路径

🔍 说明

Nodes 属性是集合属性，即当前节点的子节点 Nodes 属性如表 5-2 所示。

2) SelectedNode 属性

SelectedNode 属性用来设置或返回当前被选中的节点，它也是一个集合属性，它的集合属性的子属性和方法与 Nodes 集合属性的子属性和方法基本相同。

3) ImageList 属性(必须使 TreeView 控件与 ImageList 控件相关联)

TreeView 控件可在每个节点旁显示图标，图标紧挨着节点文本的左侧。若要显示这些图标，则必须使 TreeView 控件与 ImageList 控件相关联。关联的方法为：既可以用手工方式在设计器中使用"属性"窗口设置，也可以用编程的方式实现。

采用编程的方式可将 TreeView 控件的 ImageList 属性设置为希望使用的 ImageList 控件，其代码如下：

```
TreeView1.ImageList = ImageList1
```

(1) ImageIndex 属性。只有设置 TreeView 控件的 ImageList 属性与 ImageList 控件相关联后，才能设置 ImageIndex 属性。

ImageIndex 属性可为 TreeView 控件中的节点设置默认图像，还可为正常和展开状态下的节点显示图像。节点旁边显示图像由 ImageIndex 属性值从 TreeView 控件的 ImageList 属性中名为 ImageList 的控件来获取。

(2) SelectedImageIndex 属性。SelectedImageIndex 属性可为选定状态下的节点显示图像。选定状态下节点旁边显示的图像由 SelectedImageIndex 属性值从 TreeView 控件的 ImageList 属性中名为 ImageList 的控件来获取。

ImageIndex 属性和 SelectedImageIndex 属性可在代码中设置，也可在"树节点编辑器"中设置，如图 5-4 所示。

4) CheckBoxes 属性

TreeView 控件的 CheckBoxes 属性的功能可以决定是否在节点旁显示复选框。当该属性设置为 True，在显示树视图时，节点旁边带有复选框，此时，用户可以通过单击鼠标选中或取消节点旁的复选框来决定节点是显示或清除。当然用户也可以通过编程的方式在程序中将节点的 Checked 属性设置为 True 或 False 来决定节点是显示还是清除。

5) Indent 属性

Indent 属性用来设置父节点与子节点之间的水平缩进距离。

6) LabelEdit 属性

LabelEdit 属性用来设置是否可以编辑节点的标签文本。

7) PathSeparator 属性

PathSeparator 属性用来获取或设置节点路径所使用的分隔符串，缺省的分隔符为 "\"。

8) Scrollable 属性

Scrollable 属性用来获取或设置当 TreeView 控件中的节点超出边界时是否添加滚动条，缺省值为 True。

9) Sorted 属性

Sorted 属性用来获取或设置是否将 TreeView 控件中的节点按字母顺序排序。

10) VisibleCount 属性

VisibleCount 属性用于返回 TreeView 控件中完全可见的树节点的数目，该属性是一个只读属性。

11) HotTracking 属性

HotTracking 属性用于返回或设置当鼠标指针移过树节点标签时，树节点标签是否具有超级链接的外观。

12) ShowLines 属性

ShowLines 属性用于返回或设置是否显示 TreeView 控件的父子节点之间的关系线，缺省值为 True。

13) ShowPlusMinus 属性

ShowPlusMinus 属性用于返回或设置是否在包含有子节点的父节点前显示加号(+)和减号(–)按钮，缺省值为 True。加号(+)表示该项目没有展开，单击加号(+)可以展开项目，此时显示减号(–)，单击减号(–)将折叠该项目，减号(–)又变成加号(+)。

14) ShowRootLines 属性

ShowRootLines 属性用于返回或设置是否显示 TreeView 控件根节点之间的连线，缺省值为 True。

🔍 **说明**

ShowLines 属性、ShowPlusMinus 属性和 ShowRootLines 属性最好保留它们的缺省属性值，因为这三个属性值都为 True 时，父节点和子节点的树状结构关系才会显示得清晰明了。

2．TreeView 控件的常用事件

1) BeforeSelect 事件和 AfterSelect 事件

这两个事件在选中节点"前"、"后"触发。AfterSelect 事件是在设计器上双击 TreeView 控件默认打开的事件，也是最常用的事件，例如，案例 5-1 使用了 TreeView 控件的 AfterSelect 事件。

2) BeforeCollapse 事件和 AfterCollapse 事件

这两个事件在节点折叠"前"、"后"触发。当子节点展开时，单击父节点使子节点收敛"前"、"后"分别触发 BeforeCollapse 事件和 AfterCollapse 事件。

3) BeforeExpand 事件和 AfterExpand 事件

这两个事件与 BeforeCollapse 事件和 AfterCollapse 事件刚好相反，BeforeExpand 事件和 AfterExpand 事件分别在节点展开"前"、"后"触发。

4) AfterLabelEdit 事件和 BeforeLabelEdit 事件

这两个事件在编辑节点的标签文本"前"、"后"触发。

5) BeforeSelect 事件和 AfterSelect 事件

这两个事件在选定节点"前"、"后"触发。

6) BeforeCheck 事件和 AfterCheck 事件

当 TreeView 控件的 CheckBoxes 属性设置为 True 时，这两个事件在选中节点前的复选框"前"、"后"触发。

3. TreeView 控件的常用方法

1) CollapseAll 方法

CollapseAll 方法可以将所有 TreeView 控件中展开的节点折叠起来。

调用的格式为

　　　TreeView1. CollapseAll()

2) ExpandAll 方法

ExpandAll 方法可以将所有 TreeView 控件中折叠的节点都展开。

调用的格式为

　　　TreeView1. ExpandAll ()

3) GetNodeAt 方法

GetNodeAt 方法可以检索位于指定位置的节点。

调用的格式为

　　　TreeView1. GetNodeAt(x As integer, y As integer)

4) GetNodeCount 方法

GetNodeCount 方法可以返回 TreeView 控件的节点数，返回 TreeView 控件的节点数根据调用此方法时传递的逻辑参数值的不同而不同。如果调用此方法时传递的逻辑参数值为 True，则返回的节点数是包括子节点的；如果调用此方法时传递的逻辑参数值为 False，则返回的节点数是不包括子节点的。

调用的格式为

　　　TreeView1.GetNodeCount(IncludeSubtrees As Bollean)

知识点 5-1-2　　ListView 控件

ListView 控件又称为列表视图控件，工具箱中的图标为 ┇┇ ListView 。ListView 控件可以把所需列出的项目很清楚地罗列出来，如列出逻辑盘上某文件夹下的文件、数据库中的表名或表中某些字段的记录值等。

1．ListView 控件的主要属性

1) View 属性

列表有 "大图标"、"详细资料"、"小图标" 和 "列表" 四种方式。用户要选择四种方式的一种来显示列表项，可以通过对 ListView 控件的 View 属性进行设置。ListView 控件的 View 属性设置方法如图 5-11 所示。

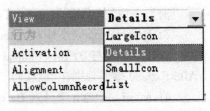

LargeIcon 是大图标显示方式(默认值)，Details 是详细列表显示方式，SmallIcon 是小图标显示方式，List 是列表显示方式。

图 5-11　ListView 控件的 View 属性
设置方法

2) LargeImageList 属性

LargeImageList 属性用来设置 ListView 控件的列表项的图标。实际上其值可以用来指定某个 ImageList 控件。当 ListView 控件的列表项以大图标显示时，设置此属性。

3) SmallImageList 属性

SmallImageList 属性用来设置 ListView 控件的列表项的图标。实际上其值可以用来指定某个 ImageList 控件。当 ListView 控件的列表项以小图标显示时，设置此属性。

4) StateImageList 属性

StateImageList 属性用来设置 ListView 控件的列表项的图标。实际上其值可以用来指定某个 ImageList 控件。当 ListView 控件的列表项以除大图标和小图标外的形式显示时，设置此属性。

5) LabelEdit 属性

LabelEdit 属性用于返回或设置是否允许对列表项目标题进行编辑。

6) MultiSelect 属性

MultiSelect 属性用来设置是否可以进行多项选择，默认值为 True。

7) GridLines 属性

GridLines 属性用来设置是否将列表项显示为表格形式，默认值为 False。

8) HeaderStyle 属性

HeaderStyle 属性用来设置表头风格，默认值为 Clickable，表示可以响应鼠标单击并可按该列表内容对项目排序；None 表示不显示表头；NoneClickable 表示不响应鼠标单击。

9) Sorted 属性

Sorted 属性用来设置 ListView 控件的列表项的排序方式，默认值为 None，表示不设置排序；Ascending 表示按开头字母升序排列；Descending 则表示按开头字母降序排列。

10) FocusedItem 属性

FocusedItem 属性用于返回当前获取焦点的列表项。

11) Columns 集合属性

Columns 集合属性用来设置 ListView 控件的列表头，只有当 ListView 控件的 View 属性设置为 Details 时才会显示 ListView 控件的列表头。用户可以单击属性窗口中 Columns 属性右边的 ... 按钮，通过图 5-9 所示的 "ColumnHeader 集合编辑器" 向 ListView 控件中添加列表头。

Columns 集合属性主要用于设置列表项的属性。列表头项的常用属性如表 5-3 所示。

表 5-3　列表头项的常用属性

属性名	属 性 说 明
text 属性	用来设置列表头显示的文本
width 属性	用来设置列表头项的宽度
textalign 属性	用来设置列表头显示的文本对齐方式：left 为居左，center 为居中，right 为居右

12) Items 集合属性

Items 集合属性用来设置 ListView 控件的列表项信息，用户可以单击属性窗口中 Items 属性右边的 **…** 按钮，通过操作图 5-12 所示的"ListViewItem 集合编辑器"向 ListView 控件中添加列表项。

图 5-12　ListViewItem 集合编辑器

在图 5-12 所示的"ListViewItem 集合编辑器"中有成员属性 SubItems。当单击该属性右边的 **…** 按钮时，会出现图 5-13 所示的"ListViewSubItem 集合编辑器"，可以向 ListView 控件中添加次列表项 SubItem。

🔍 **说明**

在出现图 5-12 所示的"ListViewSubItem 集合编辑器"时，左边索引号为 0 的项是自动产生的，这项为该 SubItem 的主项。

图 5-13　ListViewSubItem 集合编辑器

🔍 **说明**

　　用户也可以在程序代码中利用 Items 集合属性的 Add 和 Clear 方法向 Items 集合里动态添加和删除列表项。

2．ListView 控件的常用事件

ListView 控件的常用事件如表 5-4 所示。

表 5-4　ListView 控件的常用事件

事件名	事件说明
Click 事件	在单击控件时发生
ColumnClick 事件	单击列表头时触发
DoubleClick 事件	在双击控件时发生
ItemActivate 事件	当 ListView 控件的列表项被激活时触发
TabIndexChanged 事件	TabIndex 属性值更改时发生
LostFocus 事件	当控件失去焦点时发生
SelectedIndexChanged 事件	当列表控件中从某一个选定的列表项跳转到某个列表项时触发

3．ListView 控件的常用方法

1) Clear 方法

Clear 方法为从 ListView 控件中移除所有项和列。

2) GetItemAt 方法

GetItemAt 方法可以检索位于指定位置的项。

调用的格式为

　　　ListView. GetNodeAt(x As integer, y As integer)

知识点 5-1-3　　System.IO 命名空间

　　System.IO 命名空间包含与 I/O 相关的类，它提供了基于对象的工具。System.IO 命名空间提供以下功能：

- 创建、删除和操作文件夹及文件。
- 对文件夹及文件进行监视。
- 从流中读/写数据或字符(包括多字节字符，并可以直接读/写各种数据类型)。
- 随机访问文件。
- 使用多种枚举常量设置文件夹和文件的操作等。

🔍 **说明**

　　在使用与 I/O 操作有关的类时，必须引用 System.IO 命名空间。引用 System.IO 命名空间的方法是在程序代码的最开头加上如下语句：

　　　Imports System.IO

　　　Directory 类

　　Directory 类的典型操作是复制、移动、重命名、创建和删除文件夹，也可将 Directory 类用于获取和设置与文件夹的创建、访问及写入操作相关的 DateTime 信息。表 5-5 列出了 Directory 类的常用方法。

表 5-5　Directory 类的常用方法

方 法 名	方法说明及举例
CreateDirectory 方法	按指定的路径创建文件夹或子文件夹 例如：Dim dir As Directory=Directory.CreateDirectory（"d:\server"）
GetLogicalDrives 方法	检索此计算机上格式为 "<驱动器号>:\" 的逻辑驱动器的名称 例如：For Each drv In Directory.GetLogicalDrives
GetDirectories 方法	获取指定文件夹中子文件夹的名称 例如：For Each Dir In Directory.GetDirectories(DirectoryPath)
GetCurrentDirectory 方法	获取应用程序的当前工作文件夹 例如：dir = Directory.GetCurrentDirectory()
GetFiles 方法	返回指定文件夹中文件的名称 例如：For Each tmpFile In Directory.GetFiles(DirectoryPath)
GetLastAccessTime 方法	返回上次访问指定文件或文件夹的日期和时间 例如：lvItem.SubItems.Add(File.GetLastAccessTime(tmpFile))
GetParent 方法	检索指定路径的父文件夹，包括绝对路径和相对路径 例如：dir = Directory.GetParent()
GetDirectoryRoot 方法	返回指定路径的卷信息、根信息或两者同时返回 例如：dir = Directory.GetDirectoryRoot()
Exists 方法	确定给定路径是否存在某文件夹 例如：dir =Directory. Exists(DirectoryPath)
Move 方法	将文件或文件夹及其内容移到新位置 例如：Directory. Move（"d:\server"，"c:\temp"）
Delete 方法	删除文件夹及其内容 例如：Directory. Delete（"c:\temp"）

5.2　文件访问技术

　　【案例 5-2】　类似 Windows 资源管理器功能的窗体(2)。对显示在 ListView 控件内的文件进行复制、粘贴、删除等操作。

　　该案例可以对显示在 ListView 控件内的文件进行复制、粘贴、删除等操作。当首次在 ListView 控件的空白处右击鼠标时，弹出的菜单都是灰色的；在某个文件上右击鼠标时，弹出的菜单只显示复制文件和删除文件菜单；如果单击显示复制文件菜单后，再右击鼠标，则会出现粘贴文件菜单。该案例还可以实现：在 ListView 控件中显示的文件上双击文本文件，则会在 RichTextBox1 控件中显示该文本文件的内容；如果双击的文件不是文本文件，则会在 RichTextBox1 控件中显示该文件的扩展名类型信息。效果图如图 5-14 所示。

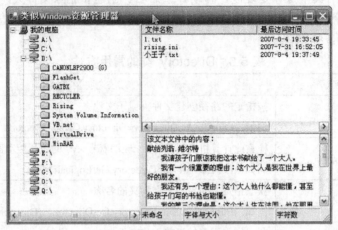

图 5-14　案例 5-2 的效果图

【技能目标】

学会利用文件流对文件进行读/写操作。

【操作要点与步骤】

(1) 将案例 5-1 所在的文件夹 VBnet5-1 复制到文件夹 VBnet5-2，打开 VBnet5-2 文件夹下的 VBnet5-1.sln 文件。

(2) 单击"解决方案资源管理器"窗口中的"解决方案'VBet5-1'(1 项目)"，将名称由原来的 VBnet5-1 改为 VBnet5-2。

(3) 单击"解决方案资源管理器"窗口中的"VBnet5-1"项目，将属性窗口中的"项目文件"属性改为 VBnet5-2.vbproj。

(4) 弹出式菜单设计。将工具箱中的弹出式菜单控件拖放到窗体内，由于弹出式菜单控件在项目运行时不可见，因此该控件自动被放在窗体的下方显示。拖放好上下文菜单控件后按表 5-6 设置弹出式菜单中各菜单项的属性。

表 5-6　弹出式菜单中各菜单项的属性

控 件 名	属 性 名	设 置 值
弹出式菜单 ContextMenu1	Name	Mnucopy
	Text	文件复制
	Name	Mnupaste
	Text	文件粘贴
	Name	Mnudelete
	Text	文件删除

(5) 将 ListView1 控件的 ContextMenu 属性设置为 ContextMenu1。

(6) 编写代码。因为该案例要求根据是否在 ListView1 控件的空白处右击鼠标来决定上下文菜单的可操作项，所以编写事件代码如下：

```
Private Sub ContextMenu1_Popup(ByVal sender As Object, ByVal e As System.EventArgs) _
        Handles ContextMenu1.Popup
        ' 根据是否在ListView1控件的空白处右击鼠标来设置上下文菜单在弹出时的初始状态
        ' 注意ListView的MultiSelect属性应为False
        If ListView1.SelectedItems.Count = 0 Then
                mnucopy.Enabled = False
                Mnudelete.Enabled = False
        Else
                mnucopy.Enabled = True
                Mnudelete.Enabled = True
        End If
        If copySourceFile = "" Then
                Mnupaste.Enabled = False
        Else
                Mnupaste.Enabled = True
        End If
    End Sub
```

(7) 为上下文菜单编写的各菜单项的 **Click** 事件代码如下：

```
Private Sub Mnudelete_Click(ByVal sender As System.Object, ByVal e As System.EventArgs) _
        Handles Mnudelete.Click
        Try
                ' 删除文件或文件夹代码
                Dim strDeteteItem As String
                Dim lvItem As ListViewItem
                Dim yesno As Integer
                lvItem = ListView1.SelectedItems(0)
                strDeteteItem = ListView1.SelectedItems(0).Text
yesno = MsgBox("你真的要删除      " & strDeteteItem & "   这个文件吗？", _
 MsgBoxStyle.YesNo, "文件删除提示")
                If yesno = 6 Then
                        File.Delete(strCurrentPath + "\" + strDeteteItem)      ' 删除文件
                        ListView1.Items.Remove(lvItem)                        ' 更新列表视图
                End If
        Catch ex As Exception
        End Try
    End Sub


Private Sub Mnucopy_Click(ByVal sender As System.Object, ByVal e As System.EventArgs) _
```

```
Handles mnucopy.Click
    ' 拷贝文件代码
    If ListView1.Items.Count > 0 Then          ' 确定是否有项目被选中
        ' 确定是文件才进行拷贝, 把被拷贝文件的路径全名存储起来
        copyFileName = ListView1.SelectedItems(0).Text
        copySourceFile = strCurrentPath + "\" + copyFileName
    End If
End Sub


Private Sub Mnupaste_Click(ByVal sender As System.Object, ByVal e As System.EventArgs) _
    Handles Mnupaste.Click
    If File.Exists(copySourceFile) = False Then
        ' 判断要拷贝的文件是否存在
        MsgBox("不存在这个文件, 请重新拷贝", MsgBoxStyle.Information, "提示")
        Exit Sub
    Else
        CheckFileExist(copyFileName)
        File.Copy(copySourceFile, strCurrentPath + "\" + copyFileName)
        ' 复制文件到所要求的地方
        ListView1.Items.Add(copyFileName)
        ' 在列表视图上添加新文件项目
        ListView1.Update()
    End If
End Sub


Private Sub CheckFileExist(ByVal strFileName As String)
    ' 采用递归的办法, 当发现复制目录下有同名文件时, 在要复制的文件名前加Copy字符
    If File.Exists(strCurrentPath + "\" + copyFileName) Then
        copyFileName = "Copy" & copyFileName
        CheckFileExist(copyFileName)
    Else
        Exit Sub
    End If
End Sub
```

(8) 为了实现在 ListView1 控件中双击文本文件名时能在 RichTextBox1 控件内显示文本文件的内容(如果双击的不是文本文件, 则显示该文件的扩展名信息), 编写程序代码如下:

```
#Region "在ListView1 控件中双击文本文件, 则在 RichTextBox1控件内显示文本文件的内容。如果
        双击_的不是文本文件, 则显示该文件的扩展名。熟悉文件流的读/写操作。"
```

```
Private Sub ListView1_DoubleClick(ByVal sender As Object, ByVal e As System.EventArgs) _ Handles
ListView1.DoubleClick
        Dim strFilePath As String                    ' 文件路径
        Dim Mystream As StreamReader                 ' 定义读流对象
        Dim strItemName As String                    ' 激活的文件名
        Dim intLength, i As Integer
        Dim strXName As String                       ' 文件扩展名
        strItemName = ListView1.SelectedItems(0).Text
        strCurrentfile = strItemName
        intLength = strItemName.Length
        strFilePath = strCurrentPath + "\" + strItemName     ' 取得当前物理路径
        ' 下面的循环是判断文件类型
        For i = intLength-1 To 0 Step-1
            If strItemName.Chars(i) = "." Then Exit For
        Next
        strXName = strItemName.Substring(i)
        If strXName = ".txt" Or strXName = ".TXT" Then
            ' 如果是文本文件，则打开文件，并将文件写入RichTextBox对象中
            RichTextBox1.Text = "该文本文件中的内容：" & Chr(13)
            Mystream = File.OpenText(strFilePath)
            While Mystream.Peek() <>-1                    ' 判断是否到达文件尾
                RichTextBox1.AppendText(Mystream.ReadLine())
            End While
            Mystream.Close()
        Else
            RichTextBox1.Text = strXName + "类型文件"      ' 如果不是，则仅显示扩展名
        End If
    End Sub

#End Region
```

(9) 项目的保存与运行。代码输入完成，先保存项目，然后按 F5 键或单击工具栏上的运行按钮运行该项目。项目运行后会出现如图 5-14 所示的效果图。

【相关知识】

知识点 5-2-1 　File 类

　　文件是存储在媒体介质上的数据集合。文件类可以实现创建文件、复制文件、删除文件、移动文件等任务。System.IO 命名空间包含 File 和 Directory 类，它们可以提供操纵文件

和文件夹所需的基本功能。File 类的常用方法如表 5-7 所示。

表 5-7　File 类的常用方法

方 法 名	方法说明及举例
AppendText	创建 StreamWriter 的一个实例，将 UTF-8 编码文本附加到现有文件
Copy	将现有文件复制到新文件
Create	以指定的完全限定路径创建文件
CreateText	创建或打开一个新文件，用于编写 UTF-8 编码文本
Delete	删除指定文件
Exists	返回 Boolean 值，表明指定文件是否存在
GetAttributes	返回完全限定路径的文件的 FileAttributes
GetCreationTime	返回 Date，表示指定文件的创建时间
GetLastAccessTime	返回 Date，表示最近一次访问指定文件的时间
GetLastWriteTime	返回 Date，表示最近一次写入指定文件的时间
Move	将指定文件移到新位置，提供选项以指定新的文件名
Open	打开指定路径的 FileStream
OpenRead	打开现有文件以进行读取
OpenText	打开现有的 UTF-8 编码文本文件以进行读取
OpenWrite	打开现有文件以进行写入
SetAttributes	设置指定路径的 FileAttributes
SetCreationTime	设置指定文件的创建日期和时间
SetLastAccessTime	设置最近一次访问指定文件的日期和时间
SetLastWriteTime	设置最近一次写入指定文件的日期和时间

知识点 5-2-2　　文件类型

VB.NET 与 VB 一样，也有三种文件类型，这三种文件类型分别是：顺序文件、随机文件和二进制文件。

1．顺序文件

顺序文件也称为文本字符流式文件，它是普通的纯文本文件，通常用于存储字符、数字或其他可用的 ASCII 字符表示的数据，但不能存储像位图这样的信息。该文件中的每一个字符都是由一个文本字符或文件格式字符(回车、换行等)组成的。

2．随机文件

随机文件允许以记录的方式存储和访问信息，这种方法的随机文件由一组相同长度的记录组成，记录可以由标准数据类型的单一字段组成，或者由多个字段组成(如班级的课程由多门课程所组成)。每个字段的数据类型和长度可以不同，但文件中每条记录的长度是相同的。随机访问类型允许访问随机文件的任何记录。

3．二进制文件

二进制文件适用于访问具有任意结构的文件，因此它也是一种最通用的访问类型。它实际上以字节为单位对文件进行访问，不管什么文件都可以认为是由字节构成的。因为在访问二进制文件类型时可以将文件指针移到任何位置，所以它对于变长字段尤为适用。

知识点 5-2-3　　StreamReader 类和 StreamWriter 类

1．流的概念

在 VB.NET 中引入了一种新的数据格式——流，这种格式也可以通过 System.IO 命名空间下的类来访问。流使用 Stream 类表示，所有表示流的类都是从这个类中继承的。流向用户提供了一个一般的数据视图，隐藏了操作系统和底层设备的实现细节，所有的流都支持读/写操作。打开文件时将返回对应的流对象，用户便可以对流对象进行读/写操作。

2．StreamReader 类和 StreamWriter 类

System.IO 提供了通过使用特定编码从流或文件中读取字符和将字符写入流或文件中的类。System.IO 包括 StreamReader 类和 StreamWriter 类，这一对类可以直接从文件中读取字符顺序流或将字符顺序流写入到文件中，它们是以文本方式读取和写入信息的。

StreamReader 类可以从流或文件中读取字符；在创建 StreamReader 类的对象时，可以指定一个流对象，也可以指定一个文件路径，创建对象之后就可以调用它的方法，从流中读取数据。StreamReader 类提供了以下从流中读取数据的常用方法，如表 5-8 所示。

表 5-8　StreamReader 类提供的读取数据的常用方法

方 法 名	方法说明及举例
Peek	返回下一个可用的字符，但不使用它
Read	读取输入流中的下一个字符或下一组字符并移动流或文件指针
ReadBlock	从当前流中读取最大数量的字符并从 index 开始将该数据写入 buffer
ReadLine	从当前流中读取一行字符并将数据作为字符串返回
ReadToEnd	从流的当前位置到末尾读取流

StreamWriter 类可以将字符写入流或文件。StreamWriter 类提供了以下常用的方法将字符写入流或文件中，如表 5-9 所示。

表 5-9　StreamWriter 类提供的写入流或文件的常用方法

方 法 名	方法说明及举例
Write	写入流，向流对象中写入字符并移动流或文件指针
WriteLine	向流中写入一行，后跟行结束符

StreamReader 类和 StreamWriter 类的默认编码均为 UTF-8，而不是当前系统的 ANSI 编码。UTF-8 可以正确处理 Unicode 字符，因此如果用 StreamReader 类和 StreamWriter 类读/写的文件流不是默认编码为 UTF-8 的文本文件，则应该将该文本文件另存为编码为 UTF-8 的文本文件，另存为的界面如图 5-15 所示。

图 5-15　另存为编码为 UTF-8 的文本文件

🔍 **说明**

StreamReader 类和 StreamWriter 类都有 Close 方法，Close 方法都可以关闭该对象，并释放相关联的系统资源。

5.3　对话框控件

【案例 5-3】　类似 Windows 资源管理器功能的窗体(3)。利用对话框控件实现文件的打开等操作。

该案例通过操作加载在窗体上的下拉式菜单实现用对话框将文件打开，将打开的文件在 RichTextBox1 控件内显示，然后对显示在 RichTextBox1 控件内的文字内容用字体对话框和颜色对话框对其进行字体和颜色的设置等。所有的操作状态均在状态栏上显示。效果图如图 5-16～图 5-20 所示。

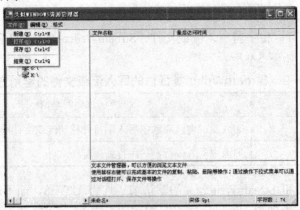

图 5-16　案例 5-3 的效果图(使用对话框控件)

通过单击图 5-16 中文件菜单中的"打开"、"保存"及格式菜单下的"颜色"、"字体"菜单项分别会显示如图 5-17～图 5-20 所示的对话框。

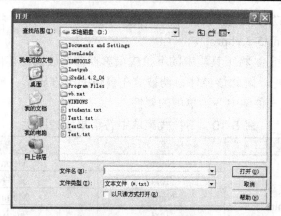

图 5-17　"打开"对话框

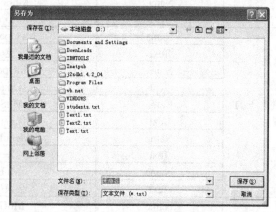

图 5-18　"另存为"对话框

图 5-19　"颜色"对话框

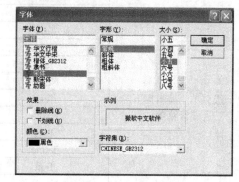

图 5-20　"字体"对话框

【技能目标】

(1) 复习下拉式菜单。

(2) 会使用对话框控件生成各种常规对话框。

【操作要点与步骤】

(1) 将案例 5-2 所在的文件夹 VBnet5-2 复制到文件夹 VBnet5-3，并打开 VBnet5-3 文件夹下的 VBnet5-2.sln 文件。

(2) 单击"解决方案资源管理器"窗口中的"解决方案'VBnet5-2'(1 项目)"，将名称由原来的 VBnet5-2 改为 VBnet5-3。

（3）单击"解决方案资源管理器"窗口中的"VBnet5-2"项目，将属性窗口中的"项目文件"属性改为"VBnet5-3.vbproj"。

（4）下拉式菜单设计。将工具箱中的下拉式菜单控件拖放到窗体内，由于下拉式菜单控件在项目运行时不可见，因此该控件自动被放在窗体的下方显示。拖放好下拉式菜单控件后按表 5-10 设置下拉式菜单中各菜单项的属性。

表 5-10　下拉式菜单中各菜单项的属性

控 件 名	属 性 名	设 置 值
下拉式菜单 MainMenu1 一级菜单	Name	MenuFile
	Text	文件(&F)
	Name	MenuEdit
	Text	编辑(&E)
	Name	MnFormat
	Text	格式
一级菜单"文件"下的 二级菜单	Name	MnOpenNew
	Text	新建(&N)
	Name	MnOpenOld
	Text	打开(&O)
	Name	MnSave
	Text	保存(&S)
	Name	MenuItem1
	Text	—
	Name	MnEnd
	Text	结束(&X)
一级菜单"编辑"下的 二级菜单	Name	MnUndo
	Text	撤消(&U)
	Name	MenuItem2
	Text	—
	Name	MnCut
	Text	剪切(&T)
	Name	MnCopy
	Text	复制(&C)
	Name	MnPaste
	Text	粘贴(&P)
	Name	MnDelete
	Text	删除(&D)
	Name	MenuItem3
	Text	—
	Name	MnSelectAll
	Text	全选(&A)
一级菜单"格式"下的 二级菜单	Name	MnWordWrap
	Text	自动换行(&W)
	Checked	True
	Name	MnColor
	Text	颜色
	Name	MnFont
	Text	字体

(5) 将窗体 FrmExplorer 控件的 Menu 属性设置为 MainMenu1。

(6) 完成以上五步后，开始编写程序代码。为了在程序运行时能在 RichTextBox1 控件中显示案例的功能及操作方法，并在状态栏显示初始状态，编写了 Form1_Load 事件代码。在用户单击关闭窗体或单击"结束"菜单时，由于 RichTextBox1_TextChanged 事件中逻辑变量 bModify 的值为 True 时，会提示用户是否保存 RichTextBox1 控件中的文本到文件中，因此在结束程序中编写了 Form1_Closed 和 MnEnd_Click 两个事件，在这两个事件中调用了 EndProgram()函数。程序的开始与结束代码如下：

```
#Region "程序的开始与结束"
    '程序开始代码
Private Sub Form1_Load(ByVal sender As System.Object, ByVal e As System.EventArgs) Handles
MyBase.Load
'在RichTextBox1控件中显示案例的功能及操作方法
RichTextBox1.Text = "文本文件管理器，可以方便地浏览文本文件" + Chr(13)
        RichTextBox1.AppendText("使用鼠标右键可以完成基本的文件的复制、粘贴、删除等操作，
                            通过操作下拉式菜单可以完成对话框打开、文件保存等操作")
        sEditFileName = "未命名"
        '显示目前使用的字体与大小
        StaBar.Panels(1).Text = RichTextBox1.Font.Name &" " & RichTextBox1.Font.Size.ToString &"pt"
        '显示目前文件的字符数
        StaBar.Panels(2).Text = "字符数 : " & RichTextBox1.Text.Length
    End Sub


    '程序结束代码
    Private Sub MnEnd_Click(ByVal sender As System.Object, ByVal e As System.EventArgs) Handles
    MnEnd.Click
        EndProgram()
End Sub
Private Sub Form1_Closed(ByVal sender As Object, ByVal e As System.EventArgs) Handles
MyBase.Closed
        EndProgram()
        End
    End Sub
    Sub EndProgram()
        Dim rBtn As MsgBoxResult
        If bModify = True Then                      '文件尚未保存，询问是否要保存
            rBtn = MsgBox(sEditFileName & "尚未保存，是否要保存？", MsgBoxStyle.YesNoCancel,
                "询问是否要保存")
            If rBtn = MsgBoxResult.No Then : End     '直接结束程序
```

```
            ElseIf rBtn = MsgBoxResult.Yes Then
                SaveTextToFile()                    ' 调用 SaveTextToFile()存储文件
            Else : Return '回到程序
            End If
        End If
        End                                         '结束程序的执行
    End Sub

    Private Sub RichTextBox1_TextChanged(ByVal sender As System.Object, ByVal e As System.EventArgs)
    Handles RichTextBox1.TextChanged
        StaBar.Panels(2).Text = "字符数 ： " & RichTextBox1.Text.Length
        If bModify = False Then
            bModify = True                          '设定文件已经修改了
            '*表示文件目前被修改了，但是尚未保存
            StaBar.Panels(0).Text &= "*"
        End If
    End Sub

    #End Region
```

(7) 完成以上六步后，开始为下拉式菜单各菜单项的 Click 事件编写代码。首先编写文件菜单所对应的菜单项的 Click 事件代码，通过对话框的操作可以将打开的文本文件在 RichTextBox1 控件中显示，并能对控件中的内容进行字处理(打开、保存、字体、颜色等)。代码如下：

```
    #Region "文件的操作"

    Private Sub MnOpenNew_Click(ByVal sender As System.Object, ByVal e As System.EventArgs) Handles
    MnOpenNew.Click
        ' 检查文件是否修改过
        If bModify = True Then AskForSaveFile()
        sEditFileName = "未命名" : RichTextBox1.Text = ""          '清除文本框
        StaBar.Panels(0).Text = sEditFileName
    End Sub

    Private Sub MnOpenOld_Click(ByVal sender As System.Object, ByVal e As System.EventArgs) Handles
    MnOpenOld.Click
        ' 文件已经被修改，询问是否要保存
        If bModify = True Then AskForSaveFile()
        OpenFileToText()
```

```
        End Sub

Private Sub MnSave_Click(ByVal sender As System.Object, ByVal e As System.EventArgs) Handles
MnSave.Click
        SaveTextToFile()
End Sub


Sub SaveTextToFile()
        Dim filename As String
        Dim fnum As Integer
        '应用文件对话框取得选取的文件名
        SaveFileDialog1.Filter = "文本文件 (*.txt)|*.txt"
        SaveFileDialog1.FileName = sEditFileName
        If SaveFileDialog1.ShowDialog() = DialogResult.OK Then
            filename = SaveFileDialog1.FileName
            StaBar.Panels(0).Text = filename                    ' 显示文件名称
        Else : Return
        End If
        sEditFileName = filename                               ' 显示目前编辑的文件名称
        '将文件保存到filename所指定的文件
        fnum = FreeFile()
        FileOpen(fnum, filename, OpenMode.Output)              '打开文件镨
        PrintLine(fnum, RichTextBox1.Text) '将文件输出
        FileClose(fnum)                                       ' 关闭文件
        bModify = False                                       ' 文件没有被修改
        StaBar.Panels(0).Text = StaBar.Panels(0).Text.TrimEnd("*")
End Sub


Sub OpenFileToText()
        Dim filename As String                                ' 打开 filename所指定的文件镨
        Dim fnum As Integer, sInput As String
        OpenFileDialog1.Filter = "文本文件 (*.txt)|*.txt"
        OpenFileDialog1.InitialDirectory = "D:\"              '记得改变这里的路径
        If OpenFileDialog1.ShowDialog() = DialogResult.OK Then
            filename = OpenFileDialog1.FileName
            StaBar.Panels(0).Text = filename
        Else : Return
        End If
        sEditFileName = filename                              ' 设定目前编辑的文件名称
```

```
            fnum = FreeFile()
            RichTextBox1.Text = ""                    ' 清除 TextBox1的内容
            FileOpen(fnum, filename, OpenMode.Input)   ' 打开文件
            While Not EOF(fnum)                        ' 读取文件
                sInput = LineInput(fnum)
                RichTextBox1.Text &= sInput & vbCrLf
            End While
            FileClose(fnum)
            bModify = False
            StaBar.Panels(0).Text = sEditFileName
    End Sub


    Sub AskForSaveFile()
            Dim rBtn As MsgBoxResult
            rBtn = MsgBox(sEditFileName &"尚未保存，是否要保存？", MsgBoxStyle.YesNo,"保存提示")
            ' 调用SaveTextToFile()保存文件
            If rBtn = MsgBoxResult.Yes Then SaveTextToFile()
    End Sub
    End Sub
    #End Region
```

(8) 为编辑菜单所对应的菜单项的 Click 事件编写代码。通过操作编辑菜单的各菜单项，对 RichTextBox1 控件中显示的信息进行撤销、剪切、复制、粘贴、删除和全选等操作。

```
    #Region "编辑"

    Private Sub MnUndo_Click(ByVal sender As System.Object, ByVal e As System.EventArgs) Handles
    MnUndo.Click
            RichTextBox1.Undo()                    '撤销
    End Sub


    Private Sub MnCut_Click(ByVal sender As System.Object, ByVal e As System.EventArgs) Handles
    MnCut.Click
            RichTextBox1.Cut()                     '剪切
    End Sub


    Private Sub MnCopy_Click(ByVal sender As System.Object, ByVal e As System.EventArgs) Handles
    MnCopy.Click
            RichTextBox1.Copy()                    '复制
    End Sub
```

```vb
Private Sub MnPaste_Click(ByVal sender As System.Object, ByVal e As System.EventArgs) Handles
MnPaste.Click
        RichTextBox1.Paste()            '粘贴
End Sub


Private Sub MmDelete_Click(ByVal sender As System.Object, ByVal e As System.EventArgs) Handles
MmDelete.Click
        RichTextBox1.Cut()              '用Cut来实现删除
End Sub


Private Sub MnSelectAll_Click(ByVal sender As System.Object, ByVal e As System.EventArgs) Handles
MnSelectAll.Click
        RichTextBox1.SelectAll()        '全选
End Sub


#End Region
```

(9) 最后，为格式菜单所对应的菜单项的Click事件编写代码，通过操作格式菜单的各菜单项，实现对在RichTextBox1控件中显示的信息进行字体和颜色等的设置，为此分别编写了两个函数SetFont()和SetColor()。

```vb
#Region "格式"


Private Sub MnColor_Click(ByVal sender As System.Object, ByVal e As System.EventArgs) Handles
MnColor.Click
        SetColor()
End Sub


Private Sub MnFont_Click(ByVal sender As System.Object, ByVal e As System.EventArgs) Handles
MnFont.Click
        SetFont()
End Sub


Private Sub MnWordWrap_Click(ByVal sender As System.Object, ByVal e As System.EventArgs) Handles
MnWordWrap.Click
        MnWordWrap.Checked = Not MnWordWrap.Checked
        RichTextBox1.WordWrap = MnWordWrap.Checked
End Sub


Sub SetColor()            '设置颜色
```

```
            If ColorDialog1.ShowDialog() = DialogResult.OK Then
                RichTextBox1.ForeColor = ColorDialog1.Color
            End If
      End Sub


      Sub SetFont()        ' 设置字体
            Dim iFontSize As Integer
            If FontDialog1.ShowDialog() = DialogResult.OK Then
                RichTextBox1.Font = FontDialog1.Font
                iFontSize = RichTextBox1.Font.SizeInPoints
                ' 显示字体与大小
                StaBar.Panels(1).Text = RichTextBox1.Font.Name & " " & iFontSize & "pt"
            End If
      End Sub


#End Region
```

(10) 项目的保存与运行。代码输入完成后，先保存项目，然后按 F5 键或单击工具栏上的运行按钮运行该项目。项目运行后，单击下拉式菜单的各菜单项将出现如图 5-17～图 5-20 所示的效果图。

【相关知识】

知识点 5-3-1　　对话框控件概述

在 VB.NET 中，设计打开文件对话框，设置字体颜色对话框以及打印文件对话框是一件非常轻松的事情。使用 VB.NET 设计对话框基本分三步：弹出(ShowDialog 方法)、判断返回值(看 ShowDialog 方法的返回值是什么)以及取数据(FileName 属性或其他属性)。所以学会了"打开文件"对话框的用法以后，学习其他对话框就非常容易了。

在 VB.NET 中，对话框控件有打开文件、保存文件、颜色设置、字体设置、打印、打印预览等对话框。这些对话框控件都是不可视控件，在窗体设计器上并不直接添加到窗体上，而是放在窗体工作区的下方。

知识点 5-3-2　　文件打开对话框控件 OpenFileDialog

在 Windows 应用程序中，需要通过文件来操作数据。要操作文件中的数据，必须先打开文件。VB.NET 提供了文件打开对话框 OpenFileDialog 控件，程序通过调用该控件的 ShowDialog 方法即可显示如图 5-17 所示的"打开"文件对话框，用户通过指定驱动器、文件夹名称、文件名来指定文件。打开指定的文件后，用户就可以读/写打开文件中的数据了。

文件打开对话框控件 OpenFileDialog 的属性如表 5-11 所示。

表 5-11　OpenFileDialog 控件的常用属性

属　性	说　　明
Name	设置 OpenFileDialog 控件的名称
AddExtension	文件名是否包含扩展名，默认为 True
CheckFileExists	如果用户选择一个不存在的文件时，显示提示信息，默认为 True
CheckPathExists	如果用户选择一个不存在的路径时，显示提示信息，默认为 True
DefaultExt	设置打开的默认文件名
FileName	用户在对话框的"文件名"列表框中输入的文件名会保存到该属性中。此属性的内容包含了完整的路径数据，利用此属性可以找到该文件
Filter	设置在对话框的"文件类型"列表框中出现的文件类型列表，利用分隔号"|"一次可以设定许多种文件类型。例如，要限定打开的类型为*.TXT、*.EXE 和*.BAT，在 Filter 属性栏中应输入：Text(*.Txt)|*.TXT|EXE(*.EXE)|*.EXE|BAT(*.BAT)|*.BAT
FilterIndex	设置文件类型的索引
InitialDirectory	设置目录的起始位置
MultiSelect	设置对话框是否允许用户选取多个文件，默认为 False
ReadOnlyChecked	只读复选框是否被启用，默认为 False。若设置为 False，则文件以只读的方式来打开
RestoreDirection	在对话框关闭之前是否存储当前的目录
ShowHelp	设置是否在对话框中显示帮助按钮
ShowReadOnly	设置是否显示只读复选框，默认为 False
Title	设置对话框的标题

文件打开对话框控件 OpenFileDialog 的常用方法如表 5-12 所示。

表 5-12　OpenFileDialog 控件的常用方法

方　　法	说　　明
Dispose	释放所有被对话框打开的资源
OpenFile	以只读的方式打开用户选择的文件
ShowDialog	显示出对话框

🔍 说明

有一个 StreamReader 类可用来读取文件。在创建了 StreamReader 类以后，就可以用 StreamReader 类的方法对文本文件进行操作了。StreamReader 类的常用方法有以下几种。

- Read 方法：读取输入流中的下一个字符或下一组字符。
- ReadToEnd 方法：从流的当前位置到末尾读取流。
- Peek 方法：返回下一个可用的字符，但不使用它。
- ReadLine 方法：从当前流中取一行字符并将数据作为字符串返回。

　　文件保存对话框控件 SaveFileDialog

在 VB.NET 中，要为应用程序设置文件保存对话框，应使用 SaveFileDialog 控件。该控件的使用和设置与 OpenFileDialog 控件的使用和设置基本相同，只是多了一些文件保存对话框控件 SaveFileDialog 的特有属性。

表 5-13 列出了除 OpenFileDialog 控件的属性外，文件保存对话框控件 SaveFileDialog 的特有属性。

表 5-13　SaveFileDialog 控件的特有特性

属　　性	说　　明
CreatePrompt	如果该属性的值为 True，则在用户指定的文件不存在时，询问用户是否建立新文件。默认该值为 False，即不询问用户
OverWritePrompt	如果该属性的值为 True，则在用户指定的文件已经存在时，询问用户是否重写文件。如果该值为 False，则不询问用户

SaveFileDialog 控件的方法与 OpenFileDialog 控件完全相同，可按照处理 OpenFileDialog 控件的方法来处理 SaveFileDialog 控件。例如要显示一个 SaveFileDialog 控件，可使用下面的代码：

```
SaveFileDialog1.ShowDialog()
```

图 5-18 所示为一个标题为"另存为"的文件保存对话框，该对话框的默认路径为"D:\"，默认文件名为"未命名"，默认文件扩展名为"*.txt"。

📖 说明

有一个 StreamWriter 类可用来写文件。在创建了 StreamWriter 类以后，就可以用 StreamWriter 类的方法对文本文件进行操作了。StreamWriter 类的常用方法有以下几种：

● Write 方法：写入参数指定的字符串、数字、字符数组等。

● Close 方法：关闭当前的 StreamWriter 类的对象。

● WriteLine 方法：换行写入参数指定的字符串、数字、字符数组等。如果没有参数，则只能完成换行功能。

　　颜色设置对话框控件 ColorDialog

在 VB.NET 中，如果要进行颜色设置，则可以使用颜色设置对话框控件 ColorDialog。通过调用 ColorDialog 控件的 ShowDialog 方法，可以显示"颜色"对话框，如图 5-19 所示。这是一个标准的 Windows 颜色设置对话框，它支持几百万种颜色，但用户能够直接使用的颜色只有几十个，其他的颜色需要用户单击"规定自定义颜色"按钮，打开对话框的自定义部分来定义。

相对于其他的对话框控件，ColorDialog 控件的属性比较少，这是因为标准的"颜色"对话框不需要进行过多的设置。表 5-14 列出了颜色设置对话框控件 ColorDialog 的常用属性及说明。

表 5-14 ColorDialog 控件的常用属性及说明

属　性	说　明
Name	设置 ColorDialog 控件的名称
AllowFullOpen	设置对话框是否显示全部内容，包括颜色自定义部分
AnyColor	设置对话框是否显示所有可用的基本颜色
Color	设置默认颜色和接收用户选取的颜色
FullOpen	设置对话框打开时，是否显示自定义颜色，默认为 False，用户必须单击"规定自定义颜色"按钮才显示。该值为 True 时完全展开。如果 AllowFullOpen 的值为 False，则各个属性无效
SolidColorOnly	设置用户是否仅能够选择固定的颜色

ColorDialog 控件只有两种方法：一种是 Reset 方法，用于还原对话框的默认设置；另一种是 ShowDialog 方法，用于显示"颜色"对话框。

知识点 5-3-5　　字体对话框控件 FontDialog

在 VB.NET 应用程序中，字体设置是通过 FontDialog 控件调用一个名称为"字体"的字体设置对话框来实现的。字体设置是大部分应用程序，特别是具有文本编辑能力的应用程序的必备功能。通过调用字体对话框控件 FontDialog1 的 ShowDialog 方法可以显示"字体"对话框，如图 5-20 所示。利用"字体"对话框，用户可以完成所有关于字体的设置。

字体对话框控件 FontDialog 的常用属性及说明如表 5-15 所示。

表 5-15 FontDialog 控件的常用属性及说明

属　性	说　明
Color	设置字体的默认颜色
FontMustExit	设置对话框在用户试图使用不存在的字体或样式时是否指出错误情况
Font	接收用户设置的字体
MaxSize	用户选择的最大字号，默认为 0，代表不限制最大字号
MinSize	用户选择的最小字号，默认为 0，代表不限制最小字号
ShowApply	设置对话框是否包含"套用"按钮，默认值为 False
ShowColor	设置对话框是否显示色彩选项，默认值为 False
ShowEffects	设置对话框是否包含特殊效果选项，例如删除线和下划线等，默认值为 False
ShowHelp	设置对话框是否显示"帮助"按钮

FontDialog 控件的常用方法有 ShowDialog 和 Reset 两种，它们的使用同其他几个对话框控件相同。

知识点 5-3-6　　打印对话框控件 PrintDialog 和打印预览对话框控件 PrintPreviewDialog

前面介绍了案例 5-3 中所用到的打开文件、保存文件、颜色设置以及字体设置对话框，在实际应用系统中，除了经常使用前面介绍的几种通用对话框外，还经常使用 VB.NET 提供的"打印"和"打印预览"两个对话框。另外，还需要 PrintDocument 控件来真正执行打印任务。

在窗体的下方创建 PrintDialog 控件之后，调用该控件的 ShowDialog 方法即可显示"打印"对话框，如图 5-21 所示。

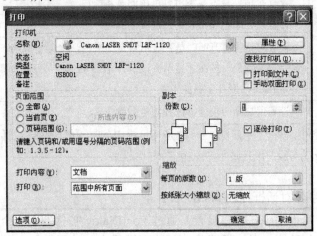

图 5-21　"打印"对话框

在"打印"对话框中，用户可以在打印之前设置打印的份数，选择已安装的打印机类型，设置打印范围等打印选项，操作方法和其他对话框一样。PrintDialog 控件除了具有和其他对话框相同的属性外，该控件还有自己的特有属性，如表 5-16 所示。

表 5-16　PrintDialog 控件的特有属性

属　　性	说　　明
AllowPrintToFile	设置是否激活"打印到文件"复选框
AllowSelection	设置是否激活"选择内容"单选按钮
AllowSomePages	设置是否激活"页"单选按钮
Document	设置接收打印设置的打印文档，该属性的值由 PrintDocument 控件来提供
PrintToFile	设置是否启用"打印到文件"复选框
ShowHelp	设置对话框是否显示"帮助"按钮
ShowNetwork	设置对话框是否显示"网络"按钮
PrinterSettings	用来接收对话框中定义的打印机设置

如果用户要在打印之前预览自己的文档，那么可在应用程序中添加一个 PrintPreviewDialog 控件，然后调用该控件的 ShowDialog 方法显示"打印预览"对话框来预览打印文档。对于 PrintPreviewDialog 控件来说，最重要的属性就是 Document 属性，Document 属性用来设置接收打印设备的打印文档，该属性的值由 PrintDocument 控件提供。

实际上，文档的打印和打印预览都必须由 PrintDocument 控件和类来支持，它可以提供打印文档并发送打印命令到打印机，也就是说，从文档到打印机的打印任务是由 Print Document 类来完成的。在创建 PrintDialog 和 PrintPreviewDialog 控件之前，应利用工具箱创建一个 PrintDocument 控件，然后设置其 DocumentName 属性值为要打印文档的名称和路径。

PrintDocument 类也有一个 PrinterSettings 属性，用来接收或设置文档的打印机对象，一般从 PrintDialog 控件的 PrinterSettings 中获得。PrintDocument 类通过 Print 方法将文档发送到指定的打印机进行打印。在文档打印时，会为文档的每一页触发 PrintPage 事件，这要求用户为 PrintPage 事件创建一个过程并添加一个事件处理器。新建的过程可以根据 StreamReader 类的属性来读取文档内容并发送到打印机。

知识点 5-3-7 标准的消息和输入对话框

在 VB.NET 中，还提供了 MsgBox 函数、MessageBox 类和 InputBox 函数，用于生成标准的消息和输入对话框。VB.NET 中标准的消息和输入对话框的功能与 VB 中标准的消息和输入对话框功能相似。

习　题

一、单项选择

1. 要执行与 I/O 有关的操作，必须引入_____命名空间。
A. System.Forms　　　　B. System.Draw　　　　C. System.IO　　　　D. System.Math

2. 一般来说，在制作 Windows 资源管理器时，其右侧的资源项目窗口是利用_____控件来实现的。
A. ListBox　　　　B. ComboBox　　　　C. TreeView　　　　D. ListView

3. Directory 类可以用于获取和设置与_____的创建、访问及写入操作相关的 DateTime 信息。
A. 文件　　　　B. 硬盘　　　　C. 文件夹　　　　D. 软盘

4. _____集合属性用来设置 ListView 控件的列表头。
A. Nodes　　　　B. ListViewSubItem　　　　C. Columns　　　　D. Items

5. ColumnClick 事件是单击 ListView 控件_____时发生的。
A. 项目　　　　B. 列表头　　　　C. 分隔线　　　　D. 空白处

6. 有关 RichTextBox 控件的滚动条，说法正确的是_____。
A. RichTextBox 控件的默认设置是：水平和垂直滚动条均根据需要显示
B. RichTextBox 控件的默认设置是：水平滚动条根据需要显示
C. RichTextBox 控件的默认设置是：垂直滚动条根据需要显示
D. RichTextBox 控件的默认设置是：水平和垂直滚动条均不会根据需要显示

二、思考题

1. 请写出 TreeView 控件中 Nodes 的主要属性。
2. 静态设置 ListView 控件的列表项信息，应该对什么属性进行操作？
3. ListView 控件的常用方法有哪些？

4. VB.NET 中的什么类可以实现文件的创建、复制、删除和移动等任务？

5. 列举几种 VB.NET 中常用的对话框。

实验五　记　事　本

一、实验目的

1. 进一步掌握菜单控件的使用。

2. 掌握 RichBox 控件的使用。

3. 掌握对话框控件，如 OpenFileDialog、SaveFileDialog 和 FontDialog 的使用。

二、实验内容

本实验要求制作一个记事本。该记事本应具有文本文件的打开、保存功能，文字的复制、粘贴功能，以及文字大小、格式的编辑功能，如图 5-22 所示。

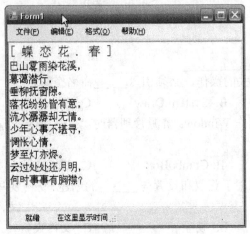

图 5-22　记事本

实验步骤：

(1) 添加菜单。从工具箱中添加 MainMenu 控件，五个主菜单分别是：文件(F)、编辑(E)、格式(O)、查看(V)和帮助(H)。各菜单项的设置如表 5-17~表 5-20 所示。

表 5-17　文件(F)菜单

Text 属性	(Name)属性	RadioCheck 属性	Shortcut 属性	ShowShortcut 属性
文件(&F)	MenuFile	False	None	False
新建(&N)	MenuNew	False	CtrlN	True
打开(&O)	MenuOpen	False	CtrlO	True
保存(&S)	MenuSave	False	CtrlS	True
另存为(&A)	MenuSaveAs	False	None	True
分隔符				
退出(&X)	MenuExit	False	None	True

表 5-18　编辑(E)菜单

Text 属性	(Name)属性	RadioCheck 属性	Shortcut 属性	ShowShortcut 属性
编辑(&E)	MenuEdit	False	None	False
撤消(&U)	MenuCancel	False	CtrlZ	True
分隔符				
剪切(&T)	MenuCut	False	CtrlX	True
复制(&C)	MenuCopy	False	CtrlC	True
粘贴(&P)	MenuPaste	False	CtrlV	True
删除(&L)	MenuDelete	False	Del	True
分隔符				
全选(&A)	MenuSelectAll	False	CtrlA	True
日期(&D)	MenuDate	False	F5	True

表 5-19　格式(O)菜单

Text 属性	(Name)属性	RadioCheck 属性	Shortcut 属性	ShowShortcut 属性
格式(&O)	MenuFormat	False	None	False
自动换行(&W)	MenuAuto	True	None	False
字体(&F)	MenuFont	False	None	False

表 5-20　帮助(H)菜单

Text 属性	(Name)属性	RadioCheck 属性	Shortcut 属性	ShowShortcut 属性
帮助(&H)	MenuHelp	False	None	False
关于记事本(&A)	MenuAbout	False	None	False

(2) 添加 RichTextBox 控件。从工具箱中选择 RichTextBox 控件，调整控件的大小以接近窗体的边缘。把控件的 Name 属性改为"RtextBox"。Anchor 属性选择四个方向。

(3) 添加状态栏。Text 属性改为空；把控件 Anchor 属性选择为"Left"、"Right"和"Bottom"三个方向。

ShowPanels 属性改为 True，单击 Panels 属性的集合按钮，添加两个 Panels，分别是"StatusBarPanel1"和"StatusBarPanel2"。把"StatusBarPanel1"的 Text 属性改为"就绪"。AutoSize 属性改为"Spring"。把"StatusBarPanel2"的 Text 属性改为"在这里显示时间"，AutoSize 属性改为"Contents"。

(4) 添加控件 OpenFileDialog 和 SaveFileDialog 来打开和保存文件，其属性如表 5-21 所示。

表 5-21　对话框属性

控件	(Name)属性	Filter 属性	FileName 属性
OpenFileDialog	OFD	rtf 文件l*.rtfl所有文件l*.*	
SaveFileDialog	SFD	rtf 文件(*.rtf)l*.rtf	无标题

(5) 添加代码。

● 菜单"新建 N"添加代码：

```vb
Dim bool As Boolean = False      '如果从磁盘打开文件，则为 True；如果是新建文件，则为 False

Private Sub MenuNew_Click(ByVal sender As System.Object, ByVal e As System.EventArgs) Handles
MenuNew.Click
        If bool = True Or Trim(RTextBox.Text) <> Nothing Then
        Else
            Exit Sub
        End If

        Dim result = msgbox("文档尚未保存，是否继续", MsgboxStyle.YesNoCancel)
        Select Case result
        Case 2                 ' 按下"取消"
            Exit Sub
        Case 6                 ' 按下"是"
            If bool = True Then
                RTextBox.SaveFile(OFD.Filename)
            ElseIf SFD.ShowDialog = DialogResult.OK Then
                RTextBox.SaveFile(SFD.FileName)
            Else
                Exit Sub
            End If
        End Select

        bool = False
        RTextBox.Clear()
End Sub
```

● 菜单"打开(O)"添加代码：

```vb
Private Sub MenuOpen_Click(ByVal sender As System.Object, ByVal e As System.EventArgs) Handles
MenuOpen.Click
        Try
            If bool = True Or Trim(RTextBox.Text) <> Nothing Then
            Dim result As Integer
            result = MsgBox("文件尚未保存，是否继续", MsgBoxStyle.YesNoCancel)

            Select Case result
                Case 2    ' 按下 Cancel 按钮
                    Exit Sub
                Case 6
```

```
                    If bool = True Then        ' 判断从已存在的文件打开还是新建
                            RTextBox.SaveFile(OFD.FileName)
                    ElseIf SFD.ShowDialog = Windows.Forms.DialogResult.OK Then
                            RTextBox.SaveFile(SFD.FileName)
                    Else
                            Exit Sub
                    End If


            End Select
        End If


        OFD.RestoreDirectory = True
        If OFD.ShowDialog() = Windows.Forms.DialogResult.OK And OFD.FileName <> "" Then
            RTextBox.LoadFile(OFD.FileName)    ' 打开文件
            bool = True
        End If
    Catch ex As Exception
        MessageBox.Show(ex.Message)
    End Try
End Sub
```

● 菜单 "保存(S)" 添加代码：

```
Private Sub MenuSave_Click(ByVal sender As System.Object, ByVal e As System.EventArgs) Handles
MenuSave.Click
        Try
            If bool = True And RTextBox.Modified = True Then
                RTextBox.SaveFile(OFD.FileName)
                Exit Sub
            End If
            If bool = False And Trim(RTextBox.Text) <> Nothing Then
                If SFD.ShowDialog = Windows.Forms.DialogResult.OK Then
                    RTextBox.SaveFile(SFD.FileName)
                    bool = True
                    OFD.FileName = SFD.FileName
                End If
            End If
        Catch ex As Exception
        End Try
End Sub
```

● 菜单"另存为(A)"添加代码：

```
Private Sub MenuSaveAs_Click(ByVal sender As System.Object, ByVal e As System.EventArgs) Handles
MenuSaveAs.Click
        If SFD.ShowDialog = Windows.Forms.DialogResult.OK Then
            RTextBox.SaveFile(SFD.FileName)
        End If
End Sub
```

● 菜单"退出(X)"添加代码：

```
Private Sub MenuExit_Click(ByVal sender As System.Object, ByVal e As System.EventArgs) Handles
MenuExit.Click
        Application.Exit()
End Sub
```

● 菜单"编辑(E)"添加代码：

```
Private Sub menuedit_click(ByVal sender As Object, ByVal e As System.EventArgs) Handles
MenuEdit.Click
        '判断粘贴是否可用
        If Clipboard.GetDataObject().GetFormats(False).Length > 0 Then
            MenuPaste.Enabled = True
        Else
            MenuPaste.Enabled = False
        End If
        '判断"剪切"和"复制"是否可用
        If RTextBox.SelectedText = Nothing Then
            MenuCut.Enabled = False
            MenuCopy.Enabled = False
        Else
            MenuCut.Enabled = True
            MenuCopy.Enabled = True
        End If
        '判断"撤消"是否可用
        If RTextBox.UndoActionName = "" Then
            MenuCancel.Enabled = False
        Else
            MenuCancel.Enabled = True
        End If
End Sub
```

● 菜单"撤消(U)"添加代码：

```
Private Sub MenuCancel_Click(ByVal sender As System.Object, ByVal e As System.EventArgs) Handles
MenuCancel.Click
        RTextBox.Undo()
End Sub
```

● 菜单"剪切(T)"添加代码：

```
Private Sub MenuCut_Click(ByVal sender As System.Object, ByVal e As System.EventArgs) Handles
MenuCut.Click
        RTextBox.Cut()
End Sub
```

● 菜单"复制(C)"添加代码：

```
Private Sub MenuCopy_Click(ByVal sender As System.Object, ByVal e As System.EventArgs) Handles
MenuCopy.Click
        RTextBox.Copy()
End Sub
```

● 菜单"粘贴(P)"添加代码：

```
Private Sub MenuPaste_Click(ByVal sender As System.Object, ByVal e As System.EventArgs) Handles
MenuPaste.Click
        RTextBox.Paste()
End Sub
```

● 菜单"全选(A)"添加代码：

```
Private Sub MenuSelectAll_Click(ByVal sender As System.Object, ByVal e As System.EventArgs) Handles
MenuSelectAll.Click
        RTextBox.SelectAll()
End Sub
```

● 菜单"日期(D)"添加代码：

```
Private Sub MenuDate_Click(ByVal sender As System.Object, ByVal e As System.EventArgs) Handles
MenuDate.Click
        RTextBox.AppendText(Now())
End Sub
```

● 菜单"自动换行(W)"添加代码：

```
Private Sub MenuAuto_Click(ByVal sender As System.Object, ByVal e As System.EventArgs) Handles
MenuAuto.Click
        If MenuAuto.Checked = False Then
            MenuAuto.Checked = True
```

```
            RTextBox.WordWrap = True
        Else
            MenuAuto.Checked = False
            RTextBox.WordWrap = False
        End If
End Sub
```

● 菜单"字体(F)"添加代码(首先添加 FontDialog 控件,并且把它的 Name 属性改为 FD):

```
Private Sub MenuFont_Click(ByVal sender As System.Object, ByVal e As System.EventArgs) Handles
MenuFont.Click
        FD.ShowColor = True
        If FD.ShowDialog = Windows.Forms.DialogResult.OK Then
            RTextBox.SelectionColor = FD.Color
            RTextBox.SelectionFont = FD.Font
        End If
End Sub
```

● 菜单"帮助(H)"添加代码:

```
Private Sub MenuAbout_Click(ByVal sender As System.Object, ByVal e As System.EventArgs) Handles
MenuAbout.Click
        MsgBox("记事本", MsgBoxStyle.OkOnly)
End Sub
```

第 6 章　数据库的开发

在数据量不大的时候，将程序用到的数据保存在文件中，利用文件系统读取数据，并维护数据文件是比较方便的。但是如果数据量很大，就需要用数据库保存数据，按标准的方法(例如 SQL 语言)来访问数据，将数据管理任务留给数据库管理系统。本章主要介绍关系数据库基础、SQL 语言以及如何利用 VB.NET 进行数据库开发等方面的知识。

6.1　数据库基本知识

数据库(Database，DB)，顾名思义就是数据的集合。数据库是把一些相互间有一定联系的数据按照一定的数据模型组织起来，例如，关系数据库就是把数据库中的数据按照关系数据模型组织起来。数据库具有较小的数据冗余，较高的数据独立性和安全性，并允许许多个用户并发地访问数据库。数据库管理系统(DataBase Management System，DBMS)则是对数据进行有效管理的计算机软件，使用这一软件能方便地定义和操纵数据，维护数据的安全性和完整性，对多用户访问数据库的并发操作进行控制并对数据库进行维护。

一个完整的数据库系统由数据库、数据库管理系统、计算机软件和硬件系统及数据库管理员(DataBase Administrator，DBA)组成。数据库管理系统是数据库系统的核心，数据库的一切操作包括数据库的建立，数据的检索、修改、删除操作以及对数据的各种控制，都是通过 DBMS 来实现的。

数据库中常用的数据模型包括层次模型、网状模型和关系模型。其中，20 世纪 60 年代末期提出的关系模型具有简单灵活、易学易懂并且其理论建立在雄厚的数学基础之上等特点，目前广泛使用的数据库软件都是基于关系模型的关系数据库管理系统。

现实世界由实体(Entity)和实体之间的联系(Relationship)构成。所谓实体，是指现实世界中客观存在且可相互区分的事物。所谓联系，是指实体之间的关系，即实体之间的对应关系。通过联系就可以利用一个实体的信息来查找与此相关的另一个实体的信息。

关系模型中的数据结构只有关系(即表)这一种。表的每一行描述实体的一个实例，每一列则描述实体的一个特征或属性。通常所说的关系数据库是由相关的多张表组成的，表与表之间的联系对应实体间的联系。在计算机中，表的一行称为记录，一列称为字段。表 6-1描述的图书信息表由书号、书名、作者等 6 个字段构成。

创建数据库时需做两件事：首先利用 DBMS 创建数据库；然后再创建其中的数据表(一个数据库可以包含多个数据表)，即定义数据表的结构，也就是定义一个数据表中的字段。至此数据库的结构定义完毕，接下来的工作就是往数据库中装入数据，即往数据库中输入记录。

表 6-1　图 书 信 息 表

书　号	书　名	作　者	出 版 社	出版日期	单　价
7-302-07244-2	数据库实用教程	丁宝康	清华大学出版社	2003.11	38.00
7-302-07884-X	数据库技术及其在网络中的应用	王育平	清华大学出版社	2004.3	32.00
7-113-06686-0	数据库应用技术(SQL Server 2000)	审时凯	中国铁道出版社	2005.8	27.00
7-302-12954-1	Visual Basic.NET 实验指导与编程实例	李印清	清华大学出版社	2006.5	15.00

【案例 6-1】　图书管理系统。

使用 Microsoft Access 2000 作为数据库管理系统来创建名为 Tsgl 的图书管理数据库，包含一个名为 tushu 的图书信息表，如表 6-1 所示。此数据表有 6 个字段，分别为书号、书名、作者、出版社、出版日期和单价。

【技能目标】

(1) 启动 Microsoft Access 2000。

(2) 新建数据库和数据表。

(3) 了解数据库管理系统(DBMS)及其基本操作。

【操作要点与步骤】

(1) 启动 Access，打开如图 6-1 所示的新建数据库窗体。选择"空 Access 数据库"单选按钮，单击"确定"按钮，输入数据库文件名称 Tsgl.mdb，并选择数据库文件存放的目录，然后单击"创建"按钮，打开如图 6-2 所示的"Tsgl：数据库"窗体。至此，就创建了一个名为 Tsgl 的数据库。

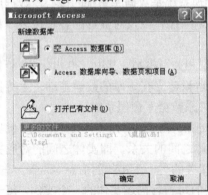

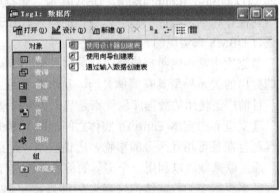

图 6-1　"新建数据库"窗体　　　　　　　图 6-2　"Tsgl：数据库"窗体

(2) 创建数据库中的数据表。双击"使用设计器创建表"命令，弹出数据表设计窗体。依次输入各字段的名称，并指定字段的数据类型。另外，为了提高效率，每个数据表都应该有一个主键字段，主键字段定义了表中记录的唯一性。将"书号"字段定义为表的主键字段。至此，就可得到如图 6-3 所示的效果。从"文件"菜单中选择"保存"命令，保存该表，命名为 tushu，并关闭 tushu 表的设计窗体。此时，在"Tsgl：数据库"窗体中显示已建立的 tushu 表。若数据库中包含多个数据表，则需要重复上述过程。

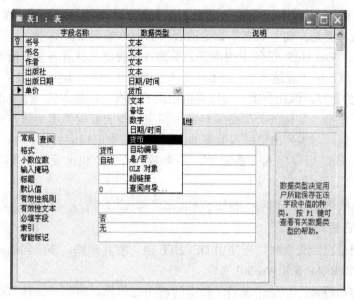

图 6-3　数据表设计窗口

　　(3) 往数据表中输入数据。具体方法是双击 tushu 表，打开如图 6-4 所示的窗体，输入记录内容，并单击"保存"按钮。

图 6-4　在新表中输入数据

【相关知识】

| 知识点 6-1-1 | SQL 简介 |

　　SQL 是英文 Structured Query Language 的缩写，意思为结构化查询语言，它被作为关系型数据库管理系统的标准语言，可以用来实现各种各样的数据库操作，例如数据定义、数据查询、插入记录、删除记录、修改记录以及数据库控制。目前，绝大多数流行的关系型数据库管理系统(如 Oracle、Sybase、Microsoft SQL Server、Access 等)都采用 SQL 标准，并且对 SQL 进行了扩展。

　　下面简单介绍 SQL 中的基本语句。

1. INSERT 语句

　　利用 INSERT 语句可以向数据库表中插入或添加新的记录。INSERT 语句的书写格式如下：

　　　　INSERT INTO　表名[(字段名 1[，字段名 2，…])] VALUES(表达式 1[，表达式 2，…])

　　上述语句的功能是：向"表名"指定的表中插入一条记录。其中，括号中列出将要添加新值的字段名；VALUES 子句中列出该记录的各字段值，并且各字段值的顺序应与指定的字段名顺序一致，即"表达式 1"的值作为"字段名 1"中的数据，"表达式 2"的值作为"字段名 2"中的数据，以此类推。如果要给记录的所有字段输入值，则表名后面的字段名列表可以省略，但插入数据的类型必须与表中相应字段的数据类型一致。若只需要插入表中某些字段的数据，则需列出要插入数据的字段名，并给出相应的值。

　　例如，向 tushu 表中插入一条记录，并为书名、作者和出版社字段赋值，该语句可写为

INSERT INTO tushu(书名，作者，出版社)VALUES("细胞生物学"，"王金发"，"科学出版社")

2．DELETE 语句

　　当表中的记录已经失效时，应使用 DELETE 语句将其删除。该语句的格式如下：

　　　　DELETE FROM　表名[WHERE　条件]

　　上述语句的功能是：从由"表名"指定的表中删除满足给定"条件"的记录，当省略 WHERE 子句时，表示删除表中的全部记录。

　　例如，从 tushu 表中删除所有科学出版社出版的图书，该语句可写为

DELETE FROM tushu WHERE　出版社 =　"科学出版社"

3．UPDATE 语句

UPDATE 语句的格式为

　　　　UPDATE　表名　SET　字段名 1 = 表达式 1[，字段名 2 = 表达式 2 …][WHERE 条件]

　　上述语句的功能是：对指定表中满足"条件"的记录进行修改，若无 WHERE 子句，则修改表中的所有记录。修改记录时以"表达式 1"的值替换"字段名 1"中的值，以"表达式 2"的值替换"字段名 2"中的值，以此类推。

　　例如，将 tushu 表中书名为"高级语言 C++程序设计"的单价增加 15 元，其修改语句为

UPDATE tushu SET　单价 = 单价 + 15　　WHERE　书名 =　"高级语言 C++程序设计"

4．SELECT 语句

　　SELECT 是一个功能强大的数据查询语句，它由多个子句组成，通过这些子句可以实现对数据库的各种查询。该语句最基本的书写格式如下：

　　　　SELECT　字段名列表　FROM　表名[WHERE 条件]

其中，"字段名列表"是若干个字段的列表，字段名之间用逗号分开。该语句的功能是从指定的表中查询满足"条件"的记录，查询结果中包含由"字段名列表"列出的字段信息。如果省略 WHERE 子句，则表示显示所有记录。例如：

SELECT　书名，作者，单价 FROM tushu WHERE　出版者 =　"科学出版社"

其作用是从 tushu 表中查询科学出版社的书籍，并列出其书名、作者和单价。

　　需要说明的是，SELECT 语句的功能非常强大，要了解该语句的其他用法，读者可参阅《数据库系统概论》等书籍。

VB.NET 对数据库开发的支持

数据库开发包括数据库设计和开发访问数据库数据的应用程序。前者可以用数据库管理系统来实现；后者则可以使用各种软件开发工具来完成，如 VB.NET 等。

虽然数据库中的数据在磁盘上也体现为文件，但是这些文件的管理是由数据库管理系统来完成的。因此在设计数据库应用程序时，不能像访问文件那样直接读取数据，而是需要借助于某种编程接口才能访问数据库中的数据。美国微软公司提出的 ODBC(Open DataBase Connectivity，开放数据库互联)接口能以统一的方式访问数据。然而，由于 ODBC 具有效率较低，使用具有一定的局限性等缺点，因此，随着技术的发展，出现了 ADO(ActiveX Data Objects，活动数据对象)技术。在推出 Visual Studio.NET 的同时，微软提出了一种新的数据访问技术，即 ADO.NET。ADO.NET 满足了 3 个重要需求：断开的数据访问模型(这对 Web 环境至关重要)，与 XML 的集成以及与.NET 框架的无缝集成。因此，利用 VB.NET 开发数据库应用程序时通常优先选择 ADO.NET，以实现数据的访问。

ADO.NET 作为一种数据访问技术，是 .NET 技术体系的固有部分，微软已经将 ADO.NET 技术的绝大部分封装在类和组件中。因此，可以直接使用这些类的对象来访问数据库中的数据。

6.2 ADO.NET 组件

ADO.NET 是为 .NET 框架创建的，是对 ADO 对象模型的扩充。ADO.NET 提供了一组数据访问服务的类，用于实现对不同数据源的一致访问，例如 Microsoft SQL Server 数据源、Oracle 数据源，以及通过 OLE DB 和 XML 公开的数据源等。

设计 ADO.NET 组件的目的是从数据操作中分解出数据访问，通过.NET 数据提供程序和 DataSet 组件实现此功能。其中，.NET 数据提供程序是数据提供者，包括 Connection、Command、DataReader 和 DataAdapter 等对象；DataSet 组件用于实现对结果数据的存储，以独立于数据源的数据访问。图 6-5 所示为 ADO.NET 组件的结构。

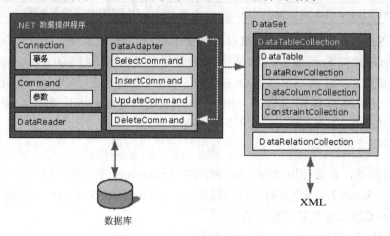

图 6-5 ADO.NET 组件的结构

1. DataSet 数据集

DataSet 是 ADO.NET 结构的核心组件,其作用在于实现独立于任何数据源的数据访问。DataSet 在任何数据源中检索后得到数据并且将其保存在缓存中,它包含表以及所有表的约束、索引和关系。因此,也可以把它看做是内存中的一个小型关系数据库。

一个 DataSet 对象包含一组 DataTable 对象和 DataRelation 对象,其中每个 DataTable 对象由一组 DataRow、DataColumn 和 Constraint 对象组成。这些对象的含义如下:

- DataTable 对象:代表数据表。
- DataRelation 对象:代表两个数据表之间的关系。
- DataRow 对象:代表 DataTable 中的数据行,即记录。
- DataColumn 对象:代表 DataTable 中的数据列,包括列的名称、类型和属性。
- Constraint 对象:代表 DataTable 中主键(或称主码)、外键(或称外码)等约束信息。

除了以上对象以外,DataSet 中还包含 DataTableCollection 和 DataRelation Collection 等集合对象。

🔎 **说明**

DataRow 方法只能生成一个 DataRow 对象,并不能向表中添加新的行。

2. NET Framework 数据提供程序

ADO.NET 结构的另一个核心元素是 .NET 数据提供程序,设计该组件的目的是实现数据操作和对数据的快速、只读访问。数据提供程序在应用程序和数据源之间起着桥梁的作用。数据提供程序用于从数据源中检索数据并且保证对数据的更改与数据源一致。常用的数据提供程序包括 SQL Server.NET Framework 数据提供程序和 OLE DB.NET Framework 数据提供程序。表 6-2 列出了.NET 框架中包括的 .NET 数据提供程序。

表 6-2　.NET 框架中包含的 .NET 数据提供程序

.NET 数据提供程序	说　明
SQL Server.NET Framework 数据提供程序	对于 Microsoft SQL Server7.0 或更高版本
OLE DB.NET Framework 数据提供程序	对于使用 OLE DB 公开的数据源

1) SQL Server.NET Framework 数据提供程序

SQL Server.NET Framework 数据提供程序使用自身的协议与 SQL Server 进行通信。可以直接访问 SQL Server 而不用添加 OLE DB 或开放式数据库连接(ODBC)层,因此它的实现更加精简,并且具有良好的性能。SQL Server.NET Framework 数据提供程序类位于System.Data. SqlClient 命名空间。其引入代码如下:

```
Imports System.Data.SqlClient
```

需要说明的是,若要使用 SQL Server.NET Framework 数据提供程序,则必须具有对Microsoft SQL Server7.0 或更高版本的访问权;对于 Microsoft SQL Server 的较早版本,可使用 SQL Server OLE DB 数据源进行通信。

2) OLE DB.NET Framework 数据提供程序

OLE DB.NET Framework 数据提供程序通过 OLE DB 服务组件和数据源的 OLE DB 提供

程序与 OLE DB 数据源进行通信。OLE DB.NET Framework 数据提供程序类位于 System.Data.OleDb 命名空间。其引入代码如下：

```
Imports System.Data.OleDb
```

3．ADO.NET 对象及组件

.NET 数据提供程序包含 4 个核心元素：Connection、Command、DataReader 和 DataAdapter 对象。这些对象及其功能如表 6-3 所示。

表 6-3 ADO.NET 中的核心对象

对　象	功　能
Connection	建立与指定数据源之间的连接
Command	执行对数据源的操作
DataReader	采用只进方式从数据源中读取只读数据流，是一个简易的数据集
DataAdapter	用数据源填充 DataSet 并保证数据的一致性

Connection 对象提供与数据源的连接；Command 对象能够访问用于返回数据、修改数据、运行存储过程以及发送或检索参数信息的数据库命令；DataReader 用于从数据源中提供高性能的数据流；DataAdapter 提供连接 DataSet 对象和数据源的桥梁。DataAdapter 使用 Command 对象在数据源中执行 SQL 命令，以便将数据加载到 DataSet 中，并使对 DataSet 中数据的更改与数据源保持一致。

1）Connection 对象

在对数据源进行操作之前，首先需要建立与数据源的连接。可以使用 Connection 对象来创建连接对象。

🔍 **说明**

Connection 对象可以和 DataAdapter 对象一起创建，即从"工具箱"中拖放 DataAdapter 组件到组件区时，创建了一个 DataAdapter 对象，同时也创建了一个 Connection 对象。

根据所用的 .NET Framework 数据提供程序的不同，连接对象一般分为 SqlConnection 对象和 OleDbConnection 对象。其中，连接 SQL Server 7.0 以上版本的数据库时，需使用 SqlConnection 对象；要连接 SQL Server 7.0 以前的数据库或连接 OLE DB 数据源时，需要使用 OleDbConnection 对象。

连接对象最重要的属性是 ConnectionString，该属性用来设置连接字符串。其中，SqlConnection 对象的典型连接字符串如下：

```
" Data Source=MySQLServer；Initial Catalog=Northwind；User ID=sa；Password= " "； "
```

而 OleDbConnection 对象的典型连接字符串如下：

```
" Provider = SQLOLEDB；Data Source = MySQLServer；Initial CataLog = Northwind；
User ID = sa；Password =  " "； "
```

其中：

● Data Source 指明数据库服务器的位置可以是电脑名称、IP 地址、localhost(代表使用本机作服务器)等。

● Initial Catalog 指明要连接的数据库名称。

● User ID 和 Password 指明登录数据库服务器的账户和密码。

● Provider 指定 OLE DB Provider。例如 MSDASQL 为 ODBC 的 OLE DB Provider，Microsoft.Jet.OLEDB.4.0 为 Access 的 OLE DB Provider，SQLOLEDB 为 SQL Server 的 OLE DB Provider。

2) Command 对象

在与数据源建立连接之后，可使用 Command 对象来执行对数据源的查询、插入、删除、修改等操作。具体操作可以使用 SQL 语句，也可以使用存储过程。同样，根据所用的 .NET Framework 数据提供程序的不同，Command 对象一般分为 SqlCommand 对象和 OleDbCommand 对象。

Command 对象的常用属性包括以下几种：

● CommandType 属性：用来选择 Command 对象要执行的命令类型。该属性可以取 Text、StoreProcedure 和 TableDirect 三种不同的值。

● CommandText 属性：根据 CommandType 属性的取值，设置要执行的 SQL 命令、存储过程名或表名。

● Connection：用来设置要使用的 Connection 对象名。

3) DataReader 对象

DataReader 对象是一个简单的数据集，可实现从数据源中检索数据，并将检索结果保存为快速、只向前、只读的数据流。根据所用的 .NET Framework 数据提供程序的不同，DataReader 分为 SqlDataReader 和 OleDbDataReader。DataReader 对象可通过 Command 对象的 ExeculteReader 方法从数据源中检索数据来创建。

4) DataAdaper 对象

DataAdaper 对象的主要功能是从数据源中检索数据，填充 DataSet 对象中的表，把用户对 DataSet 对象的更改写入到数据源。根据所用的.NET Framework 数据提供程序的不同，DataAdaper 对象分为 SqlDataAdapter 和 OleDbDataAdapter。DataAdapter 对象的常用属性包括 InsertCommand、DeleteCommand、SelectCommand 和 Updata Command，这些属性用来获取 SQL 语句或存储过程，分别实现在数据源中插入新记录、删除记录、选择记录和修改记录。通常将这些属性设置为某个 Command 对象的名称，由该 Command 对象执行相应的 SQL 语句。

DataAdapter 对象的常用方法有以下几种：

● Fill 方法。其功能是从数据源中提取数据以填充数据集。该方法有多种书写格式，其常用的一种格式如下：

Public Function Fill(ByVal dataSet as DataSet，ByVal srcTable as String) As Integer

上述语句的功能是：从参数 srcTable 指定的表中提取数据以填充参数 dataSet 指定的数据集，其结果返回 dataSet 中成功添加或刷新的记录个数。

📚 技巧

Fill 方法具有自动打开连接并在操作结束后立即关闭连接的功能。

● Update 方法。该方法主要用于修改数据源。该方法也有多种书写格式，其常用的一种格式如下：

> Public Overridable Function Update(ByVal dataSet as DataSet)As Integer

上述语句的功能是：把对参数 dataSet 指定的数据集进行的插入、更新或删除操作更新到数据源中。这种格式通常用于数据集中只有一个表的情况，其结果返回 dataSet 中被成功更新的记录个数。

5）DataSet 对象

DataSet 对象的组成已在前面做过介绍，下面仅介绍 DataSet 对象的填充和访问，以及如何利用 DataSet 对象更新数据源。

数据集是容器，因此需要用数据填充它。DataSet 对象的填充可以通过调用 DataAdapter 对象的 Fill 方法来实现。该方法使得 DataAdapter 对象执行其 SelectCommand 属性中设置的 SQL 语句或存储过程，然后将结果填充到数据集中。

访问 DataSet 对象中的数据，如访问数据集中某数据表的某行某列数据，可使用如下方法：

> DataSet 对象名.TableS[" 数据表名 "].Rows[n][" 列名 "]

上述语句的功能是：访问"DataSet 对象名"指定的数据集中"数据表名"指定的数据表的第 n+1 行中由"列名"确定的列。n 代表行号，且数据表中行号从 0 开始计。以下语句显示了如何访问名为 dsBook 的数据集中 tushu 表第 1 行的"书名"列。

> dsBook.Tables[" tushu "].Rows[0][" 书名 "]

🔎 **说明**

虽然可以访问 DataSet 对象中的数据，并对之进行更改，但是数据更改实际上并没有写入到数据源中。要将数据的更改传递给数据源，需要调用 DataAdapter 对象的 Update 方法来实现。

6）ADO .NET 数据组件

在 VB .NET 中访问数据库，既可以通过上述 ADO .NET 对象编程实现，也可以使用 ADO .NET 提供的数据组件实现。使用 ADO .NET 数据组件访问数据只需将它们拖动到窗体上，根据向导配置相应属性。

和 DataSet、Connection、Command、DataAdapter 对象相对应，ADO .NET 数据组件包括 DataSet、Connection、Command、DataAdapter 等。在工具箱的"数据"工具组中可以查看到这些组件，如图 6-6 所示。

根据所用的 .NET Framework 数据提供程序的不同，数据组件分为两组：SqlDataAdaper、SqlConnection、SqlCommand 和 OleDbDataAdaper、OleDbConnection、

图 6-6　ADO.NET 提供的数据组件

OleDbCommand，分别对应于 SQL Server .NET Framework 和 OLE DB .NET Framework 两个数据提供程序提供的不同数据源。

由于数据组件与数据访问对象的属性、方法和作用均相同，因此不再赘述。

4．开发数据库应用程序的一般步骤

使用 ADO .NET 开发数据库应用程序的一般步骤如下：

(1) 使用 Connection 对象建立与数据源的连接。

(2) 使用 Command 对象执行对数据源的操作命令，通常使用 SQL 命令。

(3) 使用 DataAdapter、DataSet 等对象对获得的数据进行操作。

(4) 使用数据控件(如 DataGrid 等)向用户显示操作的结果。

6.3　数据库开发实例

本节将实现 Windows 窗体中的简单数据访问，阐述通过窗体访问数据库的基本过程，并说明 ADO.NET 数据组件和对象的使用方法。

【案例 6-2】　图书管理数据库系统。

已知在 E 盘下有一个用于图书管理的名为 Tsgl.mdb 的 Access 数据库，该数据库中有一个名为 tushu 的表，用来存放图书信息，通过编程来实现利用数据网格(DataGrid)控件显示表中的数据，并且编辑数据以更新数据库。

该系统的设计可概括为以下几个步骤。

(1) 创建 Windows 窗体。

(2) 配置数据连接 Connection 对象和数据适配器 DataAdapter 对象。

(3) 创建和配置 DataSet 对象，用于存储查询结果。

(4) 向窗体添加 DataGrid 控件，并将其绑定到数据集上。

(5) 通过添加代码来填充数据集。

(6) 添加代码，将数据的更改发送回数据库。

上述步骤执行后将建立如图 6-7 所示的界面。

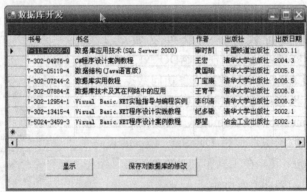

图 6-7　图书管理数据库运行界面

【技能目标】

(1) 创建 Windows 窗体，配置相关对象和控件。

(2) 掌握 ADO .NET 数据组件和对象的使用方法。

(3) 掌握简单数据库应用程序的开发方法。

【操作要点与步骤】

(1) 创建项目和窗体。创建一个新项目，项目命名为 TSGLXT，并在 Windows 窗体设计器中显示新窗体。

(2) 创建并配置数据连接和数据适配器。可以使用向导创建数据适配器。该适配器包含用于读取和写入数据库信息的 SQL 语句。该向导可以帮助定义所需的 SQL 语句。如有必要，该向导还可以创建与数据库的连接。运行效果如图 6-12 所示。具体操作步骤如下：

在"工具箱"的"数据"选项卡中，将 OleDbDataAdapter 对象拖到窗体上。"数据适配器配置向导"启动后，可以帮助创建连接和适配器。在该向导中，执行下列操作：

● 创建或选择一个指向 E:\Tsgl.mdb 数据库的连接。先选择 OLE DB 提供程序，如图 6-8 所示；再选择数据库，如图 6-9 所示。

图 6-8　OLE DB 提供程序

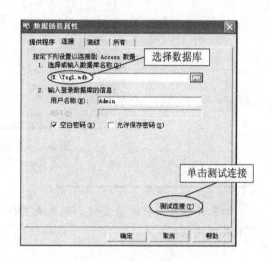

图 6-9　选择数据库

● 指定要使用 SQL 语句，如图 6-10 所示。

● 创建以下 SQL 语句，生成的 SQL 语句如图 6-11 所示。

select 书号，书名，作者，出版社，出版日期 from tushu

图 6-10　选择 SQL 语句查询方式

图 6-11　生成 SQL 语句

📖 技巧

　　为了更方便地生成 SQL 语句，可以通过单击"查询生成器"来完成。如图 6-12 所示，单击"完成"按钮，此时，可以获得一个 OleDbConnection1 连接，该连接包含如何访问数据库的信息。另外，还将拥有一个数据适配器 OleDbAdapter1，其中包含要访问数据库中哪个表和哪些列的查询语句。

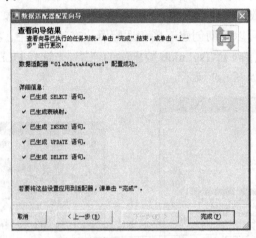

图 6-12　完成数据适配器配置

🔍 说明

　　如果数据表没有设置主键，则生成 INSERT 语句、UPDATA 语句、DELETE 语句会出现不成功现象。

　　(3) 创建数据集。建立数据库连接之后，VB.NET 可以基于数据适配器中设置的 SQL 查询语句自动生成数据集。方法如下：
　　● 从"数据"菜单中选择"生成数据集"，显示"生成数据集"对话框，如图 6-13 所示。

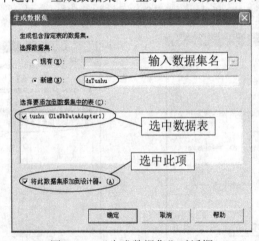

图 6-13　"生成数据集"对话框

● 选择"新建"选项，将数据集命名为 dsTushu，在"选择要添加到数据集中的表"列表中，应选择 tushu 表。

● 确保"将此数据集添加到设计器"已选中，然后单击"确定"按钮。此时，VB.NET 将数据集的一个实例 dsTushu 添加到窗体中，如图 6-14 所示。

图 6-14　自动生成名为 dsTushu 的数据集对象

(4) 向窗体添加 DataGrid 控件并将其绑定到数据集上。在窗体中显示数据集内的数据有两种方法：一种是使用 DataGrid 控件同时显示数据集内的所有记录；另一种是使用文本框等单个控件一次显示一个记录(该方法要求向窗体添加导航功能)。

在本案例中，使用前一种方法。需要注意的是，DataGrid 控件必须绑定到数据集才能显示其中的数据。其操作步骤如下：

● 在"工具箱"的"Windows 窗体"选项卡中，将 DataGrid 控件拖到窗体上，如图 6-15 所示。

图 6-15　向"工具箱"的"Windows 窗体"添加 DataGrid 控件

- 在 DataSource 属性中，选择 dsTushu 作为数据源。
- 在 DataMember 属性中，选择 tushu。

设置这两个属性值的目的是将 dsTushu 数据集内的 tushu 数据表绑定到 DataGrid 控件。

- 调整 DataGrid 控件的高度和宽度，以便看到多个行和列。

(5) 填充 DataGrid 控件。DataGrid 控件被绑定到数据集之后，数据集不会被自动填写。为此必须调用数据适配器 DataAdapter 对象的 Fill 方法来填充数据。具体方法如下：

- 在"工具箱"的"Windows 窗体"选项卡中，将 Button 控件拖到窗体上。
- 将该按钮命名为 btnList，设置其 Text 属性为"显示"，如图 6-16 所示。

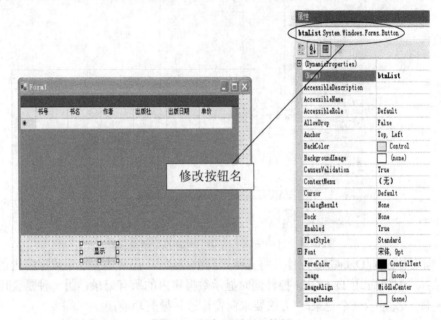

图 6-16　添加"显示"按钮

- 双击该按钮，编写如下 Click 事件处理过程：

```
Private Sub btnList_Click(ByVal sender As System.Object, _
        ByVal e As System.EventArgs) Handles btnList.Click
    dsTushu.Clear()                    '清空数据集
    OleDbDataAdapter1.Fill(dsTushu)    '传递要填充的数据集
End Sub
```

(6) 更新数据库。更新数据库需要执行两个步骤。第一步，更新数据集。在 Windows 窗体中，DataGrid 控件被绑定在数据集上，因此，在 DataGrid 控件中对数据库进行更新后，该控件会自动地将更新保存在数据集内。由于数据集是独立于数据源的，也就是说，更新数据集的同时没有将更新直接写入数据源，因此必须执行第二步，即利用已更改的数据集更新数据源。这可以通过调用 DataAdapter 对象的 Update 方法来完成，该方法检查数据集内指定数据表中的每个记录。如果某记录已更改，则向数据库发送相应的"更新"(Update)、"插入"(Insert)或"删除"(Delete)命令。

在本案例中，向窗体添加一个按钮，以便单击时将数据集的更新发送到数据库。具体操作步骤如下：

- 在"工具箱"的"Windows 窗体"选项中，将 Button 控件拖到窗体上。
- 将该按钮命名为 btnUpdate，设置其 Text 属性为"保存对数据库的修改"。
- 双击该按钮，编写如下 Click 事件处理过程：

```
Private Sub btnUpdate_Click(ByVal sender As System.object，_
            ByVal e As System.EventArgs) Handles btnUpdate.Click
    '调用 DataAdapter 对象的 Update 方法，将数据集的更新发送到数据库中
    OleDbDataAdapter1.Update(dsTushu)
    '使用 MessageBox 表示确认信息
    MessageBox.show( "数据库已更新！" )
End Sub
```

(7) 测试窗体。至此可以测试该窗体，实现在 DataGrid 控件中显示数据，并且用户可以进行更新。

- 运行该窗体。在窗体显示后，单击"显示"按钮，在 DataGrid 控件中显示书籍列表。
- 对 DataGrid 控件中的记录进行更改。再次单击"显示"按钮，将会发现所做的更改未被保留。这是因为没有将所做更改从数据集保存到数据库中，所以数据库重新加载数据并刷新 DataGrid 控件时，对数据做的更改没有被保留。
- 再次对 DataGrid 控件中的记录进行更改，然后单击"保存对数据库的修改"按钮，并再次单击"显示"按钮。因为相应数据更新已保存到数据库中，所以数据库重新加载数据时所做的的更改被保留下来，如图 6-17 所示。

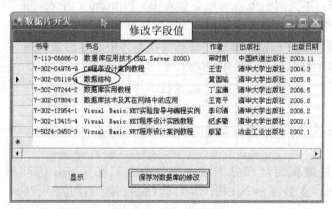

图 6-17　程序显示界面

【案例 6-3】　数据窗体向导使用。

数据窗体向导是 VB.NET 中的一个数据库应用程序的辅助开发工具，利用它可以很容易地在窗体上显示数据库中的数据。下面以 tushu 表为例说明数据窗体向导的使用。

【技能目标】

(1) 启动数据窗体向导。

(2) 熟悉数据窗体向导的基本操作。

(3) 掌握使用数据窗体向导开发简单数据库应用程序的方法。

【操作要点与步骤】

(1) 新建一个 Windows 应用程序项目，选择"项目"→"添加新项"选项。

(2) 选择"数据窗体向导"图标，单击"打开"按钮，系统弹出"欢迎使用数据窗体向导"对话框。

(3) 单击"下一步"按钮，弹出"选择要使用的数据集"对话框。在该对话框上需要为程序中出现的数据集 DataSet 组件命名(本案例命名为 dsTushu)。

(4) 单击"下一步"按钮，弹出"选择数据连接"对话框。这里需要设定数据库的连接。注意，此时可以使用已有连接，也可创建新的连接(本案例中将新建连接，如第(5)~(9)步所示)。

(5) 单击"新建连接"按钮，弹出"数据链接属性"对话框。对话框中"连接"选项卡用来设置连接到 SQL Server 数据库的各项参数。由于本案例使用的 Tsgl.mdb 是 Access 数据库，因此，首先需要在"提供程序"选项卡中选择 OLE DB 数据提供程序。

(6) 单击"提供程序"选项卡，选择 Microsoft Jet 4.0 OLE DB Provider。

(7) 单击"下一步"按钮，这时在重新显示的"连接"选项卡中可以设置连接 Access 数据库的参数，输入要连接的数据库名称，也可以通过 **** 按钮选择数据库。

(8) 单击"测试连接"按钮，若连接成功，则可以看到相应的提示信息。

(9) 单击"确定"按钮，返回到"选择数据连接"对话框，此时可看到新建的数据库连接。

(10) 单击"下一步"按钮，弹出"选择表或视图"对话框。此时应选择在数据窗体中显示哪个表或视图。本案例中 Tsgl.mdb 数据库中只有 tushu 一个表，在"可用项"列表中选择 tushu，单击 **** 按钮，将之添加到"选定项"列表中。

(11) 单击"下一步"按钮，弹出"选择要在窗体中显示的表和列"对话框，采用默认设置，在数据窗体上显示 tushu 表的所有列。

(12) 单击"下一步"按钮，弹出"选择显示样式"对话框，选择"单个控件中单个记录"单选按钮。

(13) 单击"完成"按钮，弹出新建的数据窗体(窗体名为 DataForm1)，窗体下方列出了所使用的数据组件。

(14) 由于利用数据窗体向导生成的窗体不是启动窗体，因此需要在默认生成的 Windows 窗体 Form1 上放置一个按钮，并为其 Click 事件添加如下代码：

```
Private Sub Button1_Click(ByVal sender As System.Object，_
            ByVal e As System.EventArgs) Handles Button1.Click
    Dim d As New DataForm1()
    d.Show()
End Sub
```

(15) 运行程序，单击启动窗体上放置的按钮即可显示数据窗体，再单击数据窗体上"加载"按钮即可看到数据库中的数据。在数据窗体中可以浏览记录，还能够添加、删除记录。程序运行界面如图 6-18 所示。

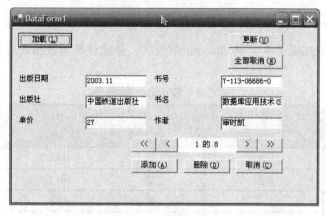

图 6-18 程序运行界面

习 题

思考题

1．简述 ADO.NET 的组件结构及作用。

2．简述 DataSet 数据对象所包含的一组对象。

3．简述 .NET 数据提供程序的核心元素。

4．若要将对 DataSet 中的数据的更改传递给数据源，则需要调用 DataAdapter 对象的哪个方法？

5．简述利用 VB.NET 开发数据库应用程序的一般步骤。

实验六 数据库开发

一、实验目的

1．掌握数据库的基本知识，理解数据库、数据库管理系统、数据表、记录、字段等的概念。

2．掌握定义数据库结构的方法。使用 Access 创建数据库并定义数据表结构，包括指定字段的名称，类型=长度和是否为主键等。

3．掌握往数据库中装入数据的方法，即如何输入数据表中记录的内容。

4．学会设计 Windows 应用程序，并实现对数据库的操作，包括创建并打开数据库连接，配置数据集，利用 DataGrid 控件显示数据，更新数据源等内容。

5．掌握 ADO.NET 组件中数据组件和对象的属性、方法及其使用。ADO.NET 组件主要是利用它的.NET 数据提供程序和 DataSet 组件来实现数据访问的。

6．利用 DataGrid 控件显示数据。通过 DataSource 和 DataMember 属性实现数据绑定。

二、实验内容

用 Access 建立如表 6-4 示的 Student 数据表，并设计对该数据表进行访问的 Windows 应用程序。

表 6-4　Student 数据表

NO. (学号)	NAME (姓名)	SEX (性别)	BIRTHDAY (出生日期)	HEIGHT (身高)
20070101	赵晓曼	女	1988-7	1.62
20070102	张毅	男	1987-8	1.78
20070103	王冬	男	1988-1	1.75
20070104	李俏	女	1987-4	1.56

基本要求：

(1) 用 Access 创建数据表。包括新建数据库，定义数据表结构和输入数据表中记录的内容。

(2) 利用 DataGrid 控件显示数据表中的所有内容，并且能够保存对数据的修改。

思考：

(1) 概括数据库应用程序开发的步骤。

(2) 对使用的数据库组件的属性、方法和事件进行总结，并理解各组件之间的关系。

第 7 章　图形图像处理

VB.NET 在图形图像处理方面的功能比以前的版本有了很大的提高。它不仅提供了创建新的图形资源的手段，允许用户进行选择和使用绘图工具，绘制各种类型的图形，还可以导入现有资源进行编辑，然后将其添加到项目中，并且可以打开不属于项目的图像进行图像编辑，如选择区域进行翻转、大小调整、属性更改等。本章主要介绍 VB.NET 图形图像处理的常用类和对象，开发绘制图形、浏览图形、图形动画程序的流程、方法和技巧。

7.1　图形的绘制

【案例 7-1】　仿 Windows 画图程序。

本案例要求模仿 Windows 画图程序，有菜单栏和工具栏。单击工具栏上的相应按钮选择要画的图形；在画笔颜色处单击色块调出调色板，选择颜色；单击画笔宽度中需要的线条，以决定所画边框的粗细。将鼠标移到绘图区相应的位置按住左键拖到适当位置放开即绘出了相应图形。此案例的运行界面如图 7-1 所示。

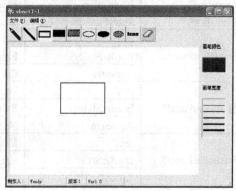

图 7-1　仿 Windows 画图程序主界面

【技能目标】

(1) 熟悉 Point/Pointf、Size/Sizef、Rectangle/Rectanglef 对象。

(2) 熟悉颜色、画笔、画刷的使用方法。

(3) 熟悉 Graphics 的各种绘制图形的方法。

(4) 掌握图形的平移变换、旋转变换和比例变换的方法。

【操作要点与步骤】

(1) 建立一个新的 Windows 应用程序，命名为 VBnet7-1。

(2) 在窗体上添加如下控件：一个 MainMenu 控件设计菜单，一个 ToolBar 控件设计绘图工具栏，一个 PictureBox 作为本程序画板，两个 Label 控件用于让用户选择颜色和画笔宽度标志，五个 Button 控件用于选择画笔宽度，一个 ColorDialog 控件作调色板，一个 ImageList 控件，一个 OpenFileDialog 控件，一个 StatusBar 作为状态信息栏。调整窗体上各控件的大小及位置。

(3) 设置各控件的相关属性，属性值设置如表 7-1 所示。

表 7-1　画图程序各控件的属性设置

控件类别	控件命名	属性名	属性值
Form	Form1	Text	VBnet7-1
		Icon	Mydraw.ico
		Menu	MainMenu1
Mainmenu	Mainmenu1		
	mFile	text	文件(&F)
	mNew	text	新建(&N)
	mExit	text	退出(&X)
	mEdit	text	编辑(&E)
	mCopy	text	复制(&C)
	mCut	text	剪切(&V)
	mPaste	text	粘贴(&P)
ToolBar	ToolBar1	ImageList	ImageList1
		ShowToolTip	True
ImageList	ImageList1	TransparentColor	TransParent
OpenFileDialog	OpenFileDiagle1	Filter	图标文件|*.ico
ColorDialog	ColorDialog1	Color	Black
Label	Lbcolor1	BackColor	Blue
StatusBar	StatusBar1	ShowPannels	True
	StatusBarPanel1	text	制作人：
		BorderStyle	Raised
		AutoSize	Contents
	StatusBarPanel2	text	Wendy
		BorderStyle	Raised
		AutoSize	None
	StatusBarPanel3	text	版本：
		BorderStyle	Raised
		AutoSize	Contents
	StatusBarPanel4	text	Ver1.0
		BorderStyle	Raised
		AutoSize	None
PictureBox	PictureBox1	BackColor	White
Button	Button1	Backcolor	Black
	Button2	Backcolor	Black
	Button3	Backcolor	Black
	Button4	Backcolor	Black
	Button5	Backcolor	Black
label	Label1	text	画笔颜色
	Label2	text	画笔宽度

🔍 **说明**

为 ImageList1 控件添加图标的方法如下：

单击 ImageList1 的 Images 属性右侧的"⋯"按钮，弹出如图 7-2 所示的"Image 集合编辑器"对话框，在窗口中单击"添加"按钮为 ImageList1 添加图标。

没有设置属性的控件其属性均为默认值，在以后的案例中属性说明与此相同。

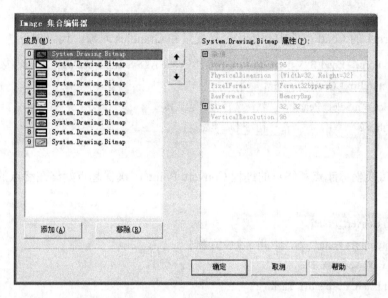

图 7-2 "Image 集合编辑器"对话框

(4) 为工具栏 ToolBar 控件添加按钮。单击 ToolBar1 控件的 Buttons 属性右侧的"⋯"按钮，弹出"ToolBarButton 集合编辑器"，在窗口中单击"添加"按钮为 ToolBarButton1 添加按钮，按钮命名为 ToolBarButton1～ToolBarButton10。

除了 ToolBarButton1 的 Pushed 属性为 True 外，其余按钮的 Pushed 属性均为 False，即程序刚运行时，只有"铅笔工具"的按钮处于按下状态，默认用户选择的是"铅笔工具"。

(5) 以上步骤完成了界面设计及控件属性设置，这时就可进行代码编写了。

● 在 Form1 类里定义全局变量和 mSelect 枚举变量。代码如下：

```
Dim g As Graphics                        '定义 Graphics 对象
Dim pstart As Point, pend As Point       '定义画图的起点和终点
Dim mChoice As Integer                   '选择图形枚举
Dim mWidth As Integer                    '画笔宽度
Dim mIcon As Icon                        '用户选择图标
Enum mSelect                             '选择图形类别枚举
    Pencil                               '铅笔
    Line                                 '直线
    Rec                                  '矩形
    FillRec                              '填充矩形
    StyleRec                             '风格矩形
```

```
        Ellipse                  '椭圆
        FillEllipse              '填充椭圆
        StyleEllipse             '风格椭圆
        Icon                     '图标
        Eraser                   '橡皮
    End Enum
```

● 在 Form1 的 Load 事件中初始化全局变量和 Graphics 对象。代码如下：

```
Private Sub Form1_Load(ByVal sender As Object, ByVal e As System.EventArgs) Handles MyBase.Load
    g = PictureBox1.CreateGraphics
    mChoice = mSelect.Pencil        '默认选择为铅笔工具
    mWidth = 2                      '初始化画笔宽度
End Sub
```

● 定义转换坐标起点和终点的过程 Convert_Point()，确保起点始终在终点的左上方。代码如下：

```
Private Sub Convert_Point()
    Dim ptemp As Point              '用于交换的临时点
    If pstart.X < pend.X Then
        If pstart.Y > pend.Y Then
            ptemp.Y = pstart.Y
            pstart.Y = pend.Y
            pend.Y = ptemp.Y
        End If
    End If
    If pstart.X > pend.X Then
        If pstart.Y < pend.Y Then
            ptemp.X = pstart.X
            pstart.X = pend.X
            pend.X = ptemp.X
        End If
        If pstart.Y > pend.Y Then
            ptemp = pstart
            pstart = pend
            pend = ptemp
        End If
    End If
End Sub
```

● 双击 ToolBar1 控件，编写 ToolBar1 的 ButtonClick 事件代码。

```
'工具栏按钮单击事件
Private Sub ToolBar1_ButtonClick(ByVal sender As System.Object, ByVal e As_
        System.Windows.Forms.ToolBarButtonClickEventArgs) Handles ToolBar1.ButtonClick
    Dim i As Integer
    For i = 0 To ToolBar1.Buttons.Count-1
        '使每个按钮都处于未按下状态
        ToolBar1.Buttons.Item(i).Pushed = False
    Next
    '记录选择的图形
    mChoice = ToolBar1.Buttons.IndexOf(e.Button)
    e.Button.Pushed = True          '用户单击的按钮处于按下状态
    If mChoice = mSelect.Icon Then
        '如果选择的是画图标，则打开OpenFileDialog选取图标
        If OpenFileDialog1.ShowDialog = DialogResult.OK Then
            mIcon = New Icon(OpenFileDialog1.FileName)
        End If
    End If
End Sub
```

● 双击 lbcolor 控件，进入 lbcolor 的 Click 事件，选择画笔颜色。代码如下：

```
Private Sub lbcolor_Click(ByVal sender As System.Object, ByVal e As System.EventArgs)_
            Handles lbcolor.Click
    '打开调色板，并把用户选择的颜色赋给lbcolor的背景色
    If ColorDialog1.ShowDialog = DialogResult.OK Then
        lbcolor.BackColor = ColorDialog1.Color
    End If
End Sub
```

● 编写选择画笔宽度的共享事件过程 btnpen_Click()的代码。

```
Private Sub btnpen_Click(ByVal sender As System.Object, ByVal e As System.EventArgs) _
    Handles btnpen1.Click, btnpen2.Click, btnpen3.Click, btnpen4.Click, btnpen5.Click
        '把所有按钮的背景色都设为Black
        btnpen1.BackColor = Color.Black
        btnpen2.BackColor = Color.Black
        btnpen3.BackColor = Color.Black
        btnpen4.BackColor = Color.Black
        btnpen5.BackColor = Color.Black
        '用户选中的按钮背景色为Blue
```

```
        CType(sender, Button).BackColor = Color.Blue
        ' 把画笔宽度设为用户选择按钮的Tag值
        mWidth = CType(sender, Button).Tag
End Sub
```

● 为 PictrueBox1 的 MouseDown(鼠标按下)事件编写代码。

在 Form1 的代码窗口中，在左侧的对象下拉列表框中选择 PictureBox1，然后在右侧的事件下拉列表框中选择 MouseUp，此时代码编辑器中已经自动生成了 PictureBox1_MouseUp 的事件码，并把鼠标定位于事件过程内部的第一行。在该过程中编写如下代码：

```
' 画板鼠标按下事件
Private Sub PictureBox1_MouseDown(ByVal sender As Object, ByVal e As_
System.Windows.Forms.MouseEventArgs) Handles PictureBox1.MouseDown
        If e.Button = MouseButtons.Left Then
            ' 如果用户按下的是鼠标左键，则将当前点坐标赋给起点
            pstart.X = e.X
            pstart.Y = e.Y
        End If
End Sub
```

● 为 PictrueBox1 的 MouseUp(鼠标释放)事件编写代码。

```
' 画板上用户按下鼠标后又释放的事件
Private Sub PictureBox1_MouseUp(ByVal sender As Object, ByVal e As_
System.Windows.Forms.MouseEventArgs) Handles PictureBox1.MouseUp
    If e.Button = MouseButtons.Left Then
        ' 如果用户按下的是鼠标左键，则记录终点坐标
        pend.X = e.X
        pend.Y = e.Y
        ' 根据保存的mChoice绘制图形
        Select Case mChoice
            Case mSelect.Line                       ' 用户在工具栏中选择的是铅笔
                Dim pen1 As New Pen(lbcolor.BackColor, mWidth)
                g.DrawLine(pen1, pstart, pend)      ' 根据起点和终点绘制直线
            Case mSelect.Rec                        ' 用户在工具栏中选择的是空心矩形
                Convert_Point()                     ' 转换矩形的起点为其左上点
                Dim pen1 As New Pen(lbcolor.BackColor, mWidth)
                g.DrawRectangle(pen1, pstart.X, pstart.Y, _
                pend.X-pstart.X, pend.Y-pstart.Y)   ' 根据起点和终点绘制空心矩形
            Case mSelect.FillRec                    ' 用户在工具栏中选择的是填充矩形
                Convert_Point()                     ' 转换矩形的起点为其左上点
```

```
            Dim rec As New Rectangle(pstart.X, pstart.Y, _
            pend.X-pstart.X, pend.Y-pstart.Y)        '根据起点和终点定义矩形
            Dim sbr As New SolidBrush(lbcolor.BackColor) '定义画刷颜色为用户选择的颜色
               g.FillRectangle(sbr, rec)                '绘制填充矩形
            Case mSelect.StyleRec                       '用户在工具栏中选择的是风格矩形
               Convert_Point()                          '转换矩形的起点为其左上点
               Dim rec As New Rectangle(pstart.X, pstart.Y, _
                  pend.X-pstart.X, pend.Y-pstart.Y)     '根据起点和终点定义矩形
                '定义画刷风格为Cross型，前景色为白色，背景色为用户选择的颜色
               Dim hbr As New HatchBrush(HatchStyle.Cross, Color.White, lbcolor.BackColor)_
               g.FillRectangle(hbr, rec)                '用画刷填充矩形
            Case mSelect.Ellipse                        '用户在工具栏中选择的是空心椭圆
               Convert_Point()                          '转换椭圆外接矩形的起点为其左上点
               Dim pen1 As New Pen(lbcolor.BackColor, mWidth)
               g.DrawEllipse(pen1, pstart.X, pstart.Y, _
               pend.X-pstart.X, pend.Y-pstart.Y)        '根据椭圆外接矩形的起点和终点画椭圆
            Case mSelect.FillEllipse                    '用户在工具栏中选择的是填充椭圆
               Convert_Point()                          '转换椭圆外接矩形的起点为其左上点
               Dim rec As New Rectangle(pstart.X, pstart.Y, _
               pend.X-pstart.X, pend.Y-pstart.Y)        '定义椭圆的外接矩形
               Dim sbr As New SolidBrush(lbcolor.BackColor)  '画刷颜色为用户选择的颜色
               g.FillEllipse(sbr, rec)                  '用画刷填充矩形
            Case mSelect.StyleEllipse                   '用户在工具栏中选择的是风格椭圆
               Convert_Point()                          '转换椭圆外接矩形的起点为其左上点
               Dim rec As New Rectangle(pstart.X, pstart.Y, _
                  pend.X-pstart.X, pend.Y-pstart.Y)     '定义椭圆的外接矩形
                '定义画刷风格为Cross型，前景色为白色，背景色为用户选择的颜色
               Dim hbr As New HatchBrush(HatchStyle.Cross, Color.White, lbcolor.BackColor)_
               g.FillEllipse(hbr, rec)                  '用画刷填充矩形
         End Select
      End If
End Sub
```

● 为 PictrueBox1 的 MouseMove(鼠标移动)事件编写代码。

```
'画板鼠标移动事件
Private Sub PictureBox1_MouseMove(ByVal sender As Object, ByVal e As_
System.Windows.Forms.MouseEventArgs) Handles PictureBox1.MouseMove
      If e.Button = MouseButtons.Left Then
            '如果用户按下的是鼠标左键，则根据保存的mChoice绘制图形
            Select Case mChoice
```

```
                Case mSelect.Pencil      '用户在工具栏中选择的是铅笔
                    Dim pen1 As New Pen(lbcolor.BackColor, mWidth)
                    pend.X = e.X
                    pend.Y = e.Y
                    g.DrawLine(pen1, pstart, pend)
                    pstart = pend       '将已经绘制的终点作为下一次绘制的起点
                Case mSelect.Eraser      '用户在工具栏中选择的是橡皮
                    Dim pen1 As New Pen(Color.White, mWidth)    '定义白色画笔为擦除效果
                    pend.X = e.X
                    pend.Y = e.Y
                    g.DrawLine(pen1, pstart, pend)      '将已经绘制的终点作为下一次绘制的起点
                    pstart = pend       '将已经绘制的终点作为下一次绘制的起点
            End Select
        End If
End Sub
```

- 为 PictrueBox1 的 Mouse 的 Click(鼠标单击)事件编写代码。

```
Private Sub PictureBox1_Click(ByVal sender As Object, ByVal e As System.EventArgs) Handles _
PictureBox1.Click
        If mChoice = mSelect.Icon Then
            '画图标
            g.DrawIcon(mIcon, pstart.X, pstart.Y)
        End If
End Sub
```

- 为 mNew "新建"菜单的 Click 事件编写代码。

```
'"新建"菜单项单击事件
Private Sub mNew_Click(ByVal sender As System.Object, ByVal e As System.EventArgs) Handles _
mNew.Click
    PictureBox1.Refresh()      '刷新PictureBox1
End Sub
```

- 为 mExit "退出"菜单的 Click 事件编写代码。

```
'"退出"菜单项单击事件
Private Sub mExit_Click(ByVal sender As System.Object, ByVal e As System.EventArgs) Handles _
mExit.Click
        Application.Exit()      '退出程序
End Sub
```

至此，基本代码编写完成，按 F5 键或工具栏上的运行按钮即可运行程序，这时用户就可以画图了。

【相关知识】

知识点 7-1-1　　绘图基础知识

图形程序设计需用到相关基础支持类与结构，如常用点(Point)、矩形(Rectangle)、大小(Size)等 Structure(结构)来表示范围。

1. Point/Pointf 结构

Point/Pointf 结构主要用于设置控件在窗体中所在位置的坐标点，即表示一个二维(X, Y)坐标。二者的差别在于：Point 使用整数坐标，而 Pointf 使用单精度浮点数据类型坐标。

1) 声明方法

Point 结构声明方法如下：

> Dim p As New Point(整数X，整数Y)

例如，

Dim p As New Point(10, 20)　　　 ' 定义一个X坐标是10，Y坐标是20的点

Pointf 结构声明与 Point 相似，即直接指定坐标点 X、Y 的单精度浮点数值，方法如下：

> Dim p As New Pointf(单精度浮点X，单精度浮点Y)

2) Point 结构的其他属性、方法与功能

(1) Offset 方法。功能是设置坐标点位移。例如：

Dim p As New Point(10, 20)　　　 ' 定义一个坐标为(10,20)的点
p.offset(20,30)　　　　　　　　　 ' 将p点平移到坐标点(30,50)处

(2) Equals 方法。功能是表示如果两个点的坐标相同，则返回 True，否则返回 False。

(3) IsEmpty 属性。功能是如果某点的 X 坐标和 Y 坐标都为 0，则返回 True,否则返回 False。

例如，

Dim x As Boolean　　　　　　　　 ' 定义一个逻辑变量x
Dim pAs New Point(0, 0)　　　　　 ' 定义一个坐标点为(0,0)的点
x = p.IsEmpty()

2. Size/Sizef 结构

Size/Sizef 是 GDI+ 绘图中经常用到的结构，用 Width(宽度)和 Height(高度)两个属性来表示其大小。

声明方法：

> Dim s As New Size(Width, Height)

3. Rectangle/Rectanglef 结构

Rectangle/Rectanglef 结构用来定义一个矩形区域，二者的区别在于 Rectangle 结构的坐标是整型，Rectanglef 结构的坐标是浮点型。

1) 声明方法

Rectangle 结构声明方法如下：

> Dim r As New Rectangle(X,Y,Width,Height)

例如，创建一个左上角 X 坐标是 20，Y 坐标是 30，宽度是 10，高度是 15 的矩形，其代码如下：

```
Dim rec As New Rectangle(20,30,10,15)
```

2) Rectangle 结构的主要属性、方法和功能

Rectangle 结构的主要属性、方法和功能见表 7-2。

表 7-2　Rectangle 结构的主要属性、方法和功能

属性/方法	功　　能
Top 属性	矩形最上边缘的 Y 坐标
Bottom 属性	矩形最下边缘的 Y 坐标
Left 属性	矩形最左边缘的 X 坐标
Right 属性	矩形最右边缘的 X 坐标
Location 属性	矩形左上角坐标
Size 属性	矩形大小
IsEmpty 属性	若矩形 Width、Height、X、Y 属性值均为 0，则此属性返回值为 True，否则为 False
Equals 方法	若两个矩形大小和位置相同，则返回值为 True，否则为 False
InterSectWidth 方法	如果一个矩形与另一个矩形相交，则返回 True，否则为 False

🔍 **说明**

与 VB6.0 一样，在 VB.NET 中也是以所在控件容器的最左且最上一点作为坐标系统原点的。

知识点 7-1-2　绘图基础知识：颜色、画笔和画刷

1. 颜色

颜色是绘图功能中非常重要的一部分，在 VB.NET 中颜色用 Color 结构和 Color 列举来表示。Color 结构中颜色由 4 个整数值 Red、Green、Blue 和 Alpha 表示。其中，Red、Green、Blue 可简写成 R、G、B，表示颜色的红、绿、蓝三原色；Alpha 表示不透明度。

1) 使用 FromArgb 方法设置颜色

语法格式：Color.FromArgb([A,]R,G,B)。

功能：由透明度、红、绿、蓝来调配颜色。

说明：A 表示透明参数，其值为 0～255，数值越小越透明。0 表示全透明，255 表示完全不透明。A 可缺省，其默认值为 255。R、G、B 为颜色参数，不可缺省。(R，G，B)合成原理如图 7-3 如示。

例如：

(255，0，0)为红色；

(0，255，0)为绿色；

(0，0，255)为蓝色；

(255，0，255)为紫色。

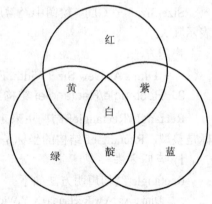

图 7-3　颜色合成原理图

2) 获取 Color 结构的各颜色分量值

VB.NET 中可获取对象 Color 的四个自变量的值，其语法如下：

  R=对象.Color.R

  G=对象.Color.G

  B=对象.Color.B

例如，取出 PictureBox1 控件背景的 R 自变量值。

```
R=PictureBox1.BackColor.R
```

3) 用 Color 列举设置颜色

使用 Color 列举可直接指定系统定义的颜色，这些被定义的颜色均用英文命名，有 140 多个，常用的有 Red、Green、Blue、Yellow、Brown、White、Gold、Tomato、Pink、SkyBlue、Orange 等。使用语法如下：

  Color. 颜色列举名称

例如，将 Button1 控件背景设置成粉蓝色。

```
Button1.BackColor=Color.Blue
```

说明

  Color 列举颜色不必背诵记忆，在编辑程序代码时，只要输入"Color."，系统会自动列出这些英文名称，程序员选择其中之一即可。

2. 画笔

画笔(Pen)可在 Graphics 画布对象上绘制图形，只要指定画笔对象的颜色与粗细，配合相应的绘图方法，就可绘制图形形状、线条和轮廓。画笔类中封装了线条宽度、线条样式和颜色等。

1) Pen 类的主要属性

Alignment 属性：获取或设置画笔绘制对象的对齐方式。

Color 属性：获取或设置画笔的颜色。

DashStyle 属性：线条所使用的破折号样式。

PenType 属性：线条使用的画笔类型。

Width 属性：获取或设置画笔的宽度。

2) 声明画笔对象

声明画笔对象有两种方式，语法如下：

  Dim 画笔对象 As New Pen(颜色 [, 粗细])

或

  Dim 画笔对象 As Pen

  画笔对象=As New Pen(颜色 [, 粗细])

例如，

```
Dim mpen As New Pen(Color.Red)          ' 创建颜色为红色的画笔
```

说明

  当缺省画笔粗细自变量时，系统默认为 1 Pixel(像素)。

3) 重新设置画笔对象的颜色与粗细

语法如下：

　　　画笔对象.Color=颜色

　　　画笔对象.Width=粗细

3. 画刷

画笔对象用于描绘图形的边框和轮廓。若要填充图形的内部，则必须使用画刷(Brush)对象。使用画刷对象时，也要配合 FillRectangle、FillPolygon、FillEllipse、FillPie 等绘图方法。

GDI+ 提供了几种不同形式的画刷，如 SolidBrush、TextureBrush、HatchBrush 等。这些画刷都是从 System.Drawing.Brush 基类中派生出来的。

1) SolidBrush 画刷

这种画刷指定了填充区域的颜色，是最简单的一种。其创建方法如下：

```
Dim br As SolidBrush = New SolidBrush(Color.Yellow)    ' 定义黄色填充
```

2) TextureBrush 画刷

这种画刷定义了用图形填充图像内部区域的刷子，它可以用 Image 属性或其构造函数来定义画刷填充的图像。创建方法如下：

```
Dim bm As New Bitmap("star.ico")          '指定填充的位图
Dim brush As New TextureBrush(bm)
```

3) HatchBrush 画刷

这是一种复杂的画刷，它通过绘制一种样式来填充区域，创建方法如下：

```
Dim brush As New HatchBrush(HatchStype.Cross,Color.White,Color.Black)
```

其中，第一个参数是画刷的填充样式；第二个参数定义了填充的前景色；第三个参数定义了填充的背景色。

📖 技巧

使用 HatchBrush 对象前，需要先导入 System.Drawing.Drawing2D 命名空间，即在代码开头加上 Import System.Drawing.Drawing2D。

　知识点 7-1-3　　　Graphics 类、Graphics 的常用绘图方法

1. Graphics 类

通常绘图时，画布是必需的。在 VB.NET 中进行计算机绘图时同样需要类似的画布，然后再使用画笔或画刷配合相应的绘图方法作画。Graphics 类可用来建立一个画布对象，还可清理和释放画布对象。

1) 声明和建立画布对象

语法如下：

　　　Dim 画布对象 As Graphics

　　　画布对象=对象.CreateGraphics()

上述语句的功能为：在指定的控件或对象中建立一个可以用绘图对象绘图的画布对象。例如，在窗体内建立一个名叫 g 的画布对象。

```
Dim g As Graphics
g=Form1.CreateGraphics()
```

技巧

如果画布对象放置在当前窗体上，则当前窗体名可省略，即使用 g= CreateGraphics()。

2) 清理画布对象

若需将画布对象的内容清理，则只要设置画布对象的底色即可，可使用下面的语法：

　　　画布对象 .Clear(颜色)

说明：颜色可以使用 Color 对象类或 Color 列举。

例如，将画布对象清理为粉色。

```
g.Clear(Color.Pink)
```

若将画布清理为原控件的底色，则可用"对象.Refresh()"语句。

例如，清理目前在窗体上所绘制的图形。

```
Refresh()
```

清理目前在图片控件 PictureBox1 上所绘制的图形。

```
pictureBox1.Refresh()
```

3) 释放画布对象

可以用 Graphics 类的 Dispose 函数释放用 CreateGraphics()创建的 Graphics 对象的资源。在调用 Dispose 函数后，画布对象将从内存中删除，不能再被使用。

语法：

　　　画布对象 .Dispose()

例如，删除画布对象 g。

```
g.Dispose()
```

2．Graphics 的常用绘图方法

在 VB.NET 中，Graphics 类提供了很多绘图方法，下面具体介绍。

说明

以下举例均在已定义画布对象 g 的情况下。

1) 画线(DrawLine)方法

语法：

　　　DrawLine(画笔，起点 Point，终点 Point)

或

　　　DrawLine(画笔，起点 X 坐标，起点 Y 坐标，终点 X 坐标，终点 Y 坐标)

例如，绘制一条起点坐标为(0，0)，终点坐标为(150，150)的直线，代码如下：

```
Dim pt1 As Point(0,0)
Dim pt2 As Point(150,150)
g.DrawLine(pen1,pt1,pt2)          '或  g.DrawLine(pen1,0,0,150,150)
```

2) DrawRectangle 方法

语法：

　　　DrawRectangle(画笔，Rectangle 对象)

例如，画一个左上角坐标为(10，10)，宽度为 100，高度为 200 的矩形，代码如下：

```
Dim pen1 As New Pen(Color.Red)
Dim s As New Size(100,200)
Dim pt As New Point(10,10)
Dim rec As New rectangle(pt,s)
g.DrawRectangle(pen1,rec)
```

3) DrawEllipse 方法

语法：

　　　DrawEllipse(画笔，椭圆的外接矩形)

或

　　　DrawEllipse(画笔，椭圆的外接矩形左上角 X 坐标，Y 坐标，外接矩形宽度，高度)

功能：绘制空心椭圆/圆。

绘制椭圆时各参数如图 7-4 所示。

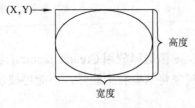

图 7.4　绘制椭圆

例如，绘制外接矩形左上角坐标为(10，10)，椭圆宽度为 200，高度为 300 的椭圆，代码如下：

```
Dim s As New Size(200,300)
Dim pt As New Point(10,10)
Dim rec Aa New Rectangle(pt,s)
g.DrawEllipse(pen1,rec)
```

下面是上例的等效代码：

```
Dim x,y, width,height as Integer
X=10
Y=10
Width=200
Height=300
g.DrawEllipse(pen1,x,y,width,height)
```

技巧

Graphics 类中没有专门用来绘制圆的函数，可以用 DrawEllipse 来实现。若外接矩形是正方形，则绘制的是圆。

4) 其他几种常用方法

其他几种常用方法的语法与功能如表 7-3 所示。

表 7-3　常用方法的语法与功能

方法名	语　法	功 能 说 明
DrawArc	DrawArc(画笔，椭圆外接矩形，开始角度，扫过的角度)	绘制椭圆/圆的一段弧。例如，在画布对象 g 上用画笔 p 绘制一个弧形，角度由 270°到 90°。语法如下： 　g.DrawArc(p, 50, 60, 100, 70, 270, 90)
DrawPie	DrawPie(画笔，椭圆外接矩形，开始角度，扫过角度)	绘制空心的扇形图。例如，在画布 g 上用画笔 p 绘制一个扇形，角度由 270°画到 180°。语法如下： 　Dim rec As Rectangle(50, 60, 100, 70) 　g.DrawPie(p,rec,270, −90)
DrawPolygon	DrawPolygon(画笔，Point 数组)	绘制一个 Point 数组中的点构成的多边形
DrawClosedCurve	DrawClosedCurve(画笔，Point 数组)	绘制 Point 数组中的点构成的封闭曲线
DrawIcon	DrawIcon(画笔，绘制点 X 坐标，绘制点 Y 坐标)或 DrawIcon(画笔，绘制图标的范围矩形)	在指定的坐标中绘图标

5) DrawString 方法

语法：

　　　　DrawString(文本，字体，画刷，X 坐标，Y 坐标)

功能：绘制字符串文本。

例如，

```
Dim brush As New SolidBrush(Color.Black)        '定义画刷
Dim font1 As New Font('Arial Black', 36)        '定义字体
g.DrawString("Welcome to VB.NET!", font1,brush,30,100)
```

6) 填充方法

画刷配合填充方法可以填满图形内部颜色，Graphics 类的填充方法有 FillRectangle、FillEllipse、FillPolygon、FillClosedCurve、FillPie 等。它们与 Draw 开头的方法一一对应，输入参数也与相应的 Draw 方法一致，其语法定义如下：

```
    FillRectangle(画刷，矩形)                        ' 填充矩形
    FillEllipse(画刷，椭圆的外接矩形)                ' 填充椭圆
    FillPolygon(画刷，坐标点数组)                    ' 填充多边形
    FillClosedCurve(画刷，坐标点数组)                ' 填充封闭曲线
    FillPie(画刷，椭圆外接矩形，开始角度，扫过角度)  ' 填充扇形
```

例如，以下是一个填充实例。

```
Dim brush As New SolidBrush(Color.Black)
Dim rec As New Rectangle(10,10,50,80)
g.FillRectangle(brush,rec)                   '填充矩形
Dim pt(5) As Point
```

```
pt(1)=New Point(50,100)
pt(2)=New Point(100.200)
pt(3)=New Point(10,400)
pt(4)=New Point(50,200)
pt(5)=New Point(50,100)
g.FillPolygon(brush,pt)                          '填充多边形
Dim stattAngle As Single=0.0F
Dim sweepAngle As Single=135.0F
Dim reca As New Rectangle(200,10,100,100)
g.FillPie(brush,rec1,startAngle,sweepAngle)      '填充扇形
```

3. 坐标变换

坐标变换是 GDI+提供的一项重要功能。在画布上绘制图形之前，若做画布平移、缩放和旋转变换，则之后在画布上所绘制的图形均随画布而变换，可以获得很生动的效果。例如，画布旋转 45°后，在画布上的正方形在屏幕上呈现的是菱形。

1) 平移(TranslateTransform 方法)

语法：

       TranslateTransform(X 轴方向偏移量，Y 轴方向偏移量)

功能：用指定的 X 轴方向和 Y 轴方向的偏移量进行偏移。若 X、Y 为正值，则画布向右和向下平移；若 X、Y 为负值，则画布向左和向上移动。

例如，将原来的图形按 X 轴向右平移 100 像素，按 Y 轴向下平移 150 像素。

```
g.TranslateTransform(100,150)
```

2) 旋转(RotateTransform 方法)

语法：

       RotateTransform(旋转角度)

功能：旋转变换是指相对坐标原点旋转指定的角度，旋转方向以顺时针为正。

例如，使以后绘制的图形皆旋转 15°。

```
g.RotateTransform(15)
```

3) 比例(ScaleTransform)

语法：

       ScaleTransform(X 轴比例，Y 轴比例)

功能：比例变换是指用指定的 X 轴和 Y 轴的比例对图形进行变换，即设置画布的缩放比例。

例如，使以后绘制的图形皆为宽度放大为原来的 3 倍，高度缩小为原来的一半。

```
g.ScaleTransform(3, 0.5)
```

4. 绘制图形的一般步骤

在创建一个 Graphics 对象后，就可以用 Graphics 类的方法在窗体上绘制基本图形了。通常，在 VB.NET 中绘制图形包括以下几点：

(1) 使用颜色。颜色是绘图必要的因素，因此绘图前需要先定义颜色，颜色可以使用 Color 结构中自定义的颜色，也可以通过 FromArgb()方法来创建 RGB 颜色。

(2) 使用画笔。根据需要可对画笔的属性进行设置,例如 Pen 的 Color 属性可以设置画笔的颜色，DashStyle 属性可设置 Pen 的线条样式。

(3) 使用画刷。创建画刷有多种方式，可以创建 SolidBrush、HatchBrush、TextureBrush 等，前面已作过详细说明。

(4) 使用 Graphics 类提供的函数绘图。Graphics 类提供的绘图方法包括以下几大类：线条、矩形、多边形、圆、椭圆、圆弧、贝济埃曲线、字符串、图标和图像。

(5) 释放资源。要释放程序中创建的 Graphics、Pen、Brush 等资源,调用该对象的 Dispose() 方法即可。如果不调用 Dispose 方法，则系统自动回收这些资源，但释放资源的时间会滞后。

【知识扩展】

1．VB.NET 的自定义数据类型——结构

1) 结构的定义

在 VB.NET 中，用户可自定义数据类型(User-Defined Tyepes，UDT)，定义时使用关键字 Structure，其语法如下：

```
Structure  结构名
Public| Dim| Private  类型成员
End Structure
```

🔍 **说明**

在 Structure 内部声明类成员时，可使用 Public、Dim 和 Private。Structure 内部的 Dim 和 Public 同义，都可以通过变量访问其成员数据。

例如，前面介绍的 point 结构定义如下：

```
Public Structure Point
[Visual Basic]
    [Visual Basic]
Public x As Integer        '获取或设置此 Point 的 x 坐标
[Visual Basic]
Public y As Integer        '获取或设置此 Point 的 y 坐标
Public ReadOnly Property IsEmpty As Boolean    '获取一个值，该值指示此 Point 是否为空
…
End Structure
```

2) 结构与类的比较

VB.NET 统一了结构和类的语法，它们都支持大多数的相同功能，但结构和类之间也有重要的区别。

(1) 结构和类的主要相同之处。

● 两者都属于"容器"类型，表示它们可以包含其他类型作为成员。两者都具有成员，成员可以包括构造函数、方法、属性、字段、常数、枚举、事件和事件处理程序。此外，两者都可实现接口。

● 都有共享的构造函数。两者都可以公开默认属性，只要该属性至少带有一个参数；都可以声明和引发事件，而且两者都可以声明委托。

(2) 结构与类的主要不同之处。

● 结构是值类型，而类是引用类型。结构是不可继承的，而类是可以继承的。

● 所有的结构成员都默认为 Public，类变量和常量默认为 Private，而其他的类成员默认为 Public。类成员的这一行为与 VB 6.0 默认值系统兼容。

● 结构变量声明不能指定初始值、New 关键字或数组初始大小，类变量声明可以。

● 结构从不终止，所以公共语言运行库(CLR)从不在任何结构上调用 Finalize 方法；类可由垃圾回收器终止，当检测到没有剩下的活动引用时，垃圾回收器将在类上调用 Finalize。

● 结构不需要构造函数，而类需要。结构仅当没有参数时可以有非共享的构造函数；类无论有没有参数都可以。

每一个结构都有不带参数的隐式公共构造函数。此构造函数将结构的所有数据成员初始化为默认值。不能重定义此行为。

2．GDI+ 简介

VB.NET 具有相当强大的图形图像功能，在对原有 GDI(Graphic Device Interface)技术进行改进后，形成了现在集成在 VB.NET 中的 GDI+ 技术。Windows 窗体可看做是一块画板，画笔、画刷等是绘画的工具，用户只有通过 GDI+ 这个接口才可使用这些工具。

GDI+ 是图形设备接口，它负责在屏幕和打印机上显示信息，程序员可利用它来编写与设备无关的应用程序。GDI+ 是 GDI 的后续版本，它使程序开发人员不必考虑不同显卡之间的区别，可直接调用 Windows API 函数绘制图形。

🔎 **说明**

Windows API 是 Windows 操作系统的应用程序接口，它提供了能操作 Windows 操作系统的底层函数，存放在系统的 3 个 dll(动态链接库)文件中。其中，GDI32.dll 用于存放图形函数；Kernel.dll 用于存放较底层的操作系统函数；User32.dll 用于提供窗口管理函数。

GDI+ 由 .NET 类库中 System.Drawing 命名空间下的很多类组成，这些类包括在窗体上绘图的必需功能，可以在屏幕上完成对文本和位图的绘制，也可以控制字体、颜色、线条粗细、阴影、方向等因素，并把这些操作发送到显示卡上，确保在显示器上正确输出。

🔎 **说明**

GDI+ 对 GDI 进行了重新封装，使之成为更直观的面向对象模型，此外，GDI+比 GDI 提供了一些新的功能，在性能方面也作了改进，更加简单易用。

GDI+ 技术把打印机与屏幕看做是同样的输出设备，当要进行打印时，只需通知系统此时的输出设备是打印机，再调用与屏幕绘图时相同的函数即可。GDI+ 提供的主要命名空间如下：

System.Draw.Desing 命名空间：包括一些预定义的对话框、属性框等界面对象。

System.Draw.Drawing2D 命名空间：提供高级的二维和矢量图形功能。

System.Draw.Image 命名空间：提供图像处理的各种类。

System.Draw.Printing 命名空间：将图像输出到打印机或打印预览时使用的类。

System.Draw.Text 命名空间：该命名空间中的类允许用户创建和使用多种字体。

7.2　图形的浏览

VB.NET 不仅具有强大的图形绘制功能，而且可以多种方式浏览图形，有很强的图像处理能力。

【案例 7-2】　仿图形浏览器。

此图像浏览器在案例 7-1 的基础上制作。其运行界面如图 7-5 所示。在左边的树型目录结构中选择文件夹，在右边的上方显示所选文件夹中的图像文件。双击某图像文件，在右下方显示该文件。

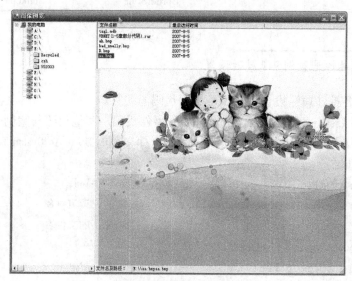

图 7-5　图像浏览主界面

【技能目标】

(1) 熟悉图形浏览器开发过程。

(2) 进一步掌握 PictureBox、TreeView、ListView 控件的应用。

【操作要点与步骤】

(1) 建立一个新的 Windows 应用程序，命名为 VBnet7-2。

(2) 在窗体中添加控件：一个 TreeView 控件(用于显示计算机系统的树型目录结构)、一个 ListView 控件(用于显示所选择文件夹中文件)、一个 PictureBox 控件(用于显示所选图像文件)、一个 StatusBar 控件(用于显文件所在路径及有关信息)。调整各控件的大小及位置。

🔍 说明

此案例可在案例 7-1 的基础上直接修改得到，即将其中的 RichTextBox 控件改换成 PictureBox 控件。

(3) 设置各控件的相关属性，如表 7-4 所示。

表 7-4　控件属性设置

控件类别	控件名	属性名	属性值
Form	Form1	Text	VBnet7-2
PictureBox	PictureBox1	SizeMode	StretchImage
StatusBar	StatusBar1	text	StatusBar1
	Filepath	text	文件名及路径:
		AutoSize	contents
		BorderStyle	Raised
	Filenam	text	
		AutoSize	Spring
		BorderStyle	Sunken

🔍 **说明**

其他控件的属性见案例 7-1 属性设置。

(4) 至此，各控件属性设置完毕，可进行代码的编写。

在此仅给出 ListView1 控件的 DoubleClick 事件代码，其他代码与案例 7-1 中相同。

```
Private Sub ListView1_DoubleClick(ByVal sender As Object, ByVal e As System.EventArgs) Handles
ListView1.DoubleClick
        Dim strFilePath As String                        '文件路径
        Dim Mystream As StreamReader                      '定义读流对象
        Dim strItemName As String                         '激活的文件名
        Dim intLength, i As Integer
        Dim strXName As String                            '文件扩展名
        strItemName = ListView1.SelectedItems(0).Text
        strCurrentfile = strItemName
        intLength = strItemName.Length
        strFilePath = strCurrentPath + "\" + strItemName  '取得当前物理路径
        '下面的循环用来判断文件类型
        For i = intLength-1 To 0 Step-1
            If strItemName.Chars(i) = "." Then Exit For
        Next
        strXName = strItemName.Substring(i)
        If strXName = ".jpg" Or strXName = ".JPG" Or strXName = ".bmp" Or _
            strXName = ".BMP" Then
            ' 如果是 jpg 或 bmp 文件,则将此图形文件显示在 PictureBox 控件中
            PictureBox1.Image = Image.FromFile(strFilePath)
            '在状态栏中显示此图片文件的路径及文件名
            Filenam.Text = strFilePath + strItemName.ToString()
```

```
        End If
End Sub
```

代码编写完毕，按 F5 键或工具栏上的运行按扭可调试运行程序。

【相关知识】

知识点 7-2-1　　PicturBox 控件的使用

PictureBox 控件主要用于加载图片，所支持的图形文件格式有位图(.bmp)、GIF 格式(包括 GIF 动画及背景透空的静态图)、JPEG 图形格式、矢量图形格式(.wmf)和图标格式(.ico)。PictureBox 控件中显示的图片可以在设计阶段加载，或在程序执行时再加载。其常用属性说明如表 7-5 所示。

表 7-5　PictureBox 常用属性

属　　性	说　　明
BackGroundImage	设置 PictureBox 的背景图片
Image	设置 PictureBox 所要显示的图片
SizeMode	设置 PictureBox 与图片的尺寸关系，有 Normal(原图显示)、StretchImage(自动缩放图片)、AutoSize(自动缩放 PictureBox)和 CenterImage(图片居中)4 个选项

设置图片源需要使用 Image 类的 FromFile 方法，也可利用属性窗口直接设置图片源文件。如果想要执行图片的"另存为"操作，则可以使用 Image 类的 Save 方法并指定存储路径、名称以及格式。

PictureBox 可以配合 Dock 或 Anchor 属性使用，如将 Dock 属性设置为"Fill"，PictureBox 就会填充整个窗体，也会自动随着窗体的变化而改变大小。

【案例 7-3】　　图形变换显示。

此案例要求在原图形区显示未经变换的图形，单击界面中的倾斜、翻转和镜像按钮，在变换后图形区显示相应变换后的图形。单击"退出"按钮，结束程序运行。运行界面如图 7-6 所示。

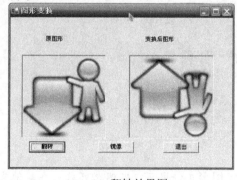
(a)　翻转效果图

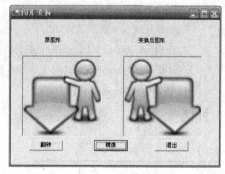
(b)　镜像效果图

图 7-6　图像变换效果图

【技能目标】

(1) 理解图形变换的概念。

(2) 掌握图形变换程序的设计思路和技巧。

【操作要点与步骤】

(1) 建立一个新的 Windows 应用程序，命名为 VBnet7-3。

(2) 在窗体中添加控件：2 个 Label 控件(用于显示两个图形区)、2 个 Panel 控件(用于显示原图和变换后的图形)和 3 个 Button 命令按钮控件(用于控制图形变换方式和结束程序运行)。调整各控件的位置及大小。

(3) 设置各控件的属性，如表 7-6 所示。

表 7-6　控件属性表

控件类型	控件名	属 性 名	属 性 值
Form	Form1	text	VBnet7-3
Label	Label1	text	原图形
	Label2	text	变换后图形
Panel	Panel1	Location	29,48
		BorderStyle	Fixed3D
	Panel2	Location	298,48
		BorderStyle	Fixed3D
Button	Button1	Text	翻转
	Button2	Text	镜像
	Button3	Text	退出

(4) 编写代码。首先在 Form1 类中定义变量，如下所示：

```
Dim pic1, pic2 As Bitmap
Dim flag As Integer = 0        '用于标志选择哪种图形变换
```

● 为 Form1 的 Load 事件编写代码，如下所示：

```
Private Sub Form1_Load(ByVal sender As Object, ByVal e As System.EventArgs) Handles MyBase.Load
        Panel1.Height = Panel1.Width
        Panel2.Width = Panel1.Width
        Panel2.Height = Panel2.Width
        Dim pic As Image = Image.FromFile("strawberry.jpg")
        pic1 = New Bitmap(pic, Panel1.Width, Panel1.Height)
        pic2 = New Bitmap(pic1)
    End Sub
```

技巧

将图形文件放置在 bin 文件夹内，直接指定图形文件即可，当然也可放置在其他文件夹中，但必须指明文件夹。

● 为 Panel1 的 Paint 事件编写代码，如下所示：

```
Private Sub Panel1_Paint1(ByVal sender As Object, ByVal e As_
    System.Windows.Forms.PaintEventArgs) Handles Panel1.Paint
```

```
            Dim g As Graphics = e.Graphics
            g.DrawImage(pic1, 0, 0)
        End Sub
```

● 为 Panel2 的 Paint 事件编写代码，如下所示：

```
Private Sub Panel2_Paint(ByVal sender As Object, ByVal e As System.Windows.Forms.PaintEventArgs)_
    Handles Panel2.Paint
            Dim g As Graphics = e.Graphics
            Dim x As Integer = Panel2.Width
            Dim col As Color = New Color
            Select Case flag
                Case 1
                    Dim pic3 As Bitmap
                    pic3 = New Bitmap(x, x)
                    Dim i, j As Integer

                    For i = 0 To x-1
                        For j = 0 To x-1
                            col = pic2.GetPixel(i, j)
                            pic3.SetPixel(i, x-1-j, col)
                        Next
                    Next

                    g.DrawImage(pic3, 0, 0)
                    pic2 = New Bitmap(pic3)
                Case 2
                    Dim pic4 As Bitmap
                    pic4 = New Bitmap(x, x)
                    Dim i, j As Integer

                    For i = 0 To x-1
                        For j = 0 To x-1
                            col = pic2.GetPixel(i, j)
                            pic4.SetPixel(x-i-1, j, col)
                        Next
                    Next
                    g.DrawImage(pic4, 0, 0)
                    pic2 = New Bitmap(pic4)
            End Select
            flag = 0
        End Sub
```

● 为 Button1 的 Click 事件编写代码，如下所示：

```
Private Sub Button1_Click(ByVal sender As System.Object, ByVal e As System.EventArgs)_
  Handles Button1.Click
        flag = 1
        Panel2.Invalidate()
    End Sub
```

● 为 Button2 的 Click 事件编写代码，如下所示：

```
Private Sub Button2_Click(ByVal sender As System.Object, ByVal e As System.EventArgs)_
  Handles Button2.Click
        flag = 2
        Panel2.Invalidate()
    End Sub
```

● 为 Button3 的 Click 事件编写代码，如下所示：

```
Private Sub Button3_Click(ByVal sender As System.Object, ByVal e As System.EventArgs)_
  Handles Button3.Click
        End
    End Sub
```

至此代码编写完成，按 F5 键或工具栏上的运行按钮即可运行程序。

【相关知识】

知识点 7-2-2　　Bitmap 类及方法与 Panel 控件及方法

1. Bitmap

Bitmap 类封装 GDI+ 位图，此位图由图形图像及其属性的像素数据组成。Bitmap 对象是用于处理由像素数据定义的图像的对象。

方法 GetPixl：获取此 Bitmap 中指定像素的颜色。

方法 SetPixel：设置 Bitmap 对象中指定像素的颜色。

2. Panel 控件

Panel 是一个包含其他控件的控件(也称面板)。可以使用 Panel 来对窗体界面上的控件进行适当的逻辑分组。例如，一组单选按钮组成的性别组和一组复选框组成的爱好组就可以用两个 Panel 来区分。与其他容器控件(如 GroupBox 控件)一样，如果 Panel 控件的 Enabled 属性设置为 False，则也会禁用包含在 Panel 中的控件。

在默认情况下，Panel 控件在显示时没有任何边框。可以用 BorderStyle 属性提供标准或三维的边框，将窗面板区与窗体上的其他区域分开。因为 Panel 控件派生于 ScrollableControl 类，所以可以用 AutoScroll 属性来启用 Panel 控件中的滚动条。当 AutoScroll 属性设置为 True 时，使用提供的滚动条可以滚动显示 Panel 中(但不在其可视区域内)的所有控件。

Invalidate 方法：使控件的特定区域无效并向控件发送绘制消息。

Point To Screen 方法：将指定工作区中点的位置计算成屏幕坐标。

🔍 **说明**

Panel 控件类似于 GroupBox 控件，但只有 Panel 控件可以有滚动条，而且只有 GroupBox 控件显示标题。

7.3 动画制作

应用基本的绘图命令和适当的绘图模式可以制作各种动画效果。另外，利用时间变化更换不同的图像顺序或移动图形位置也可以产生动画效果。

【案例 7-4】 小向导。

这个案例要求使用 Graphics 对象的 FillPie 命令绘制出缺口大小不同的扇形图，再利用时间事件来控制扇形图位置的变化，产生类似小向导动画的视觉效果。运行界面如图 7-7 所示。

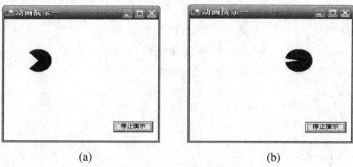

(a)	(b)

图 7-7 小向导运行界面

【技能目标】

(1) 理解简单动画开发过程。

(2) 熟悉利用时间变化和绘图命令设计动画程序的技巧。

【操作要点与步骤】

(1) 建立一个新的 Windows 应用程序，命名为 VBnet7-4。

(2) 在窗体中添加控件：添加一个 Label 标签控件，用于显示小向导的标题；添加一个 Timer 时间控件，用于控制扇形图形位置的变化速度；添加一个 Button 命令按钮，用于停止程序的运行。调整窗体及控件的大小与位置。

(3) 设置控件属性，其值如表 7-7 所示。

表 7-7 控件属性的设置

控件类型	控件名称	属 性 名 称	属 性 值
Form	Form1	text	动画演示一
Timer	Timer1	Enabled	True
		Interval	150
Button	Button1	text	停止演示

Timer1 的 Enabled 属性值为 True，表示启用 Elapsed 事件；Interval 属性值为 150，单位是毫秒，表示 Elapsed 事件的频率，值越小，变化得越快，反之越慢。

(4) 编写代码。

● 首先在 Form1 类中定义变量，代码如下：

```
Dim sw, status As Integer
Dim x, y, r As Integer
Dim rx, ry, rsw As Integer
Dim ra(2) As Integer
Dim rb(2) As Integer
Dim g2 As Graphics
```

● 为 Form1 的 Load 事件编写代码，设置初始值，代码如下：

```
Private Sub Form1_Load(ByVal sender As System.Object, ByVal e As System.EventArgs) Handles
MyBase.Load
        g2 = Me.CreateGraphics
        x = 300 ： y = 65 ： r = 50
        ra(0) = 135            '第一个图的起始角度
        rb(0) =-270            '第一个图的结束角度
        ra(1) = 170            '第二个图的起始角度
        rb(1) =-340            '第二个图的结束角度
        sw = 0
        status = 0
        Timer1.Enabled = True
    End Sub
```

● 为 Timer 控件的 Tick 事件编写代码，在不同的时间间隔内于不同位置绘制不同缺口的扇形，并且一直从右往左循环运动直到停止运行。代码如下：

```
Private Sub Timer1_Tick(ByVal sender As Object, ByVal e As System.EventArgs) Handles Timer1.Tick
        g2.Clear(Color.White)
        g2.FillPie(Brushes.Blue, x, y, r, r, ra(sw), rb(sw))
        rx = x：ry = y：rsw = sw
        sw = 1-sw
        x = x-10                '变换坐标位置
        If x < 10 Then x = 300
    End Sub
```

● 为 Button1 控件编写代码，当单击此按钮时，结束程序运行。代码如下：

```
Private Sub Button1_Click(ByVal sender As System.Object, ByVal e As System.EventArgs)_
Handles Button1.Click
        End
```

```
        End Sub
End Class
```

至此，程序编写完成，按 F5 键或工具栏中的运行按钮即可执行程序。

【相关知识】

知识点 7-3-1　　利用 Graphics 类的基本绘图命令与 Timer 控件制作小动画

VB.NET 不仅有强大的绘制图形功能，能够利用 Graphics 类的基本绘图命令制作出丰富多彩的静态图形，而且能让静止的图形随着时间变化发生位置与形状的改变，产生形象生动的动画效果。

在动画制作过程中，时间变化是由 Timer 控件来实现的，其中，Interval 属性值的大小与动画运行的速度相关，间隔越小，速度越快。

【案例 7-5】　移动动画。

移动动画是简单的动画技巧，利用 Graphics 对象的 DrawImage 方法可以显示图像文件，配合 Timer 时间的变化，就可以改变图像坐标，产生移动动画效果。

【案例说明】

本案例使用图像文件的运动产生动画效果。程序运行时，花的图案作为背景，小女孩图案从右到左移动，反复运动，直至停止。运行界面如图 7-8 所示。

　　　　　　(a)　　　　　　　　　　　　　　　　　　　(b)

图 7-8　移动动画运行界面

【技能目标】

(1) 熟悉简单动画开发过程。

(2) 熟悉利用图形文件设计动画程序的技巧。

【操作要点与步骤】

(1) 建立一个新的 Windows 应用程序，命名为 VBnet7-5。

(2) 在窗体中添加控件：添加一个 PictureBox 控件，用于显示图形文件；添加一个 Timer 时间控件，用于设置动画频率。调整窗体及各控件的大小与位置。

(3) 设置控件属性，属性值如表 7-8 所示。

表 7-8　属性设置

控件类型	控件名	属性名	属性值
Form	Form1	Text	移动动画
PictureBox	PictureBox1	Location	48,52
		Size	300,135
		Locked	True
		BorderStyle	Fixed3A
		SizeMode	StretchImage
Timer	Timer1	Enabled	True
		Interval	.200

(4) 编写代码。

● 首先在 Form1 类中定义如下变量并赋初始值。

```
Dim px, py As Integer
    Dim g2 As Graphics
    Dim image1 As New Bitmap("flowers.gif")
    Dim image2 As New Bitmap("bird.gif")
```

● 为 Form1 的 Load 事件编写代码。

```
Private Sub Form1_Load(ByVal sender As System.Object, ByVal e As System.EventArgs) Handles
MyBase.Load
        g2 = PictureBox1.CreateGraphics
        px = 300
        py = 40
End Sub
```

● 为 Timer1 控件的 Tick 事件编写代码。

```
Private Sub Timer1_Tick(ByVal sender As Object, ByVal e As System.EventArgs) Handles Timer1.Tick
        g2.DrawImage(image1, 0, 0)
        px= 10
        g2.DrawImage(image2, New Point(px, py))
        If px < 5 Then px = 300
End Sub
```

至此代码编写完成，按 F5 键或工具栏上的运行按钮运行程序。

【相关知识】

知识点 7-3-2　　利用图形文件与 Timer 控件制作小动画

VB.NET 中可使用 Graphics 类的 DrawImage 方法显示图形文件，在不同时间间隔里于不同的位置显示同一图形文件会产生视觉上的动画效果。DrawImage 方法既可指定目的绘图区，也可指定源图片的显示范围，具备自动缩放功能，会自动将图片放大或缩小以填满指定的整个区域。该法主要有以下几种使用方式：

- DrawImage(Image 对象，x,y)；
- DrawImage(Image 对象，Point 结构)；
- DrawImage(Image 对象，目的 Rectangle 结构)；
- DrawImage(Image 对象，x,y，源 Rectangle 结构，图形单位)；
- DrawImage(Image 对象，目的 Rectangle 结构，源 Rectangle 结构，图形单位)。

习　题

一、单项选择

1. HatchBrush 画刷类定义在＿＿＿＿命名空间。

A. System.Drawing.Design　　　　　　B. System.Drawing.Image

C. System.Drawing.Text　　　　　　　D. System.Drawing.Drawing2D

2. 释放程序中创建的 Graphics、Pen、Brush 等资源，需要调用＿＿＿＿方法。

A. Free　　　　　　B. Delete　　　　　　C. Dispose　　　　　　D. Discharge

3. 动画制作中，Timer 控件的 Interval 属性值的大小与动画运行速度的关系是＿＿＿＿。

A. 值越小，速度越快　　　　　　B. 值越大，速度越快

C. 二者没有关系　　　　　　　　D. 以上都不正确

4. Graphics 类提供的＿＿＿＿方法可以绘制一个空心的多边形。

A. DrawClosedCurve　　　　　　B. DrawPolygon

C. FillPolygon　　　　　　　　　D. FillCloseCurve

5. Point 和 Pointf 都是一种结构，表示＿＿＿＿。

A. 一个整型的二维坐标　　　　　B. 一个浮点类型的二维的坐标

C. 一个二维坐标　　　　　　　　D. 大小

6. GDI+ 的坐标原点是窗体或控件的＿＿＿＿。

A. 左上点　　　　B. 左下点　　　　C. 右上点　　　　　D. 右下点

7. 对于 PictureBox1.Image=Image.FromFile("cat.jpg")的功能，下列说法正确的是＿＿＿＿。

A. 在程序执行阶段加载图片　　　　B. 在程序执行阶段清除图片

C. 在设计阶段加载图片　　　　　　D. 在设计阶段清除图片

8. 有关 Bitmap 的方法 GetPixel，下列说法正确的是＿＿＿＿。

A. 设置 Bitmap 对象中指定像素的颜色

B. 获取 Bitmap 对象中指定像素的颜色

C. 设置 Bitmap 对象的位置

D. 获取 Bitmap 对象的位置

二、思考题

1. Point 与 Pointf 结构的作用是什么？它们的区别是什么？

2. 在 VB.NET 中颜色用 Color 结构表示，其中的 4 个整数值 Red、Green、Blue 和 Alpha 分别表示什么？如何用三原色表示红色？

3. 画笔(Pen)对象常用的属性有什么？

4. 画布对象使用哪个类创建？常用的绘图方法有哪些？

5. 绘制图形的一般步骤有哪些？

6. 简述 GDI+的意义和作用。

7. 用于加载图片的控件是什么？

实验七　动态托盘

一、实验目的

1. 了解 VB.NET 中使用 NotifyIcon 控件实现动态托盘的方式。

2. 模拟实现 QICQ 动态托盘效果。

3. 进一步掌握使用 Timer 控件的方法。

二、实验内容

设计一个 QICQ 动态托盘，其界面效果如图 7-9 所示。

实验步骤：

(1) 新建项目，类型为"Windows 应用程序"。

(2) 界面设计。从工具箱中选择 Label 控件、PictureBox 控件、CheckBox 控件、Panel 控件、ComboBox 控件，TextBox 控件和 Button 控件，按照图 7-9 对窗体进行设计。

图 7-9　登录界面

将窗体的 ShowInTasbar 属性改为"False"，使窗体运行时不出现任务栏。

添加 ContextMenu 控件，并添加"MenuItem1"、"MenuItem2"、"MenuItem3"和"MenuItem4"四个菜单，它们对应的 Text 属性为"上线"、"隐身"、"离线"和"退出"。添加一个 NotifyIcon 控件，将 ContextMenu 属性设置为"ContextMenu1"，将 Visible 属性改为"False"，使托盘图标在一开始时并不显示出来。

添加一个 Timer 控件，将 Enabled 属性改为"False"，Interval 属性改为"400"，即让它每过 400 毫秒就产生一个事件。

(3) 代码编写。在编写代码之前把 QICQ 的四个图标加入程序的 bin 文件夹中。四个图标如图 7-10 所示。

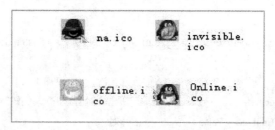

图 7-10 QICQ 的四个图标文件

● 定义变量：

```
Dim ICO_A As Icon      '定义 Icon 类的对象装载图标
Dim ICO_B As Icon
Dim ICO_C As Icon
Dim ICO_d As Icon
Dim i As Integer       '用作计算登录时间
Dim ico As Short       '用作判断图标
```

● 在 Form1_Load 过程中装载图标：

```
Private Sub Form1_Load(ByVal sender As System.Object, ByVal e As System.EventArgs) Handles
MyBase.Load
        ICO_A = New Icon("Online.ico") '装载图标
        ICO_B = New Icon("na.ico")
        ICO_C = New Icon("invisible.ico")
        ICO_d = New Icon("Offline.ico")
End Sub
```

● "登录"按钮：

```
Private Sub Button1_Click(ByVal sender As System.Object, ByVal e As System.EventArgs) Handles
Button1.Click
        Me.Hide()
        NotifyIcon1.Icon = ICO_A          '首先把 NotifyIcon1 的图标设为离线状态
        ico = 4                           '指定 NotifyIcon1 的图标为离线状态
        NotifyIcon1.Visible = True        '显示 NotifyIcon1
        Timer1.Enabled = True             '开始计时
End Sub
```

● "取消"按钮：

```
Private Sub Button2_Click(ByVal sender As System.Object, ByVal e As System.EventArgs) Handles
Button2.Click
        Me.Close()                        '关闭程序
End Sub
```

　　"注册向导"按钮的功能在这里没有实现，只是在外观上看起来比较接近 QICQ 界面。

　　● "Timer1"控件实现代码。按设定的时间把 NotifyIcon 控件的图标进行循环替换，以实现动态效果。

```vbnet
Private Sub Timer1_Tick(ByVal sender As System.Object, ByVal e As System.EventArgs) Handles
Timer1.Tick
        i += 1                          '每执行一次，i 的值加 1
        If i >= 20 Then                 'i 的值为 20 时弹出"登录失败"对话框
            Timer1.Enabled = False      '停止计时
            MessageBox.Show("连接超时！", "登录失败")
            NotifyIcon1.Icon = ICO_d    '把 NotifyIcon1 的图标设为离线状态
            Exit Sub
        End If
        If ico = 4 Then
            NotifyIcon1.Icon = ICO_A
            ico = 1
            Exit Sub
        End If
        If ico = 1 Then
            NotifyIcon1.Icon = ICO_B
            ico = 2
            Exit Sub
        End If
        If ico = 2 Then
            NotifyIcon1.Icon = ICO_C
            ico = 3
            Exit Sub
        End If
        If ico = 3 Then
            NotifyIcon1.Icon = ICO_d
            ico = 4
            Exit Sub
        End If
End Sub
```

　　● "MenuItem1"子菜单：

```vbnet
Private Sub MenuItem1_Click(ByVal sender As System.Object, ByVal e As System.EventArgs) Handles
MenuItem1.Click
        Timer1.Enabled = True           '设置 Timer1 控件可用
        i = 0                           '重新开始计算时间
End Sub
```

- "MenuItem2" 子菜单：

```
Private Sub MenuItem2_Click(ByVal sender As System.Object, ByVal e As System.EventArgs) Handles
MenuItem2.Click
        Timer1.Enabled = True
        i = 0
End Sub
```

- "MenuItem3" 子菜单：

```
Private Sub MenuItem3_Click(ByVal sender As System.Object, ByVal e As System.EventArgs) Handles
MenuItem3.Click
        Timer1.Enabled = False          ' 设置 Timer1 控件不可用
        NotifyIcon1.Icon = ICO_d        ' 把 NotifyIcon1 的图标设为离线的图标
        ico = 4                         ' 指定 NotifyIcon1 的图标是离线状态
End Sub
```

- "MenuItem4" 子菜单：

```
Private Sub MenuItem4_Click(ByVal sender As System.Object, ByVal e As System.EventArgs) Handles
MenuItem4.Click
        Application.Exit()              ' 退出程序
End Sub
```

第 8 章　多媒体程序设计

多媒体技术在现代程序设计中有着广泛的应用，多媒体应用也是当前计算机的一个非常重要的应用，如影音播放、多媒体教学、工程演示等。本章将介绍几种常见多媒体播放软件的开发实例，以期给读者有益的启示。

8.1　MP3 播放器

【案例 8-1】　MP3 播放器。

MP3 是目前最为流行的多媒体格式之一。它是将 WAV 文件以 MPEG2 的多媒体标准进行压缩，压缩后体积只有原来的 1/10～1/15，而音质基本不变。这项技术使得一张碟片上能容纳十多个小时的音乐节目，相当于原来的十多张 CD 唱片。MP3 也是网络上非常流行的一种音乐格式。

MP3 不是 Windows 的标准格式，因此
Windows 并不直接支持此类型的文件，本案例使
用 AxWindowsMediaPlayer 控件来实现 MP3 音乐
的播放。MP3 播放器运行界面如图 8-1 所示。在
本案例中，单击"添加"按钮可一次添加多个
MP3 文件作为播放列表存放在 ListView 控件中，
双击列表中的曲目可以将其删除，还可以再按
"添加"按钮新增文件到列表中，并设置了播放
时间与进度、曲名、快进、后退和暂停、退出、
状态栏等功能。

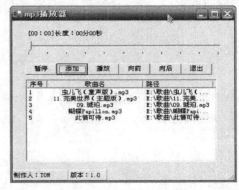

图 8-1　MP3 播放器运行界面

【技能目标】

(1) 使用 AxWindowsMediaPlayer 控件播放 MP3 音乐。

(2) 获取当前播放时间与进度。

(3) 添加和删除播放文件。

【操作要点与步骤】

(1) 建立一个新的 Windows 应用程序，命名为 VBnet8-1。

(2) 在窗体上添加如下控件：2 个 Label 控件、1 个 TrackBar 控件、6 个 Button 控件、1
个 ListView 控件、1 个 StatusBar 控件、1 个 OpenFileDialog 控件和 1 个 Timer 控件。调整控件的大小及位置。

🔍 **说明**

AxWindowsMediaPlayer 不是 VB.NET 的标准控件，必须先添加到工具箱。添加 AxWindowsMediaPlayer 控件的方法如下：

在工具箱上右击鼠标，在弹出的菜单中选择"添加/移出项..."，在弹出的自定义工具箱的 COM 组件选项卡对话框中选中 Windows Media Player 复选框，然后点击"确定"，AxWindowsMediaPlayer 就添加到工具箱中了，如图 8-2 所示。

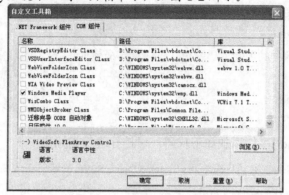

图 8-2　添加 AxWindowsMediaPlayer 控件

(3) 在"属性"窗口中设置窗体及各控件的相关属性，控件的部分属性设置如表 8-1 所示。

表 8-1　控件属性设置

控件类别	控件名称	属　性	设置结果
Form	Form1	Text	MP3 播放器
Button	Button1	Text	暂停
	Button2	Text	添加
	Button3	Text	播放
	Button4	Text	向前
	Button5	Text	向后
	Button6	Text	退出
Label	Label1	Text	[00:00]长度：00 分 00 秒
		TextAlign	MiddleCenter
	Label2	Text	
		TextAlign	MiddleCenter
TrackBar	TrackBar1		
ListView	ListView1	View	Details
	ColumnHeader1	Text	序号
		TextAlign	Left
	ColumnHeader2	Text	歌曲名
		TextAlign	Center
	ColumnHeader3	Text	路径
		TextAlign	Center
AxWindowsMediaPlayer	AxWindowsMediaPlayer1	Visible	False

🔍 **说明**

没有设置属性的控件其所有属性均为默认值。表 8-1 中的 ColumnHeader1 是添加 Column 属性后的设置，这种设置方法在前面的章节中介绍过。

(4) 以上三步完成了界面设计，下面开始编写代码。

● 首先在 Form1 类里定义几个变量，代码如下：

```vbnet
Dim paths() As String                    '定义打开文件路径数组
Dim FileName As String                   '定义文件名称
Dim SingName As String                   '定义歌曲名称
Dim i As Integer
Dim selIndex As Integer
Dim path As String
```

● 为 Form1_Load()事件添加如下代码，对控件进行初始化。

```vbnet
Private Sub Form1_Load(ByVal sender As System.Object, ByVal e As System.EventArgs) Handles
MyBase.Load
        ListView1.FullRowSelect = True      '可以整行选取
        ListView1.MultiSelect = True        '可以选取多项
        ListView1.HoverSelection = True     '鼠标悬在上面一段时间即表示选取该项
        Button3.Enabled = False
End Sub
```

● 为"添加"命令按钮添加代码，启动打开文件对话框，可以一次向 ListView1 控件中添加多个 MP3 文件，并显示播放顺序、歌曲名和歌曲所在路径。代码如下：

```vbnet
Private Sub Button2_Click(ByVal sender As System.Object, ByVal e As System.EventArgs)_
Handles Button2.Click
        Dim sfile As String                 '定义歌曲名称
        Dim j As Integer                    '定义循环变量
        Dim count As Integer                '定义已有歌曲数目
        With OpenFileDialog1                 '打开新文件
            .Title = "打开 mp3 文件"
            .CheckFileExists = True
            .CheckPathExists = True
            .Multiselect = True
            .Filter = "mp3 文件(*.mp3)|*.mp3"
            .ShowDialog()
            paths = .FileNames
        End With
        i = paths.GetUpperBound(0)      '获取此次打开的文件数目
        For j = 0 To i
```

```
                count = .ListView1.Items.Count            ' 获取现有文件数目
                sfile = paths(i - j).Substring(paths(j).LastIndexOf("\") + 1)    ' 获取歌曲名称
                Dim mitem As New ListViewItem(count + 1, j)
                mitem.SubItems.Add(sfile)
                mitem.SubItems.Add(paths(i - j))
                ListView1.Items.Add(mitem)                ' 把新打开的文件添加到列表控件中
                Button3.Enabled = True
            Next
    End Sub
```

● 为"播放"、"暂停"、"退出"、"向前"、"向后"命令按钮添加代码，用来控制音乐的播放，代码如下：

```
Private Sub Button3_Click(ByVal sender As System.Object, ByVal e As System.EventArgs)_
    Handles Button3.Click
            AxWindowsMediaPlayer1.URL = Path            ' 设置播放文件
            AxWindowsMediaPlayer1.Ctlcontrols.play()        ' 开始播放
            Label2.Text = FileName
            Button2.Enabled = True
    End Sub


Private Sub Button1_Click(ByVal sender As System.Object, ByVal e As System.EventArgs) Handles_
    Button1.Click
            AxWindowsMediaPlayer1.Ctlcontrols.pause()        ' 暂停
    End Sub
Private Sub Button6_Click(ByVal sender As System.Object, ByVal e As System.EventArgs)_
    Handles Button6.Click
        Close()
        End                                ' 退出程序
    End Sub
Private Sub Button4_Click(ByVal sender As System.Object, ByVal e As System.EventArgs)_
Handles Button4.Click
            AxWindowsMediaPlayer1.Ctlcontrols. fastForward ()        ' 向前
            End Sub


Private Sub Button5_Click(ByVal sender As System.Object, ByVal e As System.EventArgs)_
    Handles Button5.Click
            AxWindowsMediaPlayer1.Ctlcontrols.fastReverse()        ' 向后
        End Sub
```

- 为 Timer 控件添加代码，主要获得当前播放进度，代码如下：

```
Private Sub Timer1_Tick(ByVal sender As System.Object, ByVal e As System.EventArgs)_
    Handles Timer1.Tick
        Dim d1, d2 As Integer
        Dim m1, m2 As Integer
        Dim s1, s2 As Integer
        d1 =AxWindowsMediaPlayer1.Ctlcontrols.currentPosition        ' 获取当前播放进度
        d2 =AxWindowsMediaPlayer1.currentMedia.duration              ' 获取需要的总时间
        TrackBar1.Value = d1
        m1 = d1 \ 60 : s1 = d1 Mod 60
        m2 = d2 \ 60 : s2 = d2 Mod 60
        Label1.Text = "已播放  " & m1 & ":" & Format(s1, "00") & _
            " ( " & m2 & ":" & Format(s2, "00") & " )"               ' 显示播放进度
End Sub
```

技巧

使用 .Duration 和 .CurrentPosition 方法可分别获取播放该首音乐所需要的时间和当前的播放进度。

- 为 ListView1 控件的双击事件添加代码，当双击选择的项时，表示删除该项，代码如下：

```
Private Sub ListView1_DoubleClick(ByVal sender As Object, ByVal e As System.EventArgs) _
    Handles ListView1.DoubleClick
        .ListView1.SelectedItems.Item(0).Remove()                   ' 双击表示删除该项
    End Sub
```

说明

使用 .Remove 方法可以将所选择的项移除。

- 为 ListView1 控件的单击事件添加代码，当单击选择项时，停止当前的播放而播放刚选取的文件，代码如下：

```
Private Sub ListView1_Click(ByVal sender As Object, ByVal e As System.EventArgs)_
                Handles ListView1.Click
        Dim str As String
        selIndex = .ListView1.SelectedItems(0).Text-1
        FileName = .ListView1.SelectedItems.Item(0).SubItems(1).Text   ' 获取歌曲名称
        path = .ListView1.SelectedItems.Item(0).SubItems(2).Text       ' 获取歌曲路径
        .AxWindowsMediaPlayer1.URL = path                              ' 设置播放文件
```

```
            .AxWindowsMediaPlayer1.Ctlcontrols.play()        '开始播放
            Label2.Text = FileName
            Timer1.Enabled = True
            .Button2.Enabled = True
            Dim s1, s2 As Integer
            s1 = .AxWindowsMediaPlayer1.Ctlcontrols.Duration
            s2 = .AxWindowsMediaPlayer1.Ctlcontrols.currentPosition
            str = FileNa.Substring(FileNa.LastIndexOf("."))
            FileName = FileNa.Remove(FileNa.Length - _
            str.Length, str.Length)
            Label2.Text = FileName        '对字符串进行处理, 仅获取无后缀的歌曲名
        End Sub
```

至此, 程序编写完成, 按 F5 键或工具栏上的运行按钮运行, 添加 MP3 文件, 便可播放了。

【相关知识】

知识点 8-1-1   多媒体控件 AxWindowsMediaPlayer

VB.NET 的多媒体编程技术中, AxWindowsMediaPlayer 是常用的控件。AxWindows-MediaPlayer 是 Windows Media Player 9.0 中的 ActiveX 控件, 使用之前要求系统中已安装这个控件。此控件的添加已在前面介绍过, 以下是其常用属性和方法。

1. URL 属性

URL 属性用来指定所要播放的多媒体文件路径与文件名。因在窗体上所建立的控件有操作面板, 面板上有播放、停止、暂停等按钮, 故只要 URL 属性有指定的多媒体文件的路径与文件名, 就能播放使用。属性值的指定方法有如下两种:

(1) 通过 AxWindowsMediaPlayer 控件的属性窗口, 在 URL 属性栏中直接输入多媒体文件的路径与文件名。如输入

    D:\VB.NET\媒体文件\cure.wav

(2) 通过代码在程序中指定, 即将多媒体文件的路径与文件名以字符串类型指定给 URL 属性。如:

    AxWindowsMediaPlayer1.URL= "D:\VB.NET\媒体文件\cure.wav"

技巧

在 VB.NET 中, 多媒体控件名称为 AxWindowsMediaPlayer, 与 VB 6.0 中的 AxMediaPlayer 不同, 另外, URL 属性在 VB 6.0 中是 Filename。

2. Ctlcontrols 属性

Ctlcontrols 属性是 AxWindowsMediaPlayer 的一个重要属性, 此控件中有许多常用成员。

(1) 方法 play: 用于播放多媒体文件。其格式如下:

　　　　　窗体名.控件名.Ctlcontrols.play()
　　例如：

　.AxWindowsMediaPlayer1.Ctlcontrols.play()

　　(2) 方法 pause：用于暂停正在播放的多媒体文件。其格式如下：
　　　　　窗体名.控件名.Ctlcontrols.pause()
　　例如：

　.AxWindowsMediaPlayer1.Ctlcontrols.pause()

　　(3) 方法 stop：用于停止正在播放的多媒体文件。其格式如下：
　　　　　窗体名.控件名.Ctlcontrols.stop()
　　例如：

　.AxWindowsMediaPlayer1.Ctlcontrols.fast stop()

　　(4) 方法 fastforward：用于将正在播放的多媒体文件快进。其格式如下：
　　　　　窗体名.控件名.Ctlcontrols.fastforward()
　　例如：

　.AxWindowsMediaPlayer1.Ctlcontrols.forward()

　　(5) 方法 fastreverse：用于将正在播放的多媒体文件快倒。其格式如下：
　　　　　窗体名.控件名.Ctlcontrols.fastreverse()
　　例如：

　.AxWindowsMediaPlayer1.Ctlcontrols.fast fastreverse()

　　(6) 属性 currentPosition：用于获取多媒体文件当前的播放进度，其值是数值类型。其使用格式如下：
　　　　　窗体名.控件名.Ctlcontrols.currentPosition
　　例如：

　d1 = .AxWindowsMediaPlayer1.Ctlcontrols.currentPosition

其中，d1 是一个整型变量。
　　(7) 属性 duration：用于获取当前多媒体文件播放的总时间，其值为数值类型。其使用格式如下：
　　　　　窗体名.控件名.currentMedia.duration
　　例如：

　d2 = .AxWindowsMediaPlayer1.currentMedia.duration

其中，d2 是一个整型变量。

　　知识点 8-1-2　　　TrackBar 控件在多媒体程序中的应用
　　TrackBar 是一个滚动条类的控件，不过左右两端没有箭头。控件的主要属性与说明如表 8-2 所示。

表 8-2　TrackBar 控件的主要属性与说明

属　性	说　明
SmallChange	设置或按下键盘方向键时，每按一次移动滑块的距离数值，这种方式为细调，默认值为 1
LargeChange	按下键盘 PgUp、PgDn 所改变的值，或拖动滑块所改变的值，这种方式为粗调，默认值为 5
TickFrequency	设置 TrackBar 控件中滑块刻度间的距离
Maximum	设置或获取 TrackBar 控件的最大值，默认值为 10
Minimum	设置或获取 TrackBar 控件的最小值，默认值为 0
Value	TrackBar 上滑块目前所在位置的值
Orientation	设置 TrackBar 控件呈水平或垂直显示。其值为"Horizontal"时水平显示，为"Vertical"时垂直显示
TickStyle	TrackBar 上刻度所出现的位置有四种情况，如图 8-3 所示

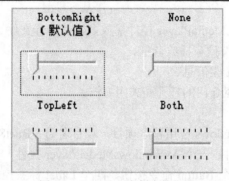

图 8-3　TrackBar 上刻度的位置

　　在本案例中，TrackBar 和 Timer 两个控件联合起来可获得文件播放进度。其他控件在前面的章节中已作过介绍，在此不再介绍。

　　【要点分析】

　　(1) 本案例要求播放 MP3 文件，所以在打开文件时，使用了语句 .OpenFileDialog1.Filter = "MP3 文件(*.MP3)|*.MP3"。

　　(2) 本案例播放的是声音文件，因此 AxWindowsMediaPlayer 控件的 Visible 属性值设置为 False，即播放控件不可见。

8.2　视 频 播 放 器

　　【案例 8-2】　多媒体播放器。

　　本案例是使用 AxWindowsMediaPlayer 控件制作的简易多媒体播放器，它具有比较强大的功能，可以控制播放的状态(如播放、暂停和停止)，可以调节播放的音量，可以显示已播放时间，可全屏播放也可在窗口中播放，可测试系统中光驱个数与盘符，打开和关闭光驱仓门，显示播放文件名称及当前系统时间等。多媒体播放器运行界面如图 8-4 所示。

图 8-4　多媒体播放器运行界面

【技能目标】

(1) 使用 AxWiondowsMediaPlayer 控件播放多媒体影音文件。

(2) 使用 TrackBar 控件调节播放音量。

(3) 获取计算机系统光驱信息。

(4) 利用软件实现光驱仓门的打开和关闭方法。

【操作要点与步骤】

(1) 建立一个新的 Windows 应用程序项目，项目名为 VBnet8-2。

(2) 在窗体上添加控件：一个 AxWindowsMediaPlayer 控件、一个 OpenFileDialog 控件、一个 Timer 时间控件、五个 Button 命令按钮、四个 Label 标签控件、一个 TrachBar 控件以及一个 StatusBar 控件。调整各控件的位置及大小。

(3) 在"属性"窗口中设置窗体及各控件的相关属性，各控件的属性设置如表 8-3 所示。

表 8-3　各控件的属性设置

控件类别	控件名称	属　性	设置结果
Form	Form1	Text	多媒体播放器
Button	Button1	Text	播放
	Button2	Text	暂停
	Button3	Text	停止
	Button4	Text	打开文件
	Button5	Text	打开和关闭光驱仓门
Label	Label1	Text	文件信息
	Label2	Text	曲名
	Label3	Text	
	Label4	Text	
AxWindowsMediaPlay	AxWindowsMediaPlay1	FullScreen	True
		UiMode	None

🔍 **说明**

没有设置属性的控件其所有属性均为默认值。

(4) 以上三步完成了界面设计，下面开始编写代码。

● 首先为 Form1 的 Load 事件编写代码，获得本机的光驱信息。代码如下：

```
Private Sub form1_Load(ByVal sender As System.Object, ByVal e As System.EventArgs)_
                Handles MyBase.Load
        ' 获得计算机中有多少个光驱和盘符
        Dim i
        Dim cdlabel As String
        Dim k = AxWindowsMediaPlayer1.cdromCollection.count()
        If k > 1 Then
            For i = 0 To k-1
                cdlabel = cdlabel & _
                AxWindowsMediaPlayer1.cdromCollection.Item(i).driveSpecifier()
                Label3.Text = "这台计算机共有 " & k & _
    " 台 CD-ROM" & "分别是" & cdlabel & " "
            Next
        Else
            cdlabel = cdlabel + _
            AxWindowsMediaPlayer1.cdromCollection.Item(0).driveSpecifier()
            Label3.Text = "这台计算机共有 " & k & _
    " 台 CD-ROM" & "分别是" & cdlabel & " "
        End If
End Sub
```

● 为"打开文件"按钮添加代码，打开多媒体影音文件，并将打开的文件作为播放的文件。代码如下：

```
Private Sub Button4_Click(ByVal sender As System.Object, ByVal e As System.EventArgs)_
                Handles Button4.Click
        Dim strfilename As String
        Dim OpenFileDialog1 As System.Windows.Forms.OpenFileDialog = _
New System.Windows.Forms.OpenFileDialog
        OpenFileDialog1.ShowDialog()
        strfilename = OpenFileDialog1.FileName
        AxWindowsMediaPlayer1.URL = strfilename
End Sub
```

● 为"播放"、"暂停"、"停止"按钮添加代码，以控制播放影音文件的过程。代码如下：

```vb
Private Sub Button1_Click(ByVal sender As System.Object, ByVal e As System.EventArgs)_
                Handles Button1.Click
        AxWindowsMediaPlayer1.Ctlcontrols.play()          '播放
    End Sub


Private Sub Button2_Click(ByVal sender As System.Object, ByVal e As System.EventArgs)_
                Handles Button2.Click
        AxWindowsMediaPlayer1.Ctlcontrols.pause()         '暂停
End Sub


Private Sub Button3_Click(ByVal sender As System.Object, ByVal e As System.EventArgs)_
                Handles Button3.Click
        AxWindowsMediaPlayer1.Ctlcontrols.stop()          '停止
End Sub
```

● 为 AxWindowsMediaPlayer1 控件的 PlayStateChange 事件添加代码，以获取当前播放文件的名称及总的播放时间信息。代码如下：

```vb
Private Sub AxWindowsMediaPlayer1_PlayStateChange(ByVal sender As Object, ByVal e _
        As AxWMPLib._WMPOCXEvents_PlayStateChangeEvent) Handles _
            AxWindowsMediaPlayer1.PlayStateChange
    ' 表示播放媒体发生变化时触发此事件
    Label4.Text = "此文件播放总时间是" & _
    AxWindowsMediaPlayer1.currentMedia.durationString()
    Timer1.Enabled = True
    Label2.Text = "歌名： " & _
    AxWindowsMediaPlayer1.currentMedia.getItemInfoBytype("Title", "", 0)
End Sub
```

● 为 Timer 控件的 Tick 事件添加代码，以获取当前文件的已播放时间并在状态栏上显示当前系统时间信息。代码如下：

```vb
Private Sub Timer1_Tick(ByVal sender As System.Object, ByVal e As System.EventArgs)_
                Handles Timer1.Tick
        Label4.Text = "已经播放时间： " & _
    CInt(AxWindowsMediaPlayer1.Ctlcontrols.currentPosition) & "秒"
        StatusBar1.Panels(5).Text = Now
End Sub
```

- 为 TrackBar1 控件添加代码，以调整播放影音文件时的音量。代码如下：

```
Private Sub TrackBar1_Scroll(ByVal sender As System.Object, ByVal e As System.EventArgs)_
                Handles TrackBar1.Scroll
        AxWindowsMediaPlayer1.settings.volume = TrackBar1.Value       ' 调整输出音量
End Sub
```

至此，程序编写完毕，按 F5 键或工具栏的运行按钮即可运行程序。

【相关知识】

| 知识点 8-2-1 | 控件 AxWindowsMediaPlayer 在多媒体播放器中的应用 |

Windows Media Player 播放器不仅可播放 MP3 文件，而且还可以播放 cd、vcd、avi 等多种音像文件。多媒体控件 AxWindowsMediaPlayer 的添加方法及常用属性在前面的案例中已说明，在此仅做相关补充。

1. CdromCollection 属性

功能：获取系统中光驱信息。

2. Count 属性

功能：获取系统中光驱数目。

例如：

```
k = AxWindowsMediaPlayer1.CdromCollection.Count()
```

上述语句用于获取系统中的光驱数，并将其值存放于整型变量 k 中。

3. Item 方法或程序

功能：获取光驱在系统中的编号，此编号从 0 开始。

4. DriveSpecifier 属性

功能：获取光驱的盘符。

例如：

```
Cdlabel = AxWindowsMediaPlayer1.CdromCollection.Item(i).DriveSpecifier()
```

其作用是：把系统中第 i 个光驱的盘符字符串赋值给变量 Cdlabel。

5. Eject 方法

功能：用于打开或关闭光驱仓门。

例如：

```
AxWindowsMediaPlayer1.CdromCollection.Item(i).Eject()     '打开或关闭第 i 个光驱仓门
```

6. Volume 属性

功能：设置播放时的音量。

例如：

```
AxWindowsMediaPlayer1.Settings.Volume = TrackBar1.Value
```

其作用是：调整播放音量为TrackBar1控件所指示的音量值。

7. AutoStart 属性

功能：自动播放，其默认值为True。

若其值设置为 True，则当 AxWindowsMediaPlayer 控件中添加多媒体文件时，无需按播放按钮便会自动播放；若其值设置为 False，则添加多媒体文件时，必须按播放按钮才会播放。

例如：

```
AxWindowsMediaPlayer1.Setting.AutoStart=False
```

8．Mute 属性

功能：设置播放时是否静音，其默认值为 False。

若其值为 True，则 AxWindowsMediaPlayer 控件在播放媒体文件时为静音状态；若其值为 False，则播放媒体文件时有声音。

9．UiMode 属性

功能：设置播放时是否显示播放器原来的控制按钮和进度滑块及音量调节等。若其值为 None，则不显示；若为 Full，则显示。

知识点 8-2-2　　相关控件在多媒体播放器中的应用

1．OpenFileDialog 控件

在案例 8-2 中，当单击"打开文件"按钮时，该控件用于启动打开文件对话框，以选择要打开的多媒体文件。此多媒体播放器可以播放任何 Windows Media Player 可播放的文件，程序中无需用 Filter 属性设置文件过滤器。

2．TrackBar 控件

在案例 8-2 中，使用 TrackBar 调节播放音量。用鼠标拖动 TrackBar 上的滑块，即可增加或减小播放音量。其实现由以下语句完成：

```
AxWindowsMediaPlayer1.Settings.Volume = TrackBar1.Value
```

3．Timer 控件

触发 Timer 的事件是 Tick，以获取当前播放的多媒体文件的已播放时间，另外在状态栏上显示系统的当前时间。其实现格式如下：

```
AxWindowsMediaPlayer1.Ctlcontrols.currentPosition      ' 已播放时间
StatusBar1.Panels(5).Text = Now                        ' 在状态栏的 Panels(5)中显示当前系统时间
```

4．Label 控件

案例 8-2 中的 Label 标签控件用于显示与正播放的多媒体文件相关的信息，如曲名、已播放时间、光驱信息等。在程序中主要通过改变 Label 控件的 Text 属性来实现。

例如：

```
Label4.Text = "已经播放时间：" &    _ CInt(AxWindowsMediaPlayer1.Ctlcontrols.currentPosition) & "秒"
```

8.3　Flash 播放器

【案例 8-3】　　Flash 播放器。

Flash 动画十分流行，发展很快，但有时下载了一些动画也无法播放，这时需在计算机

系统中安装一个 Flash 动画播放器。本案例是一个简易的动画播放器，可打开 Flash 文档并播放，也可暂停、继续播放和退出操作，并且能显示当前播放时间和进度指示。其运行界面如图 8-5 所示。

图 8-5　Flash 播放器运行界面

【技能目标】

(1) AxShockwaveFlash 控件的添加与使用。

(2) 菜单控制播放的方法。

(3) 播放进度指示的实现。

【操作要点与步骤】

(1) 建立一个新的 Windows 应用程序项目，项目名为 VBnet8-3。

(2) 在窗体上添加控件：一个 AxShockwaveFlash 控件、一个 MainMenu 控件、一个 TrackBar 控件、一个 Label 标签控件、一个 StatusBar 控件、一个 OpenFileDialog 控件以及一个 Timer 时间控件。调整各控件的位置及尺寸。

🔍 说明

AxShockwaveFlash 控件的添加方法与 AxWindowsMediaPlayer 控件的添加方法相似。在自定义工具箱对话框的 COM 组件选项卡中，选中 Shockwave Flash Object 复选框，该控件就添加到工具箱中了，如图 8-6 所示。

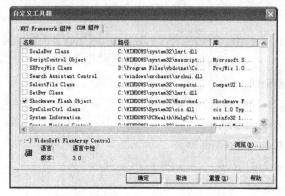

图 8-6　添加 AxShockwaveFlash 控件

(3) 设置各控件的属性值，如表 8-4 所示。

表 8-4　控件的属性设置

控件类型	控件名	控件属性	属性值
Form	Form1	Text	Flash 播放器
MainMenu	MainMenu1	RighttoLeft	Inherit
	MenuItem1	Text	文件
	MenuItem2	Text	打开
	MenuItem3	Text	退出
	MenuItem4	Text	控制
	MenuItem5	Text	停止播放
	MenuItem6	Text	继续播放
TrackBar	TrackBar1	Minmum	0
		Maximum	10
Label	Label1	Text	播放进度
AxShockwaveFlash	AxShockwaveFlash1	BackGroundColor	0
		Dock	None

🔍 **说明**

没有设置属性的控件其所有属性均为默认值。

(4) 为控件添加代码。

● 在 Form1 类中定义变量，代码如下：

```
Dim PathNames() As String
    '定义文件路径数组
    Dim count As Integer
    '定义打开多文件的文件数目
    Dim i As Integer
```

● 为"文件"菜单的"打开"子菜单添加代码，可选择打开多个.swf 文件，播放文件并显示播放进度。代码如下：

```
Private Sub MenuItem2_Click(ByVal sender As System.Object, ByVal e As System.EventArgs)_
                Handles MenuItem2.Click
        With    OpenFileDialog1
            .Title = "打开 Flash 动画文件"
            .CheckFileExists = True
            .CheckPathExists = True
            .Multiselect = True
            '支持多选
            .Filter = "Flash 动画(*.swf)|*.swf"
```

```
            .ShowDialog()
            PathNames = .FileNames
        End With
        If PathNames.Length = 0 Then
            Exit Sub
        End If
        AxShockwaveFlash1.Movie = PathNames(count)
        '设置播放的文件路径
        TrackBar1.Maximum = AxShockwaveFlash1.TotalFrames
        AxShockwaveFlash1.Play()
        '开始播放
        AxShockwaveFlash1.Loop = True
        Timer1.Enabled = True
    End Sub
```

● 为"停止播放"、"继续播放"、"退出"子菜单添加代码，以控制动画播放过程。代码如下：

```
Private Sub MenuItem5_Click(ByVal sender As System.Object, ByVal e As System.EventArgs)_
                Handles MenuItem5.Click
        '停止播放
        AxShockwaveFlash1.Stop()
    End Sub
Private Sub MenuItem6_Click(ByVal sender As System.Object, ByVal e As System.EventArgs)_
                Handles MenuItem6.Click
        .AxShockwaveFlash1.Play()
        '继续播放
    End Sub
Private Sub MenuItem3_Click(ByVal sender As System.Object, ByVal e As System.EventArgs)_
                Handles MenuItem3.Click
        '退出
        End
    End Sub
```

● 为 Time1 的 Tick 事件添加代码，以获取当前播放进度，代码如下：

```
Private Sub Timer1_Tick(ByVal sender As System.Object, ByVal e As System.EventArgs)_
                Handles Timer1.Tick
        TrackBar1.Value = AxShockwaveFlash1.CurrentFrame
        '获取当前进度
        Label1.Text = "已播放百分比：" & _
        TrackBar1.Value * 100 \ _
```

```
        TrackBar1.Maximum + 1 & "%"
        '获取当前进度的百分比
    End Sub
```

至此，代码编写完成，按 F5 键运行即得到如前界面。

【相关知识】

知识点 8-3-1　　控件 AxShockwaveFlash

在 VB.NET 中，不仅可以使用非常丰富的 .NET 类库，而且还可以使用系统中安装的 COM 组件。AxShockwaveFlash 控件可实现在窗体中播放指定的 Flash 动画。该组件在系统安装时自动安装在系统中，其常用的属性和方法如下所述。

1．Movie 属性

功能：指定播放 .swf 格式的文件。

例如：

```
.AxShockwaveFlash1.Movie = PathNames(count)
```

2．TotalFrame 属性

功能：获取播放文件的总帧数。

例如：

```
.TrackBar1.Maximum = .AxShockwaveFlash1.TotalFrame
```

3．CurrentFrame 属性

功能：获取播放文件的当前帧。

例如：

```
.TrackBar1.Value = .AxShockwaveFlash1.CurrentFrame
```

4．isPlaying 属性

功能：判断是否正在播放。

5．Play 方法

功能：开始播放文件。

例如：

```
.AxShockwaveFlash1.Play()
```

6．Back 方法

功能：跳到动画的上一帧。

例如：

```
.AxShockwaveFlash1.Back()
```

7．Forward 方法

功能：跳到动画的下一帧。

例如：

```
.AxShockwaveFlash1.Forward()
```

8. GotoFrame 方法

功能：跳到动画指定的帧。

9. Stop 方法

功能：暂停播放动画文件。

例如：

```
.AxShockwaveFlash1.Stop()
```

10. Loop 属性

功能：是否循环播放。若其值为 True，则循环播放；若其值为 False，则不循环播放。

例如：

```
.AxShockwaveFlash1.Loop = True    '循环播放
```

8.4　DVD 播放器

【案例 8-4】　DVD 播放器。

在多媒体领域，目前最热门、最终极的就要数 DVD 了。DVD 全面实现了 MPEG2 的性能指标，它的水平清晰度高达 540 线，比 LD 的 64 线还高出一大截；其声音也采用了真正的 5.1 通道(左右主音箱、中量、后方左右环绕及一路超重低音输出)。不过要注意的是，这些优异的视听效果源于 MPEG2 的技术标准，而不是 DVD 技术本身。只不过采用 MPEG2 的多媒体文件体积太大，普通的 CD 碟已无法容纳，而 DVD 技术的超高容量恰好与之相得益彰。目前最低容量的 DVD(单面单层的 DVD 碟片容量是 4.7 G)可播放 133 分钟，正好包括一部完整的故事片。

DVD 是一种高质量的视频压缩技术，视频的压缩需要通过一定的编码。计算机系统中安装了 DVD 解码器后，Windows Media Player 直接用于播放 DVD。利用 VB.NET 的 COM 组件中的 AxMSWebDVD 控件等可开发功能强大的 DVD 播放器。

本案例要求用 VB.NET 开发简易 DVD 播放器，该播放器具有播放、暂停、停止、弹出等功能。其运行界面如图 8-7 所示。

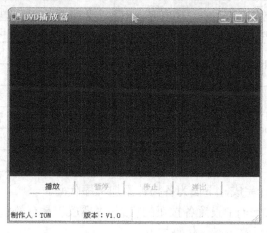

图 8-7　DVD 播放器运行界面

【技能目标】

(1) AxMSWebDVD 控件的使用。

(2) DVD 播放器的系统环境。

【操作要点与步骤】

(1) 新建项目，项目名为 VBnet8-4。

(2) 在窗体中添加控件：1 个 AxMSWebDVD 控件、4 个 Button 命令按钮控件和 1 个 StatusBar 控件。

🔍 说明

AxMSWebDVD 控件的添加方法与 AxWindowsMediaPlayer 控件的添加方法相似。在自定义工具箱对话框的 COM 组件选项卡中，选中 MSWebDVD Class 复选框，该控件就添加到工具箱中了，如图 8-8 所示。

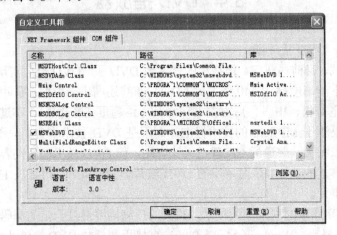

图 8-8　添加 AxMSWebDVD 控件

(3) 为窗体中的控件设置属性值。各控件的属性设置如表 8-5 所示。

表 8-5　控件的属性设置

控件类型	控件名称	属　性	属性设置
Form	Form1	Text	VBnet8-4
AxMSWebDVD	AxMSWebDVD1	Dock	None
		Visible	True
Button	Button1	Text	播放
	Button2	Text	暂停
	Button3	Text	停止
	Button4	Text	弹出

(4) 至此，界面设计完成，下面为各控件添加程序代码。

首先，在 Form1_Load()中设置各按钮的状态，"播放"是有效状态，用于启动 DVD 播放文件，其他几个处于无效状态。代码如下：

```
Private Sub Form1_Load(ByVal sender As System.Object, ByVal e As System.EventArgs)_
                Handles MyBase.Load
        Button1.Enabled = True
        Button2.Enabled = False
        Button3.Enabled = False
        Button4.Enabled = False
    End Sub
```

● 为"播放"按钮添加代码。单击"播放"按钮，开始播放 DVD 光驱中的碟片，此时"暂停"、"停止"变为有效状态，"播放"、"弹出"按钮变为无效状态。代码如下：

```
Private Sub Button1_Click(ByVal sender As System.Object, ByVal e As System.EventArgs)_
                Handles Button1.Click
        AxMSWebDVD1.Play()
        Button2.Enabled = True
        Button3.Enabled = True
        Button1.Enabled = False
        Button4.Enabled = False
    End Sub
```

● 为"暂停"按钮添加代码。单击"暂停"按钮，暂停播放，此时"播放"、"停止"变为有效状态，"弹出"为无效状态。单击"播放"按钮时，继续播放。代码如下：

```
Private Sub Button2_Click(ByVal sender As System.Object, ByVal e As System.EventArgs)_
                Handles Button2.Click
        AxMSWebDVD1.Pause()
        Button1.Enabled = True
        Button3.Enabled = True
        Button4.Enabled = False
    End Sub
```

● 为"停止"按钮添加代码。单击"停止"按钮，停止播放，"暂停"处于无效状态，"播放"和"弹出"处于有效状态。代码如下：

```
Private Sub Button3_Click(ByVal sender As System.Object, ByVal e As System.EventArgs)_
                Handles Button3.Click
        AxMSWebDVD1.Stop()
        Button2.Enabled = False
        Button1.Enabled = True
        Button4.Enabled = True
    End Sub
```

● 为"弹出"按钮添加代码。单击"弹出"按钮，打开光驱仓门，同时"播放"、"暂停"、"停止"按钮的状态变为无效状态。代码如下：

```
Private Sub Button4_Click(ByVal sender As System.Object, ByVal e As System.EventArgs)_
                Handles Button4.Click
        AxMSWebDVD1.Eject()
        Button1.Enabled = False
        Button2.Enabled = False
        Button3.Enabled = False
    End Sub
```

至此代码添加完成，按 F5 键或工具栏的运行按钮就可运行程序了。

【相关知识】

知识点 8-4-1　　　控件 AxMSWebDVD

在 VB.NET 的工具箱中，通过快捷菜单中"添加/移除项…"添加 AxMSWebDVD 控件，它是制作 DVD 播放器所需要的。其常用属性和方法如表 8-6 所示。

表 8-6　AxMSWebDVD 控件的常用属性和方法

属性和方法	说　明
Anchor 属性	控件的定位点，定义控件绑定到容器的哪些边
Dock 属性	控件的停靠点，指示停靠到容器的哪些边
Locked 属性	确定控件能否移动和改变大小
Visible 属性	确定控件是否可见
Mute 属性	指定播放是否消音
Play 方法	播放 DVD
Pause 方法	暂停播放
Stop 方法	停止播放
Eject 方法	弹出 DVD 光驱仓门

【要点分析】

本案例程序设计比较简单，通过按钮来控制文件的播放、暂停、停止和光驱仓门的弹出。在设计过程中要注意各按钮的状态是否有效，以免发生错误。

【知识扩展】

1. API 函数 sndPlaySoundA

1) 自定义函数可播放音频文件函数——sndPlay

在 Windows XP 的 winmm.dll 动态链接库存(DLL)中，有一个播放音频文件的 API 函数 sndPlaySoundA，它可用来播放 *.wav 音频文件，但 VB.NET 在使用它时，需先自定义函数，再调用使用。

(1) 声明。

```
Private Declare Function sndPlay Lib "winmm.dll" Alias "sndPlaySoundA" (ByVal sndName As
String,Byval flags As Long) As Long
```

● 所声明的 sndPlay 函数取自 winmm.dll 的 sndPlaySoundA 函数,应在窗体或模块的声明区声明。

● 所声明的 sndPlay 函数有两个参数:第一个参数 sndName 为字符串类型数据;第二个参数 flags 为长整型数据。

(2) 调用。在程序代码中,调用 sndPlay 函数来播放 .wav 音频文件的语法如下:

ret=sndPlay("文件名.wav",flags)

● flags 自变量:指定播放音频文件的方式,如表 8-7 所示。

表 8-7 flags 参数的值及播放方式对应表

flags	播 放 方 式
0	一定要等音频文件播放完毕后,程序才能继续运行
1	可一边播放音频文件,一边运行程序
2	设置当所指定的音频文件不存在时,不会出现 Windows 的警告声音,否则会出现警告声音
4	可先将音频文件加载到字符串自变量 sndName 中,当需要播放时,再用 flags=4 来播放字符串参数 sndName 内的声音数据,可避免读取音频文件时造成的延迟现象
8	可将音频文件当作背景音乐循环播放,但 flags 同时也要设置为 1,即合并使用 flags 自变量值:flags=1+8=9
16	如果正在播放所指定的音频文件,则返回函数原调用处

● ret 为调用 sndPlay 函数的返回值。若返回为 0,则表示失败;返回为 1,则表示成功。

● 如果返回值可忽略,则可使用下列方法调用 sndPlay 函数。

Call sndPlay("文件名.wav", flags)

或　　sndPlay("文件名.wav", flags)

2) 自定义停止播放音频文件函数——sndStop

.wav 音频文件一经播放,一定要播放完毕。若 flags=9,则会一直重复播放而不会停止,除非再一次调用 sndPlay 函数(但 flags 参数不能再设为 9 或 8),但必须再播放一次函数所指定的音频文件。采用下列方式处理,可立即停止播放。

(1) 声明。

Private Declare Function sndStop Lib "winmm.dll" Alias_ "sndPlaySoundA" (ByVal_ NUL As String, ByVal Uflags As Long) As Long

● 所声明的 sndStop 函数取自 winmm.dll 的 sndPlaySoundA 函数,一样要在窗体或模块的声明中定义。

● 所声明的 sndStop 函数有两个参数,皆为长整型数据。

(2) 调用。当程序正在播放 .wav 音频文件时,用下列方法调用 sndStop 可停止播放。

Call sndStop(0,0)

或　　sndStop(0,0)

2. API 函数 mciSendStringA

在 Windows XP 的动态链接库(DLL)中, API 函数 mciSendStringA 可播放*.wav、*.midi

等多媒体文件。但在 VB.NET 中要使用时，必须先声明自定义函数再调用。

(1) 声明。

Private Declare Function mciSend Lib "winmm.dll" Alias_ "sndSendStringA"_

(ByVal Command As String, ByVal ReturnString As String, ByVal ReturnLength_

 As Long, ByVal Callback As Long) As Long

所声明的 mciSend 函数取自 winmm.dll 的 mciSendStringA 函数，要在窗体或模块的声明区声明。

mciSend 函数的四个参数中，前两个为字符串类型，后两个为长整型。

(2) 调用。在程序代码中调用 mciSend 函数播放多媒体文件的语法如下：

ret=mciSend("mci 命令", 0, 0, 0)

其中：

● ret 为调用 mciSend 函数的返回值，若为 0，则表示失败；若为 1，则表示成功。

● 返回值可忽略，可使用下列方法调用 mciSend 函数：

Call mciSend("mci 命令", 0,0,0) 或 mciSend("mci 命令", 0,0,0)

● mci 命令为字符串类型自变量，不同参数有不同的功能，其说明如表 8-8 所示。

表 8-8　mci 命令

mci 命令	参　　数	功　　能
Open	文件名[type 形式][alias 别名]	打开多媒体文件
Close	文件名	关闭
Play	文件名[from start][to end]	播放
Pause		暂停
Resume	文件名	恢复播放
Seek	文件名[to 位置|to start|to end]	移到
Stop	文件名	停止

(3) 实例。

● 打开一个*.wav 文件，并将其别名设成 sng。

mciSend("opne c:\song\test.wav type vaveaudio alias sng",0,0,0)

● 播放别名为 sng 的多媒体文件。

mciSend("play sng",0,0,0,0)

● 只播放别名为 sng 的多媒体文件的 50～120 ms 的范围。

mciSend("play sng 50 120",0,0,0)

● 暂停当前播放的多媒体文件。

mciSend("pause",0,0,0)

● 继续播放别名为 sng 的多媒体文件。

mciSend("resume sng 300",0,0,0)

● 将播放位置移到别名为 sng 的多媒体文件的 300 ms 的地方。

mciSend("seek sng 300",0,0,0)

● 停止播放名为 sng 的多媒体文件。当再播放时，只需再用 play 命令即可。

MciSend("stop sng",0,0,0)

● 关闭别名为 sng 的多媒体文件。当再播放时，需先用 open 打开文件，再用 play 播放。

mciSend("close sng",0,0,0)

习　题

一、单项选择

1．AxWindowsMediaPlayer 控件用于指定所要播放的多媒体文件路径与文件名的属性是_____。

A．Filename B．Path C．URL D．Text

2．AxWindowsMediaPlayer 控件用于设置播放音量的属性是_____。

A．Eject B．AutoStart C．Mute D．Volume

3．在多媒体程序设计中，常用 Timer 控件的_____事件来获取有关数据，如多媒体文件的播放时间。

A．Tick B．Click C．DoubleClick D．Play

4．用于设计 Flash 动画播放程序的主要控件是_____。

A．AxWindowsMediaPlayer B．AxMediaPlayer

C．AxShockwaveFlash D．AxMSWebDVD

二、多项选择

_____是 AxWindowsMediaPlayer 控件的属性 Ctlcontrols 中的成员。

A．Play B．Stop C．CurrentPosition D．fastforward

三、思考题

1．AxWindowsMediaPlayer 控件的属性 URL 的作用是什么？

2．如何用 AxWindowsMediaPlayer 控件对象播放多媒体文件？

3．使用 AxShockwaveFlash 控件对象可以播放什么类型的文件？

4．播放 DVD 可以使用什么控件对象？

实验八　媒体播放

一、实验目的

1．掌握 MediaPlayer 组件的添加过程。

2．掌握 MediaPlayer 组件的常用属性，包括 FileName、AutoRewind、AutoStart、ShowControls、ShowStatusBar、Mute 等，理解各个属性的作用和属性值的设置。

3．掌握 MediaPlayer 组件常用的方法，包括 Play、Pause 和 Stop。

4．掌握 MediaPlayer 组件常用的事件，包括 ClickEvent、DisplayModeChange 和 PlayStateChange。

二、实验内容

设计一个通过按钮控件控制的播放器。

(1) 在窗体上添加 6 个按钮，分别实现如下功能：选择要播放的文件，文件开始播放，文件暂停播放，文件停止播放，播放静音和取消静音。

(2) 要求至少可以播放图片和视频。

思考：使用 MediaPlayer 组件可以播放哪些格式的文件？

第 9 章　Web 应 用

随着 Internet 的广泛应用和发展，任何一种应用程序开发语言如果不具备 Web 开发能力，则必将被市场所淘汰。为此，Microsoft 公司在提高 .NET 框架的传统应用程序设计能力的同时，重点提升了各个语言的 Web 应用程序的开发能力和效率。在 **VB.NET** 中，提供了更加直观和方便的 Web 应用程序开发环境。

9.1　建立 WebService 服务程序

【**案例 9-1**】　　WebService 服务程序的建立。

本案例要求建立一个 WebService 服务程序，并提供一个服务函数。当用户在客户端界面的第一个文本框输入 1～12 任一数字，单击"数字转换为英文单词"命令按钮时，该函数被调用；调用该 WebService 服务函数后，返回相应用户在客户端第一个文本框中输入对应数字月份的英文单词。

服务端和客户端的运行界面分别如图 9-1 和图 9-2 所示。

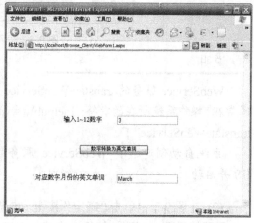

图 9-1　WebService 提供的服务函数的　　　　　图 9-2　WebService 提供的服务函数的
　　　　　　服务端界面　　　　　　　　　　　　　　　　　客户端界面

🔍 **说明**

图 9-2 调用 WebService 提供的服务函数的客户端界面在案例 9-2 中实现，放在这里显示是为了让用户更直观地理解案例 9-1。

【技能目标】

学会建立 WebService 服务并调用 WebService 服务。

【操作要点与步骤】

为了提供 WebService 服务功能，必须先建立 WebService 服务程序。下面是实现 WebService 服务程序功能的具体操作步骤。

(1) 启动 VS.NET，选择"文件"→"新建"→"项目"菜单，弹出"新建项目"对话框，如图 9-3 所示。在该对话框的"项目类型"中选择"Visual Baisc 项目"，在"模板"列表中选择"ASP.NET Web 服务"项，在"位置"文本框中输入"http://localhost/translateWebService"(程序发布文件夹的位置)。名称栏自动出现项目名"translateWebService"，它是只读的，用户不可改写，要改写必须在"位置"文本框中改写。单击"确定"按钮，系统将自动创建一个 WebService 服务站点所需的所有内容(自动建立 tanslateWebService 目录，并将该目录配置为虚拟目录)。

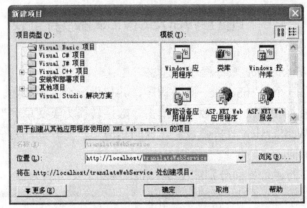

图 9-3 "新建项目"对话框

🔍 **说明**

WebService 服务的 translateWebService 项目存放在 IIS 的 Web 发布文件夹下，该文件夹通常在"操作系统所在的盘符: \Inetpub\wwwroot\"下，本案例的文件夹在"C:\Inetpub\wwwroot\translateWebService"下。

系统自动创建一个 WebService 服务站点所需的所有内容的前提是在本机上正确安装 IIS 并启动。

(2) 在图 9-3 中单击"确定"按钮，屏幕会出现如图 9-4 所示的界面，表明计算机正在建立 WebService 服务站点 tanslateWebService。

(3) 在屏幕出现如图 9-4 所示的界面后，接着出现如图 9-5 所示的界面，表明计算机已建立了 WebService 服务站点 tanslateWebService。在图 9-5 所示的界面中可以清楚地看出，在 tanslateWebService 解决方案下有一个项目名为 TanslateWebService，在项目 TanslateWebService

图 9-4 建立 WebService 服务站点 tanslateWebService 的界面

下面有一些服务器端的服务文件，如服务源文件 Service1.asmx.vb。

在图 9-5 所示的 WebService 设计界面中，默认文件名为 Service1.asmx.vb，并默认为设计视图页面，该页面的正中间有一段文字："若要在类中添加组件，请从服务器资源管理器或工具箱中拖动它们，然后使用'属性'窗口来设置它们的属性。若要为类创建方法和事件，请单击此处切换到代码视图。"

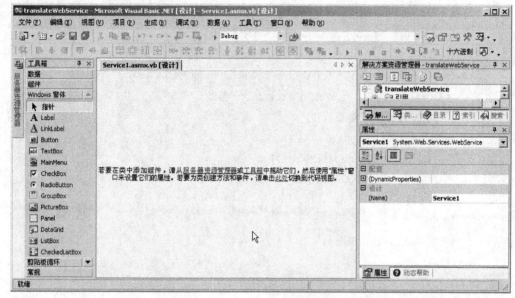

图 9-5　计算机已建立了 WebService 服务站点 tanslateWebService 的界面

🔍 **说明**

页面的正中间有一段文字说明 WebService 可以设计自己的服务界面，如果用户不设计服务界面，则运行服务端的程序时没有自己的服务界面。

单击页面正中间一段文字的"此处"超链接将切换到代码视图，系统自动生成的代码如下：

```vb
Imports System.Web.Services

<System.Web.Services.WebService(Namespace := "http://tempuri.org/translateWebService/Service1")> _
Public Class Service1
    Inherits System.Web.Services.WebService
#Region " Web 服务设计器生成的代码"
    Public Sub New()
        MyBase.New()
        ' 该调用是 Web 服务设计器所必需的
        InitializeComponent()
        ' 在 InitializeComponent()调用之后添加您自己的初始化代码
    End Sub
```

```
' Web 服务设计器所必需的
Private components As System.ComponentModel.IContainer
' 注意: 以下过程是 Web 服务设计器所必需的
' 可以使用 Web 服务设计器修改此过程
' 不要使用代码编辑器修改它
<System.Diagnostics.DebuggerStepThrough()> Private Sub InitializeComponent()
    components = New System.ComponentModel.Container()
End Sub
Protected Overloads Overrides Sub Dispose(ByVal disposing As Boolean)
    ' CODEGEN: 此过程是 Web 服务设计器所必需的
    ' 不要使用代码编辑器修改它
    If disposing Then
        If Not (components Is Nothing) Then
            components.Dispose()
        End If
    End If
    MyBase.Dispose(disposing)
End Sub


#End Region


' Web 服务示例
' HelloWorld() 示例服务返回字符串 Hello World
' 若要生成项目, 则取消注释以下行, 然后保存并生成项目
' 若要测试此 Web 服务, 则需确保 .asmx 文件是起始页
' 并按 F5 键
    ' <WebMethod()> _
' Public Function HelloWorld() As String
' Return "Hello World"
' End Function


End Class
```

在上面自动生成的源代码中, 有一个函数名为 "HelloWorld()" 的函数被标注出来。该函数是一个通用的例子, 在源代码中被注释掉了, 用户只要将被注释掉的 HelloWorld()函数复制一份, 然后去掉复制后代码行前面的注释符 "'", 最后将 HelloWorld()函数名改为自己欲定义的函数名, 并编写实现该定义函数功能的代码即可。

下面是按照上述方法编写实现将 number 变量保存的数字转换成相应的英文单词的函数 translate()的代码。

说明

HelloWorld()函数前面有一个尖括号的标识符：<WebMethod()>，这个标识符说明这个函数可以通过 Web 访问，用户编写的 Web 函数也必须以<WebMethod()>开始进行标记。

```
        <WebMethod()> _
        Public Function translate(ByVal number As String) As String
Select Case number
                Case 1
                    Return "January"
                Case 2
                    Return "February"
                Case 3
                    Return "March"
                Case 4
                    Return "April"
                Case 5
                    Return "May"
                Case 6
                    Return "June"
                Case 7
                    Return "July"
                Case 8
                    Return "August"
                Case 9
                    Return "September"
                Case 10
                    Return "October"
                Case 11
                    Return "November"
                Case 12
                    Return "December"
                Case Else
                    Return "输入有错，请输入 1~12"
            End Select
        End Function
```

(4) 此时启动 Windows 系统的 IIS 服务管理器，如图 9-6 所示。在图 9-6 中用户可以清楚地看到确实建立了 WebService 服务站点，站点名"tanslateWebService"。

图 9-6　Windows 系统的 IIS 服务管理器

(5) 在查看 Windows 系统 IIS 服务管理器的 WebService 服务站点后，用户可以查看 WebService 服务站点的物理目录为 C:\Inetpub\wwwroot\translateWebService，如图 9-7 所示。

图 9-7　WebService 服务站点的物理目录

(6) 按第(3)步建立好 Service1.asmx.vb 代码后，按 F5 键运行程序，会在浏览器中出现图 9-1 所示的信息。

这其实不是什么"运行结果"，只不过是 Visual Studio.NET 生成的一个说明页面，类似 ReadMe 之类的东西，但是，如果单击图 9-1 中的 translate 超链接，则将看到一个测试页面，如图 9-8 所示。

(7) 如果在 number 输入框中填入"6"，如图 9-8 所示，然后单击"调用"按钮，则一个令人惊异的信息将出现在图 9-9 中。

这是一个依照 SOAP 协议生成的 XML 页面。用户可能觉得它很难懂，确实，它也不是给人看的，是给计算机看的。尽管如此，"June"这个单词还是清楚的，很显然，调用成功了。

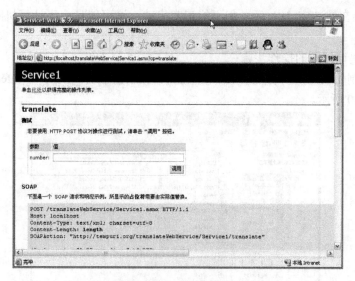

图 9-8　translate 函数的测试页面

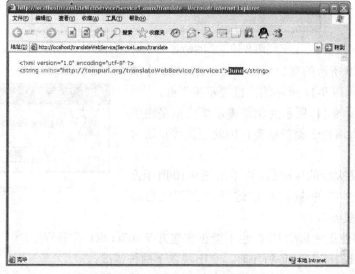

图 9-9　对 WebService 调用的返回

　　当然，WebService 并不是这样调用的，可以用 B/S 方式的 Browse 客户端浏览器窗体案例程序和用 C/S 方式的 Windows 应用程序窗体客户端案例程序调用 WebService 的服务程序，这两个案例将在后面进行讲解。

🔍 **说明**

　　由于本案例程序为 ASP.NET 的 Web 应用程序，ASP.NET 的 Web 应用程序需要在计算机中装有 IIS，因此如果用户的计算机中没有 IIS，则必须安装 IIS 服务程序。

🖱️ **技巧**

　　用户在实际建立 WebService 服务程序时，可能会遇到以下问题，下面给出这类问题的解决方案。

（1）有时会在安装完 IIS 后，却不能正常启动，这可能是由于计算机防火墙保护所造成的。

下面是解决该问题的操作步骤：

● 由"控制面板"→"管理工具"→"Internet 信息服务"，打开"Internet 信息服务"窗口，如图 9-10 所示。

图 9-10 "Internet 信息服务"窗口

● 在图 9-10 所示的窗口中，单击"工具栏"中的 ▶ 图标，出现如图 9-11 所示的出错提示警告框。

● 出现如图 9-11 所示的出错提示警告框是由于计算机个人防火墙处于保护状态，因此应该停止防火墙的保护状态。

● 在停止防火墙的保护后，再单击图 9-10 所示窗口的"工具栏"中的 ▶ 图标，这时将会正常启动"Internet 信息服务"。

图 9-11 出错提示警告框

（2）有时即使正常启动 IIS，也不能正常建立 WebService 服务程序。

在建立 WebService 服务程序时，会出现以下两种情况：

● Visual Studio.NET 已检测到指定的 Web 服务器运行的不是 ASP.NET 1.1 版。

● Visual Studio.NET 无法确定在 Web 服务器计算机上运行的是否为 ASP.NET 1.1 版。

发现以上错误，请检查是否属于以下情况：

① 确保 .NET Framework 1.1 版已安装在 Web 服务器计算机上。

② 如果 ASP.NET 已安装在 Web 服务器计算机上，但仍然遇到此类错误，则可能是配置问题。纠正有问题的安装或配置，可以使用名为 aspnet_regiis 的 ASP .NET 实用工具，这个工具可以在如下所示的路径中找到：

操作系统文件夹\Microsoft.NET\Framework\v1.1.nnnn\

其中：nnnn 表示四位内部版本号。

可以使用 /I 开关运行该实用工具：

aspnet_regiis /I

🔍 **说明**

运行该实用工具(aspnet_regiis /I)可以从命令的正确目录中直接打开该命令窗口,也可以指向 Windows 的"开始/程序/Visual Studio .NET 2003/Visual Studio .NET 工具/Visual Studio .NET 命令提示",在打开的命令窗口中键入 aspnet_regiis /I。

【相关知识】

知识点 9-1-1　　ASP.NET 介绍

WebService 服务是计算机快速发展催生的新兴技术,是微软 .NET 蓝图中最为耀眼的技术之一。在一台计算机上如果有多个程序需要调用同一个程序模块,则这些程序可以通过 COM 技术实现。推而广之,如果在遍布全球的互联网上,世界各地的多个站点上都要调用某个站点上的程序的功能,那么该怎么办呢?显然,使用 COM 技术是无法实现的,而 WebService 程序就主要用于解决这类问题。WebService 程序通常也分为 WebService 服务程序和 WebService 客户程序两大类。WebService 服务程序负责提供服务,WebService 客户端程序则负责使用服务。在 VB.NET 中,建立 WebService 程序通常都是以向导方式实现的,用户只需要在其中添加特定的服务功能代码即可。

ASP .NET 是一个统一的 Web 开发平台,它为创建 Web 应用程序和 Web 服务提供高级服务,ASP .NET 还提供了一种新的编程模型和底层结构,从而以前所未有的速度、灵活性和简易性创建功能强大的 Web 应用程序。

ASP .NET 并不仅仅是一个新版本,而是 Web 应用程序编程方面的一个全新概念和方法。ASP .NET 中的新功能并不是对 ASP 的改进,设计它的初衷是为用户提供最佳的应用程序架构。这就意味着在许多领域中,ASP .NET 与 ASP 是不兼容的,不过从长远来看,这是一件好事。这表明 ASP .NET 为应用程序的开发提供了一个功能强大的平台,同时它也具备了更多的优点。ASP .NET 与 ASP 是互不干扰的。即使两者之间有许多不同,安装 ASP.NET 也不会破坏现有的 ASP 应用程序,之所以如此是因为 ASP .NET 也有一个新的文件扩展名(.aspx),也就是说,它们的处理方式和 ASP 页是不同的。

Web 服务是 ASP .NET 框架中的一个重要内容,主要用于程序和程序之间的通信,可以从根本上改变设计应用程序的方式。以前,应用程序只能运行在离散的、受控制的服务器组上。而通过 Web 服务,应用程序可以运行在广泛分布的资源集上,进行数据的处理和显示,并且不管这些资源是否具有相同的类型、服务器和操作系统等。Web 服务为程序提供了通过 Internet 使用 SOAP(Simple Object Access Protocol,简单对象访问协议)进行通信的机制,它支持分布式环境,而且不再需要关心应用程序使用什么技术。

在 VB .NET 中,实际上并不需要知道后台进行了什么操作。发送给 Web 服务的信息会由 ASP .NET 框架自动转换为 XML 协议。ASP .NET 框架管理该过程,接收返回的 XML 文档,并把返回的数据按需要放在组件接口上。VB .NET 在创建 Web 服务的同时还创建了一个名称为 Service1.asmx 的文件。

知识点 9-1-2　　Web 服务及其相关技术

Web 服务就是可编程的 URL,即使用标准的 Internet 协议(比如 HTTP 或 XML)远程可调用的应用程序组件。它要想成功用于 Internet 就需要提供一个与操作系统无关、与程序设计语言无关、与机器类型无关以及与运行环境无关的平台。

与 Web 服务相关的技术主要有以下四个方面：

- 表示数据(XML)；
- 交换消息(SOAP)；
- 服务描述(WSDL)；
- 服务发现与分布式 Web 服务发现技术(UDDI 和 WS-Inspection)。

📖 说明

第一个方面将在知识点 9-1-3 中介绍，其他三个方面将分别在知识点 9-2-1、知识点 9-2-2、知识点 9-2-3 中介绍。

知识点 9-1-3　　XML 的命名空间

为了唯一地标识 XML 元素，必须使用全局唯一的标识符 URI。URI 是一个唯一的标识资源的串(Uniform Resource Identifier)。URI 分成了两个子类：一个是 URL(Universal Resource Locator，统一资源定位符)，一个是 URN(Uniform Resource Name)。

(1) URL 不仅定义了从何处获取资源，而且定义了如何获取资源(即采用何种协议，http 还是 FTP)。

(2) URN 代表一个资源与位置无关的串。至于资源在何处或如何到达资源则没有任何要求，因为一个 URN 只是一个唯一的串。其语法提供了全局唯一性。

(3) XML 模式(XML Schema)是 DTD(Document Type Definition)的超集。DTD 可以指定元素是包含字符数据还是其他数据或是一个空元素，DTD 不能指定某个特殊元素是否包含整数、浮点数或字符串。另外，DTD 有自己的语法，而 XML 模式遵循 XML 语法。

9.2　建立 B/S 方式的 Browse 客户端浏览器程序

【案例 9-2】　B/S 方式的 Browse 客户端调用 WebService 服务。

该案例是设计一个 B/S 方式的 Browse 客户端浏览器窗体。在浏览器窗体的地址栏中输入"http://localhost/Browse_Client/WebForm1.aspx"后会出现如图 9-2 所示的浏览器窗体，在第一个文本框中输入 1～12 中的任一数字字符，单击"数字转换为英文单词"命令按钮，调用案例 9-1 中的 WebService 服务函数，然后在第二个文本框中显示调用 WebService 服务函数的返回值，该返回值是第一个文本框中输入数字字符对应月份的英文单词。

【技能目标】

学会在客户端浏览器窗体中添加 Web 引用，并运行客户端浏览器窗体调用 WebService 服务。

【操作要点与步骤】

(1) 启动 VB .NET，新建"ASP .NET Web 应用程序"模板的应用程序，位置为"http://localhost/Browse_Client"，如图 9-12 所示。单击"确定"按钮，向导将自动创建一个默认的 Web 应用程序。

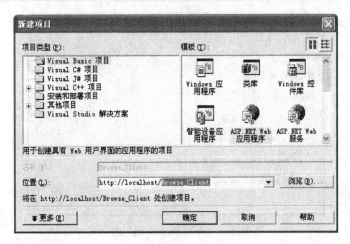

图 9-12 创建 Web 应用程序

(2) 在图 9-12 中按下"确定"按钮，屏幕将会出现如图 9-4 所示的界面，表明计算机正在建立 ASP .NET Web 应用程序。

(3) 然后，将出现如图 9-13 所示的界面，表明计算机已建立了 ASP .NET Web 应用程序。在图 9-13 所示的界面中可以清楚地看出，在 Browse_Client 解决方案下有一个项目名为 Browse_Client，在项目名为 Browse_Client 下面有一些客户端的文件，如客户端网页文件 WebForm1.aspx。

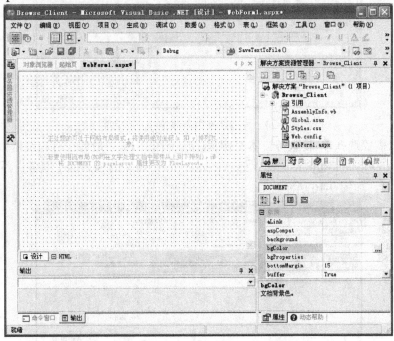

图 9-13 已建立了 ASP .NET Web 应用程序

(4) 在"解决方案资源管理器"对话框中的项目文件"Browse_Client"上右击鼠标，弹出快捷菜单，选择"添加 Web 引用"菜单，出现"添加 Web 引用"对话框，如图 9-14 所示。

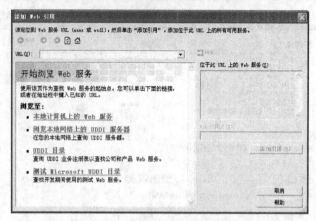

图 9-14　"添加 Web 引用"对话框

(5) 在图 9-14 中单击"本地计算机上的 Web 服务"超级链接，系统将自动列出本地计算机上的 Web 服务，如图 9-15 所示。

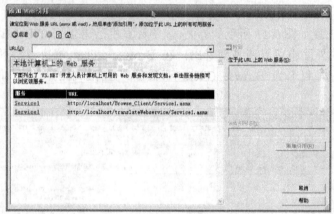

图 9-15　本地计算机上的 Web 服务列表

(6) 根据需要选择 Web 服务，本案例程序选择图 9-15 中最后一行超级链接 Service1，即 URL 为 http://localhost/translate Webervice/Servicel.asmx 的 Service1 服务，系统显示链接的 Web 服务页，如图 9-16 所示。

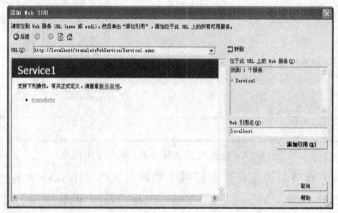

图 9-16　Web 服务页

（7）在图 9-16 中的"Web 引用名"位置自动显示
Web 引用名为 localhost。该 Web 引用名 localhost 可以
根据需要进行修改，在后面的代码中要用到此名称，
它实际上就是代理类。单击"添加引用"按钮返回
webform1.aspx 设计窗体，此时用户可以清楚地看到在
"解决方案资源管理器"的"引用"项下面多了一个
"Web References"引用项，在该引用项下面是 Web
引用名 localhost，如图 9-17 所示。

（8）在图 9-17 所示的 Web 窗体中添加两个文本框
Web 控件 TextBox、两个标签 Web 控件 Label 及一个命
令按钮 Web 控件 Button。按表 9-1 对以上 Web 控件的
属性进行设置后，界面如图 9-18 所示。

图 9-17　添加"Web 引用"后的界面

表 9-1　Web 控件的属性

控件名	属性名	设　置　值
Label1	Id	Label1
	Text	输入 1～12 数字
Label2	Id	Label2
	Text	对应数字月份的英文单词
TextBox1	Id	Txt_num
TextBox2	Id	Txt_word
	Readonly	True
Button	Id	Translate
	Text	数字转换为英文单词

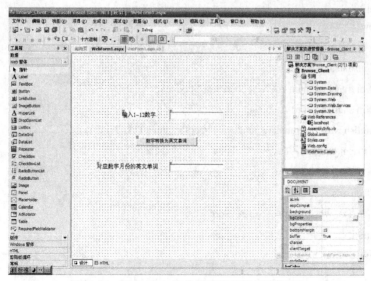

图 9-18　添加 Web 控件并设置属性后的界面

在图 9-18 中，每个 Web 控件都有一个与 Windows 窗体上的控件不一样的标记，在每个 Web 控件的左上角有一个绿色的小箭头，这些 Web 控件在 Web 窗体的 HTML 模板上用做控件类的引用时都在每个控件前带有前缀 asp，例如，文本框的 HTML 标记符是 asp:Textbox。

(9) 为图 9-18 所示的窗体中的命令按钮 Web 控件 Button 编写 Click 事件代码。

```vb
Public Class WebForm1
    Inherits System.Web.UI.Page
#Region " Web 窗体设计器生成的代码 "
    ' 该调用是 Web 窗体设计器所必需的
    <System.Diagnostics.DebuggerStepThrough()> Private Sub InitializeComponent()
    End Sub
    Protected WithEvents Label1 As System.Web.UI.WebControls.Label
    Protected WithEvents Label2 As System.Web.UI.WebControls.Label
    Protected WithEvents Translate As System.Web.UI.WebControls.Button
    Protected WithEvents Txt_num As System.Web.UI.WebControls.TextBox
    Protected WithEvents Txt_word As System.Web.UI.WebControls.TextBox
    ' 注意: 以下占位符声明是 Web 窗体设计器所必需的
    ' 不要删除或移动它
    Private designerPlaceholderDeclaration As System.Object
Private Sub Page_Init(ByVal sender As System.Object, ByVal e As System.EventArgs) _
Handles MyBase.Init
        ' CODEGEN: 此方法调用是 Web 窗体设计器所必需的
        ' 不要使用代码编辑器修改它
        InitializeComponent()
    End Sub
#End Region
Private Sub Translate_Click(ByVal sender As System.Object, ByVal e As System.EventArgs) _
  Handles Translate.Click
        Dim translate_num As New localhost.Service1
        Dim english_word As String
        english_word = translate_num.translate(Txt_num.Text.Trim())
        If (Trim(Txt_num.Text) = "") Then
            Txt_word.Text = "对不起！输入数字可能不在 1～12 之间，不能转换"
        Else
            Txt_word.Text = english_word
        End If
    End Sub
End Class
```

(10) 项目的保存与运行。代码输入完成后，先将项目保存，然后按 F5 键或单击工具栏上的运行按钮运行该项目。项目运行后，在第一文本框中输入 3，单击命令按钮，调用 WebService 服务程序，将在第二个文本框中出现 "March"，效果图如图 9-19 所示。

另外，也可以打开 IE 浏览器，在 IE 浏览器的地址栏中输入地址信息 http://localhost/ Browse_Client/WebForm1.aspx 后，在出现的 Web 窗体中的第一文本框中输入 3，单击命令按钮，调用 WebService 服务程序，将在第二个文本框中出现 "March"，运行的效果也如图 9-19 所示。

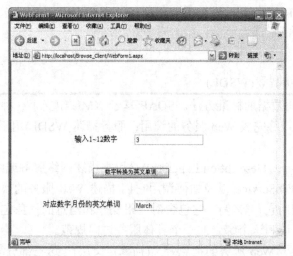

图 9-19　B/S 方式的客户端调用 WebService 服务程序的效果图

通过以上两个案例，用户应该对 WebService 有了直观的认识。一般来说，使用 COM 技术可以让方法调用跨过进程的边界(或者说从一个应用程序调用另一个应用程序)，而使用 DCOM 技术则可以让方法调用在局域网内进行，那么通过 WebService 就使得 Web 也成了程序之间交流的场所。所以，WebService 使得软件开发的模式发生了根本变化，即在 Web 上搭好一个框架，而具体的逻辑可以从各 WebService 生产者那里购买。这些 WebService 服务程序无需像现在的软件那样放在光盘上分发，而是直接将 WebService 服务程序放在网站上以供下载，用户只需要知道一个地址，就可以在程序中调用它们。如果 WebService 需要升级，则只要不改动接口，对用户的使用将毫无影响。

更进一步地，由于 WebService 是基于标准的 HTTP 协议来传送的，因此它可以顺利地通过网关，也就是说，无论有没有网关的限制，整个 Web 都可以变成一个巨大的程序来运行。这种协同计算机的能力可能会产生出今天不敢想象的各种应用。

【相关知识】

知识点 9-2-1　　简单对象访问协议 SOAP

XML 作为 Internet 上信息交换的标准已经得到了广泛的应用，SOAP(Simple Object Access Protocol)是用于 Web 上交换结构化和类型信息(XML 编码信息)的简单的轻量级协议，它使得任何实现基本的 Internet 通信服务的系统都能处理和传送 XML 消息。

SOAP 包括以下四个部分：

● SOAP 封装(envelop)也称为 SOAP 信封。该信封定义了一个描述消息中的内容是什么，是谁发送的，谁应当接收并处理它以及如何处理它们的框架。

● SOAP 编码规则(encoding rules)用于表示应用程序需要使用的数据类型的实例。

● SOAP RPC RPC 样式(请求/响应)的消息交换模式 (RPC representation)表示远程过程调用和应答的协定。

● SOAP 绑定(binding)定义了 SOAP 和 HTTP 之间的绑定。

简单地理解，SOAP 就是这样的一个开放协议，即 SOAP=RPC+HTTP+XML：采用 HTTP 作为底层通信协议，RPC 作为一致性的调用途径，XML 作为数据传送的格式，允许服务提供者和服务客户经过防火墙在 Internet 进行通信交互。

知识点 9-2-2　　服务描述(WSDL)

XML 是一种编码数据的标准方法。SOAP 基于 XML 定义了一种消息格式以便交换方法、请求和响应，并最终完成 Web 服务的调用；服务描述(WSDL)用于描述如何使用 SOAP 来调用 Web 服务。

WSDL(Web Services Describtion Language)是用来描述网络服务或终端服务的一种 XML 语言。它用于定义 WebService 以及如何调用它们(描述 Web 服务的属性，例如它做什么？它位于何处？如何调用它？等等)。它包含对一组操作和消息的抽象定义，绑定到这些操作和消息的一个具体协议和这个绑定的一个具体服务访问规范。

以上三部分描述了 Web 服务的抽象定义(抽象定义层)，这三部分与具体 Web 服务部署细节无关，是可复用的描述(即这三部分可以是 Web 服务本身，与具体的语言实现、遵从的平台的细节规范以及被部署到哪台机器无关)。

知识点 9-2-3　　服务发现与分布式 Web 服务发现技术(UDDI 和 WS-Inspection)

1. Web 服务发现

Web 服务发现是定位或发现一个或多个说明特定的 Web 服务的文档的过程。Web 服务的客户通过发现来知道某个 Web 服务是否存在，以及从哪里获取这个 Web 服务的文档。

UDDI(Unified Describtion Discovery Interface)是一种使贸易伙伴彼此发现对方和查询对方的规范。它使得最终用户通过搜索企业列表、企业分类或者实际 Web 服务的可编程描述查找产品和服务成为了可能。UDDI 不仅是一个简易的搜索引擎，它也包含如何通过编程来和这些 Web 服务进行交互。

UDDI 程序员的 API 规范是一个文档，概述了供顾客调用 SOAP 接口在 UDDI 站点上执行的每项操作。API 规范由两部分组成：Inquiry API，用于查询和浏览 UDDI 注册表来发现最终用户查询的企业和服务；Publisher API，用于添加、更新和删除 UDDI 注册表中的企业和服务信息。

2. WS-Inspection(分布式 Web 服务发现技术)

WS-Inspection 为任一类型的 Web 服务描述文档提供简单的、分布式的服务发现方法。WS-Inspection 技术是现有服务发现方法(如 UDDI)的补充，因为它定义了通过检查 Web 站点来获得服务描述的过程。

（1）WS-Inspection 文档提供一种方法来聚集不同类型的服务描述。WS-Inspection 文档中，一个服务可以有多种对服务描述的引用。例如，可以既使用 WSDL 文件，又在 UDDI 注册中心描述一个 Web 服务。对这两种服务描述的引用应该放在 WS-Inspection 文档中。

（2）WS-Inspection 规范的两个主要功能如下：

● 定义 XML 格式，用于列举对现有服务描述的引用。

● 定义一组约定，这样能容易地定位 WS-Inspection 文档。

（3）WS-Inspection 文档格式。WS-Inspection 文档提供对服务描述的引用的集合。这些服务描述可以用任何服务描述格式(例如 WSDL、UDDI 或者简单 HTML)定义。WS-Inspection 文档包含对服务描述的引用列表和对其他 WS-Inspection 文档的引用。

WS-Inspection 文档包含一个或多个<service>元素和<link>元素。一个<service>元素包含一个或多个不同类型的对相同 Web 服务描述的引用。<link> 元素可包含唯一一类对服务描述的引用，但是这些服务描述不必引用相同的 Web 服务。

（4）查找 WS-Inspection 文档。WS-Inspection 规范提供的第二个主要功能是如何定义一个可以访问 WS-Inspection 文档的位置。它创建了两个约定，使 WS-Inspection 文档的位置和检索变得相对容易。

9.3　建立 C/S 方式的客户端 Windows 窗体程序

【案例 9-3】　C/S 方式的客户端 Windows 窗体调用 WebService 服务。

通常 WebService 服务程序是一个需要 IIS 支持的应用程序，而 WebService 客户端程序可以有多种形式，调用 WebService 服务程序的客户端程序既可以是 "ASP.NET Web" 应用程序(如案例 9-2)，也可以是 Windows 窗体应用程序，还可以是其他形式的应用程序。这些调用 WebService 服务的客户端程序在调用 WebService 服务程序中的 Web 服务时，其基本原则是一样的，只是在客户端的外观表现不同而已。

该案例主要设计一个 C/S 方式的客户端 Windows 窗体，通过客户端 Windows 窗体调用 WebService 服务程序。该案例最终的效果图如图 9-20 所示。当在图 9-20 的 Windows 窗体中的第一个文本框中输入 1~12 的任一数字，单击 "数字转化为英文单词" 命令按钮时，调用案例 9-1 中的 WebService 服务函数，然后在第二个文本框中显示调用 WebService 服务函数的返回值，该返回值是第一个文本框中输入数字字符对应的英文单词。

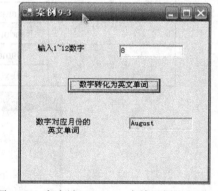

图 9-20　客户端 Windows 窗体调用 WebService
　　　　　服务程序的效果图

【技能目标】

掌握通过客户端 Windows 窗体调用 WebService 服务程序的编程技术，并体会与 B/S 方式的 Browse 客户端浏览器窗体调用 WebService 服务程序的差异。

【操作要点与步骤】

(1) 启动 VB .NET，新建一个"Windows 应用程序"，在"位置"文本框中输入"D:\vb.net"，在项目名称栏中填写"Window_Client"，如图 9-21 所示。单击"确定"按钮，系统将自动创建一个 Windows 应用程序。

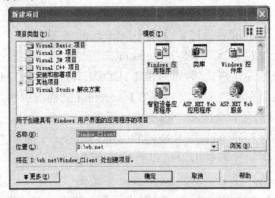

图 9-21　创建一个 Windows 应用程序

(2) 在图 9-21 中单击"确定"按钮后，在出现的窗体上添加两个文本框 Windows 控件 TextBox，两个标签 Windows 控件 Label 及一个命令按钮 Windows 控件 Button，按表 9-2 设置以上 Windows 控件的属性，其界面如图 9-22 所示。

表 9-2　Windows 控件的属性

控件名	属性名	设　置　值
Label1	Name	Label1
	Text	输入 1～12 数字
Label2	Name	Label2
	Text	数字对应月份的英文单词
TextBox1	Name	Txt_num
TextBox2	Name	Txt_word
	Readonly	True
Button	Name	Translate
	Text	数字转化为英文单词

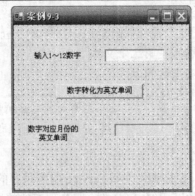

图 9-22　添加 Windows 控件并设置属性后的界面

(3) 为图 9-22 所示的 Windows 窗体中的命令按钮 Windows 控件 Button 编写 Click 事件
代码。

```
Public Class Form1
    Inherits System.Windows.Forms.Form
#Region " Windows  窗体设计器生成的代码"
' Windows  窗体设计器自动生成的代码略
#End Region
Private Sub Translate_Click(ByVal sender As System.Object, ByVal e As System.EventArgs) Handles
Translate.Click
        Dim translate_num As New localhost.Service1
        Dim english_word As String
        english_word = translate_num.translate(Txt_num.Text.Trim())
        If (Trim(Txt_num.Text) = "") Then
            Txt_word.Text = "对不起！输入数字可能不在 1～12 之间，不能转换"
        Else
            Txt_word.Text = english_word
        End If
    End Sub
End Class
```

(4) 在为图 9-22 所示的 Windows 窗体中的命令按钮 Windows 控件 Button 编写 Click 事
件代码后，按案例 9-2 中第(4)、(5)、(6)、(7)步"添加 Web 引用"，"添加 Web 引用"后的
效果图如图 9-23 所示。Web 引用名为 localhost，该 Web 引用名 localhost 可以根据需要进行
修改，在第(3)步的程序代码中用到了此名称，它实际上就是代理类。此时用户可以清楚地
看到在"解决方案资源管理器"的引用项下面多了一个"Web References"引用项，在该引
用项下面是 Web 引用名 localhost，如图 9-23 所示。

图 9-23　"添加 Web 引用"后的效果图

(5) 项目的保存与运行。代码输入并"添加 Web 引用"完成后，先将项目保存，然后
按 F5 键或单击工具栏上的运行按钮运行该项目。项目运行后，在第一文本框中输入 8，单
击命令按钮，调用 WebService 服务程序，将在第二个文本框中出现"August"，效果图如图
9-20 所示。

习 题

一、单项选择

1. 在 Web Service 服务调用中，采用了_____协议。

A. COM   B. CORBA   C. TCP   D. SOAP

2. 如果在遍布全球的互联网上，世界各地的多个站点都要调用某个站点上的程序的功能，那么该用_____技术来实现。

A. COM 技术   B. WebService   C. Web   D. ASP

3. 开发 Web Service 程序时，首先要开发_____。

A. Web Service 调用程序   B. Web Service 注册程序

C. Web Service 服务程序   D. XML 应用程序

4. 要开发 Web Service 服务，机器上必须安装_____。

A. IIS   B. FTP   C. 远程登录   D. FrontPage

5. 利用 ASP .NET 开发的页面文件的扩展名是_____。

A. asp   B. aspx   C. htm   D. html

二、多项选择

1. ASP .NET 的 Web 服务相关的技术有_____。

A. 表示数据(XML)

B. 交换消息(SOAP)

C. 服务描述(WSDL)

D. 服务发现与分布式 Web 服务发布技术(UDDI 和 WS-Inspection)

2. SOAP(Simple Object Access Protocol)包括_____。

A. SOAP 封装(envelop)，也称为 SOAP 信封   B. SOAP 编码规则(encoding rules)

C. SOAP RPC 样式   D. SOAP 绑定(binding)

三、思考题

1. WebService 服务程序通常存放在什么位置？

2. 系统自动创建一个 WebService 服务站点的前提是本机必须安装并启动 Windows 的什么组件？

3. WebService 服务采用的协议有哪些？试说出 WebService 服务的过程。

实验九　网络应用程序开发

一、实验目的

1. 理解 C/S 编程模式。

2. 掌握 Web Form 的创建方法，并比较 Windows Form 与 Web Form 的异同。一个 Web

Form 分别用"设计页面"、"代码隐藏页面"表示用户界面和编程逻辑两个部分，实现代码分离即 Code Behind。

3．掌握服务器组件的使用，包括 HTML 服务器组件、Web 服务器组件和验证组件。

二、实验内容

创建网络用户登录界面，如图 9-24 所示。

基本要求：

(1) "姓名"不能为空。

(2) "年龄"应在 1～120 之间。

(3) "E-mail"格式应该符合要求。

如果输入内容不正确，则应显示相应的提示信息。

实验步骤：

(1) 创建 Web 应用程序，并建立如图 9-24 所示的 Web 页面。

窗体上有 4 个 Label 控件、4 个 Textbox 控件(其 Name 属性依次为 txtName、txtAge、txtAddress 和 txtEmail)以及 1 个 Button 控件。

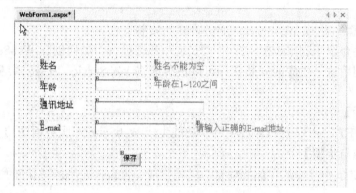

图 9-24　网络用户登录界面

(2) 添加 RequiredFieldValidator 组件验证"姓名"是否为空。将它的 ID 属性设置为 ValName，属性 Controltovalidate 设置为 txtName，属性 ErrorMessage 设置为"姓名不能为空"。

(3) 添加 RangeValidator 组件验证"年龄"是否在指定范围。将它的 ID 属性设置为 ValAge，属性 Controltovalidate 设置为 txtAge，属性 ErrorMessage 设置为"年龄在 1～120 之间"，属性 MaximumValue 设置为 120，属性 MinimumValue 设置为 1。

(4) 添加 RegularExpressionValidator 组件验证"E-mail"格式是否正确。将它的 ID 属性设置为 ValEmail，属性 Controltovalidate 设置为 txtEmail，属性 ErrorMessage 设置为"请输入正确的 E-mail 地址"，属性 ValidationExpression 设置为 Internet 电子邮件地址。

(5) 运行程序，观察结果。

思考：

(1) 查阅资料，了解 IIS 中虚拟目录的位置。

(2) 查看 Web 应用程序中所包含的文件，了解各文件的功能，理解 Web Form 中代码分离(Code Behind)技术的优点。

第 10 章　安装和部署项目

　　应用程序的安装和部署是一项很重要的工作，因为应用程序开发出来的最终目的是让广大的用户使用，但是不能要求每个用户的计算机上都安装编程软件的开发环境，所以为了使自己在 VB .NET 上编写的应用程序能够安装在其他机器上，并且能够脱离 VS .NET 的开发环境运行，最方便的方法莫过于利用 VB .NET 中"安装和部署项目"的强大功能，从而实现将应用程序安装和部署到其他计算机上。

10.1　生成 WebService 服务程序的安装程序

　　【案例 10-1】　　生成 WebService 服务程序的安装文件。

　　此案例主要介绍了利用 VB.NET 中"安装和部署项目"如何创建 WebService 服务的安装文件。用户利用这一生成的安装文件可以正确地将 WebService 服务安装和部署到其他计算机上。

　　【技能目标】

　　利用 VB .NET 中"安装和部署项目"功能生成 WebService 服务程序的安装程序。

　　【操作要点与步骤】

　　利用 VB .NET 中"安装和部署项目"功能生成 WebService 服务程序的安装程序，其具体操作步骤如下：

　　(1) 在 VB.NET 中打开案例 9-1 中"WebService 服务程序"的解决方案文件"C:\Inetpub\wwwroot\translateWebService\translateWebService.sln"。解决方案文件打开后，选择"文件"→"添加项目"→"新建项目"菜单，打开读者非常熟悉的"新建项目"对话框。

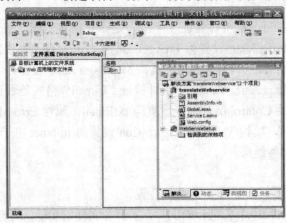

图 10-1　"文件系统"标签页

（2）在"新建项目"对话框的"项目类型"中选择"安装和部署项目"，在"模板"列表中选择"Web 安装项目"，在"名称"文件框中输入项目名称为"WebServiceSetup"，在"位置"文本框中自动填上已打开的项目文件 translateWebService.vbproj 所在的路径："C:\Inetpub\wwwroot\translateWebService"。单击"确定"按钮，系统将自动创建与安装程序有关的源文件。

（3）在"文件系统"标签页中选择标记为"Web 应用程序文件夹"的文件夹，如图 10-1 所示。

（4）在"解决方案资源管理器"中用鼠标右键单击项目名 WebServiceSetup，在弹出的菜单中选择"添加"→"项目输出"菜单，如图 10-2 所示，弹出"添加项目输出组"对话框。

图 10-2　选择"添加"→"项目输出"菜单

在该对话框中选择"主输出"、"本地化资源"、"调试符号"、"内容文件"和"源文件"选项，如图 10-3 所示，单击"确定"按钮后，在"解决方案资源管理器"窗口中将显示图 10-3 对话框中所选中的输出项目，界面如图 10-4 所示。

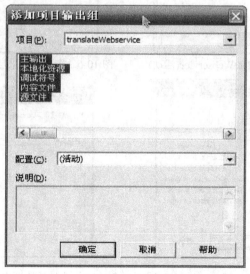

图 10-3　"添加项目输出组"对话框

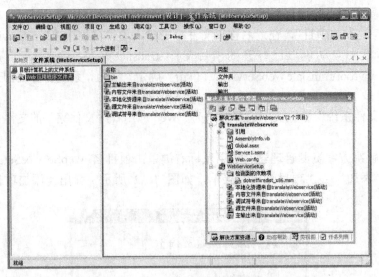

图 10-4 输出项目后的界面

(5) 在"文件系统"标签页中，用鼠标右键分别单击"主输出来自 translateWebservice(活动)"、"内容文件来自 translateWebservice(活动)"、"源文件来自 translateWebservice(活动)"、"本地化资源来自 translateWebservice(活动)"、"调试符号来自 translateWebservice(活动)"输出项，在弹出的菜单中选择"输出"菜单项后将分别显示如图 10-5～图 10-9 所示的信息框(注意信息框里的内容信息)。

图 10-5 主输出来自 translateWebservice(活动)

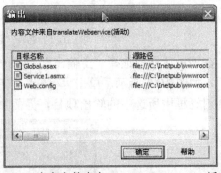

图 10-6 内容文件来自 translateWebservice(活动)

图 10-7 源文件来自 translateWebservice(活动)

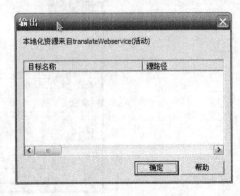

图 10-8 本地化资源来自 translateWebservice(活动)

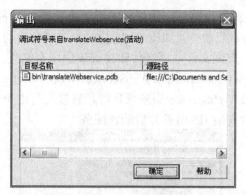

图 10-9　调试符号来自 translateWebservice(活动)

图 10-5～图 10-9 这 5 个图所对应的项目输出的简要说明如表 10-1 所示。

表 10-1　项目输出的简要说明

项目输出	简　要　说　明
主输出	最终由特定工程编译生成 EXE 或 DLL
内容文件	该项输出只能与 ASP.NET 和 Web 应用程序一起使用，主要包含一些 html 文件、图形文件等构成 Web 站点的内容
源文件	该项输出包含所有的源代码文件，但不包含解决方案文件
本地化资源	一个只包含资源的动态链接库，该库中的资源用于说明文件或位置，又称为辅助动态链接库
调试符号	编译特定项目时创建关于该项目详细调试信息的特殊文件,项目的调试符号和主输出同名，但其扩展名是 .PDB。当运行应用程序时，调试符号将信息提供给调试程序

(6) 如果有其他文件需要打包在安装程序中(如数据库文件)，则在"文件系统"标签页中的 bin 文件夹处单击鼠标右键，在弹出的菜单中选择"添加"→"文件"菜单，如图 10-10 所示。在弹出的"添加文件"对话框中选择所需的打包文件即可。

图 10-10　"添加"→"文件"菜单

(7) 在"解决方案资源管理器"中用鼠标右键单击安装项目名"WebServiceSetup"，然后选择快捷菜单中的"生成"命令，如图 10-11 所示。系统会自动在安装程序项目输出文件夹中生成一个 Setup.exe 安装文件，该文件即为安装程序文件(这个可执行的安装文件所在的文件夹在 C:\Inetpub\wwwroot\translateWebService\WebServiceSetup\Debug 中)，以后在其他计算机中安装和部署该 WebService 服务项目时，直接运行这个可执行文件即可。当然，安装的目标计算机中必须安装 IIS 服务并启动该服务。

图 10-11　执行"生成"命令

🔍 **说明**

生成 B/S 方式的客户端浏览器程序的安装程序与案例 10-1 生成 WebService 服务程序的安装程序的过程相似。只是在以下方面存在不同而已。

● 打开的解决方案文件是案例 9-2 中的文件，解决方案文件是 C:\Inetpub\wwwroot\Browse_Client\Browse_Client.sln。

● 解决方案文件打开后，在"文件"→"添加项目"→"新建项目"菜单对话框的"名称"文本框中输入项目名称为"Browse_Client"，在"位置"文本框中会自动填上已打开的项目文件 Browse_Client.vbproj 所在的路径：C:\Inetpub\wwwroot\Browse_Client。

【相关知识】

由于 WebService 服务程序需要在 IIS 的支持下才能正常运行，因此它必须发布到有 IIS 服务的计算机上才能供其他程序使用。在默认情况下，当在 VS .NET 环境中创建 WebService 服务程序时，系统会自动处理好 IIS 的相关问题，因此用户不用考虑 WebService 服务程序在 IIS 计算机上的运行问题。但是，如果将创建的 WebService 服务程序发布到其他非 VS .NET 环境中，则必须对计算机进行正确的 IIS 设置才能运行。对于一般用户来说，配置 IIS 和配置 WebService 服务程序可能会有一定的困难，所幸的是，VS .NET 提供了"安装和部署项目"功能，用户利用这一功能可以方便地生成 WebService 服务程序的安装文件，用户利用这一生成的安装文件可以将 WebService 服务安装并部署到其他计算机上。

目前应用程序项目安装和部署的方法主要有以下几种：

● 手动注册安装；

- 制作可执行的安装程序;
- Windows Installer 服务;
- XCOPY 形式的应用程序项目的安装和部署。

知识点 10-1-1　手动注册安装

　　手动注册安装首先要把应用程序复制到合适的位置,然后进行软件安装所需的其他步骤,这些其他步骤包括在注册表中注册应用程序所用的组件,建立必要的数据库连接等。这种方法一般不适合大多数普通用户,往往只适合由少数具有高级、专业知识的工程人员来完成。该方法不仅耗时,而且也不够灵活,但这种安装方式很适合组件安装在服务器的场合,通过专门的注册与性能匹配设置,可以使应用程序运行得更好。

知识点 10-1-2　制作可执行的安装程序

　　利用集成开发环境自带的工具可以把安装所需的所有文件打包成一个可执行文件,然后利用该可执行文件就可以将应用程序项目安装和部署到其他计算机上。这是目前比较常用的方法,本章的案例都是采用这种方法来制作应用程序项目的安装程序的。可执行的安装程序制作出来以后,运行这个可执行的安装程序进行应用程序项目的安装和部署就非常简单了。

　　制作可执行的安装程序可以用系统编程软件自带的工具来完成,也可以用第三方厂家生产的专门打包工具,如最常见的 Install Shield、Setup Factory 等,这些专门打包工具很适于大批量制作安装文件。

知识点 10-1-3　Windows Installer 服务

　　Windows 2000 系统比 Window 95/98 操作系统的管理和使用更为方便。从软件安装和部署的角度看,Windows 2000 将 Windows Installer 安装程序作为其服务的一部分,较好地解决了以前操作系统下安装程序所存在的问题。Microsoft 称 Windows Installer 服务为操作系统组件,该服务执行所有满足安装要求所需要的规则。例如,在 Windows Installer 下安装程序不会使用老版本的组件来重写系统文件,从而避免了系统组件的 DLL 陷阱问题。

　　利用 Windows Installer 服务,在 Windows 2000 下安装文件就不必创建一个可执行文件(Setup .exe),而只需创建一个 Windows Installer 软件包文件(.msi 文件)即可。该文件描述安装应用程序所需的操作和应用在这些操作上的规则。在最终的 Windows Installer 软件包中,应用程序被描述为 3 个组成部分:组件、特征和产品。其中,每一部分由其前一部分组成,例如产品由若干个特征组成,而特征可能由若干个组件组成。组件是安装中的最小部分,它包含许多文件和其他需要一起安装的资源。如果操作系统已经安装了 Windows Installer 服务,那么就可以运行 .msi 文件。如果没有安装 Windows Installer 服务,那么就需要制作 Setup .exe 的安装文件,该文件首先安装 Windows Installer 服务,然后运行 .msi 文件。

　　Windows Installer 服务提供了在安装失败的情况下的一个回滚方法,该方法可以使操作系统恢复到安装之前的状态。在以前的安装方式中,如果遇到安装失败的情况,轻则留下一堆安装未完的垃圾文件，占用系统空间，重则导致系统进入不稳定状态，甚至引起系统的崩溃。Windows Installer 服务则很好地解决了这个问题。

| 知识点 10-1-4 | XCOPY 形式的应用程序项目的安装和部署 |

DOS 操作系统的 **XCOPY** 命令能把文件目录及目录下的所有文件一并拷贝，它是 **COPY** 命令的高级版本。在 **DOS** 年代，很多应用程序就是这样部署的。如果应用程序做得很大，则用这样的方式部署应用程序就很困难了。在 Windows 系统下，由于其系统机制相对复杂，因此要达到 **XCOPY** 的境界是很不容易的。其中的一个原因就是在 Windows 系统(98 以后)中引入了注册表这一机制，组件与应用程序之间的关系需要通过在系统注册表中注册相关键值来实现，应用程序需要在注册表中有一个项目以激活所用到的组件。由于组件、应用程序和操作系统具有这种耦合，因此不可能简单地通过应用程序的复制来完成完整应用程序的安装及使用。

在 Microsoft 的 .NET 策略里就试图实现 **XCOPY** 方式来安装和部署应用程序。CLR(Common Language Runtime)正在努力尝试解决注册表和组件之间的耦合问题，但目前它还不能完全处理更高级的应用程序所需的相关问题。在 .NET 的框架下，对于一般的应用程序，只要所用的组件都是基于 .NET Framework 范围之内的(.NET Framework 功能强大，以至于通常情况下不需借助于其他外部组件来完成其功能)，就可以直接拷贝使用。这种形式类似于 **XCOPY** 方式的部署。但是这种形式并不能被认为是真正的 **XCOPY**，因为这种 **XCOPY** 方式部署的前提是必须在操作系统中预先装上 .NET Framework，即提供 **CLR**。另外，一些开发者乐观地认为，只要 Microsoft 的 .NET 策略得以广泛采用，.NET Framework 为操作系统所绑定，就如同 IE 那样，那么 **XCOPY** 形式的应用程序部署就并非空中楼阁。

10.2　生成 C/S 方式的客户端程序的安装程序

【**案例 10-2**】　C/S 方式的客户端安装程序的生成。

该案例要求生成一个 **C/S** 方式的客户端程序的安装文件。用户利用这一生成的安装文件可以正确将客户端程序安装和部署到其他计算机上，并可以在桌面和程序组里建立该客户端可执行程序的快捷方式。

【**技能目标**】

利用 **VB.NET** 中"安装和部署项目"功能生成 **C/S** 方式的客户端程序的安装文件。

【**操作要点与步骤**】

(1) 在 VB .NET 中，打开案例 9-3 中的"建立 C/S 方式的客户端 Windows 窗体程序"的解决方案文件 D:\vb.net\Window_Client\Window_Client.sln，解决方案文件打开后，选择"文件"→"添加项目"→"新建项目"菜单。

(2) 单击"新建项目"菜单将弹出"新建项目"对话框，在该对话框的"项目类型"中选择"安装和部署项目"，在"模板"列表中选择"安装项目"，在"名称"文本框中输入项目名称为"Window_ClientSetup"，在"位置"文本框中会自动填上已打开的项目文件

Window_Client.vbproj 所在的路径 D:\vb.net\Window_Client。单击"确定"按钮，系统将自动创建与安装程序有关的源文件。

（3）项目添加完成后，在"解决方案资源管理器"中添加新的安装项目 Window_ClientSetup，在该项目下除了有一个空的"检测到的依赖项"节点之外，没有任何内容。选中 Window_ClientSetup 项目，在"文件系统"标签页中选择"目标计算机上的文件系统"，在"目标计算机上的文件系统"下也只有 3 个空白的节点，如图 10-12 所示。

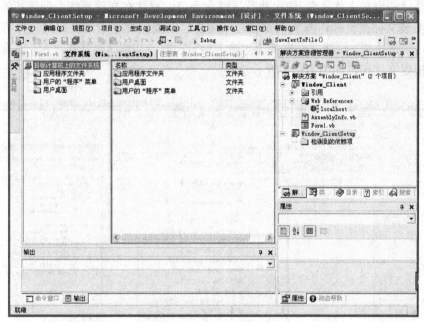

图 10-12　空白的文件系统

（4）在图 10-12 中，空白的安装项目是无法生成所需要的安装文件的，所以还需要手动添加一些必要的内容，主要有输出项目和必要的文件(如数据库文件)。在"解决方案资源管理器"中选中安装项目 Window_ClientSetup，在右键弹出的快捷菜单中执行"添加"→"项目输出"命令，弹出"添加项目输出组"对话框，类似图 10-3 所示。"添加项目输出组"对话框中的内容有 Window_Client 项目下的内容、配置和说明等，因为在本解决方案中，除了安装项目 Window_ClientSetup 外，仅有 Window_Client 项目，因此输出内容都来自 Window_Client 项目。在输出内容里有"主输出"、"本地化资源"、"调试符号"、"内容文件"和"源文件"五项。全部选择这五个项目(在用鼠标选择时，按住 Ctrl 键或 Shift 键来进行多选)。这五项输出内容的含义已在表 10-1 中作了简要说明。

在类似图 10-3 中选中全部输出项后，单击"确定"按钮将这五个输出项加到安装项目 Window_ClientSetup 下，此时可以发现"解决方案资源管理器"中多了几项，即增加了五个输出项，并且在检测到的依赖项中多了一项，这是由于 .NET 在添加输出项时自动检查输出项的依赖性，并将必要的依赖文件包括到了安装项目中。

（5）如果有其他文件需要打包在安装文件中(如数据库文件)，则在"文件系统"标签页弹出的菜单中选择"添加"→"文件"菜单，在弹出的"添加文件"对话框中选择所需的打包文件即可。

（6）添加指定文件夹。有时需要在目标计算机上创建一组标准的文件夹(该文件夹可能是目标计算机上已有的一些系统指定文件夹，也可能是用户自定义的文件夹)，同时再将一些项目的文件放置到这些文件夹中，这个要求可以通过安装项目的文件系统编辑器来完成。

在 Window_ClientSetup 的文件系统标签页中选中"目标计算机上的文件系统"并右击(或者在该目录树的空白处右击)，即可在弹出的快捷菜单看到"添加特殊文件夹"项，该菜单项下面又包含了诸多指定系统文件夹，如"Common Files 文件夹"、"System 文件夹"等，最后一项是"自定义文件夹"。通过执行这些命令可以直接在文件系统中创建新的文件夹，当生成的安装文件在目标计算机上安装时，就会自动找到或生成该文件夹，并将指定的文件夹下的内容放进去。这些文件夹都通过带方括号[ ]的一些系统变量来表示，通常都对应着系统上的指定文件夹，如图 10-13 所示。

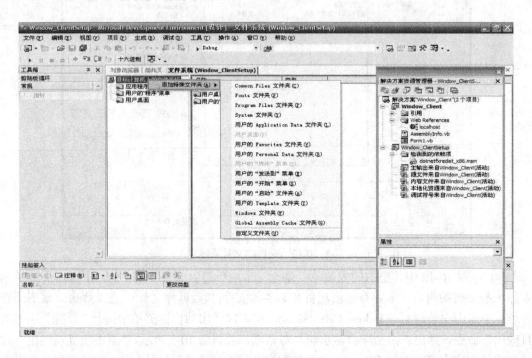

图 10-13　添加指定文件夹

（7）添加快捷方式。文件系统编辑器还可以为输出的项目创建快捷方式，并将该快捷方式放置于指定的目录下面，例如常见的桌面快捷方式、程序组中的快捷方式等。

通常在安装完应用程序后，安装程序都会自动在用户桌面以及"程序"菜单中创建应用程序的快捷方式，以方便用户运行该应用程序。在 VB.NET 的安装项目中可以通过文件编辑器来完成这项工作。

首先要确定创建快捷键的目标文件。选中目标文件，在右键弹出的菜单中执行"创建 XXX 的快捷方式"命令，即可在与目标文件相同的文件夹中创建快捷方式。如果要在与目标文件不同的文件夹中创建该目标文件的快捷方式，则只需将目标文件所在文件夹下的快捷方式拷贝到所需要的文件夹中即可。

现在以"应用程序文件夹"下的"主输出来自 Window_Client(活动)"文件来创建它在目标计算机的"用户桌面"文件夹下的快捷方式。

首先选中"主输出来自 Window_Client(活动)"文件，点击右键弹出的菜单，执行"创建主输出来自 Window_Client(活动)的快捷方式"命令，如图 10-14 所示。

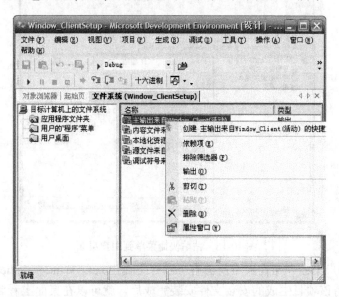

图 10-14　选中"创建主输出来自 Window_Client(活动)的快捷方式"命令菜单

执行该菜单命令后，可以看到在"应用程序文件夹"中多了一项，即"主输出来自 Window_Client(活动)的快捷方式"，但用户的最终目的是在目标计算机的"用户桌面"文件夹下面创建快捷方式，即当应用程序在用户的计算机上安装时，自动在用户桌面生成主输出的快捷方式，要实现这一目标就必须将"应用程序文件夹"下的快捷方式移动到"用户桌面"文件夹下。如图 10-15 所示，选中该快捷方式，在右键弹出菜单中执行"剪切"命令。然后再选中"用户桌面"文件夹，如图 10-16 所示，在右键弹出的菜单中执行"粘贴"命令即可达到所需的目的。

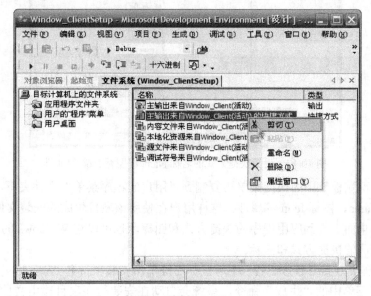

图 10-15　在弹出的菜单中选择"剪切"命令

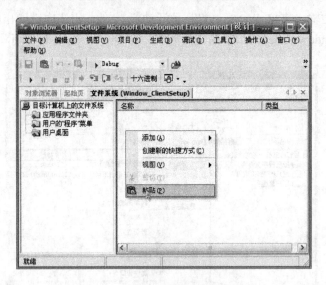

图 10-16   粘贴快捷菜单到用户桌面

这样在"用户桌面"文件夹下就会有一项"主输出来自 Window_Client(活动)的快捷方式",用户在使用该项目生成的安装文件安装完成后,就可以在桌面上看到该快捷方式。如果需要,还可以在安装项目 Window_ClientSetup 中的文件系统编辑器里,对该快捷方式的名称 Name、图标 Icon 等属性进行进一步更改,如图 10-17 所示。

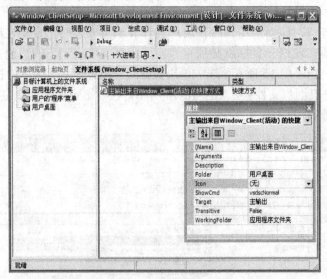

图 10-17   设置快捷方式的名称 Name、图标 Icon 等属性

同样将"剪贴板"中的快捷菜单再复制到"用户的程序菜单"文件夹下,并设置快捷方式的名称 Name、图标 Icon 等属性。这样用户在使用该项目生成的安装文件进行安装时,最后既可以在桌面上看到应用程序的快捷方式和图标,也可以在 Windows 的开始菜单程序中看到应用程序的快捷方式和图标。

(8) 在"解决方案资源管理器"中用鼠标右键单击安装项目名"Window_ClientSetup",然后选择快捷菜单中的"生成"命令,系统会自动在安装程序项目输出文件夹中生成一个

Setup.exe 安装文件，该文件即为安装程序文件(这个可执行的安装文件所在的文件夹在 D:\vb.net\Window_Client\Window_ClientSetup\Debug 中)，以后在其他计算机中安装和部署 Window_Client 项目时，直接运行这个可执行文件即可。

10.3 利用安装向导生成 Window_Client 项目的安装程序

【案例 10-3】 利用安装向导生成 Window_Client 项目的安装程序。

该案例要求以 VB .NET 的安装向导来生成案例 9-3 中 Window_Client 项目的安装程序。用户利用 VB .NET 的安装向导生成的安装文件可以正确地将客户端 Window_Client 项目程序安装和部署到其他计算机上。

【技能目标】

利用 VB .NET 的安装向导生成安装程序。

【操作要点与步骤】

(1) 在 VB .NET 中打开案例 9-3 中的"建立 C/S 方式的客户端 Windows 窗体程序"的解决方案文件 D:\vb.net\Window_Client\ Window_Client.sln。解决方案文件打开后，选择"文件"→"添加项目"→"新建项目"菜单，出现"新建项目"对话框，在该对话框的"项目类型"列表中选择"安装和部署项目"，在"模板"列表中选择"安装向导"，在"位置"文本框中输入 D:\vb.net，在项目名称栏填上"Window_ClientSetup_xd"，单击"确定"按钮，向导将自动创建与安装程序有关的源文件。

(2) 单击确定按钮之后，出现安装向导的对话框，该对话框显示"欢迎使用安装项目向导"界面，并在该对话框的标题栏里提示当前安装向导的步骤，直接单击"下一步"按钮即可。

(3) 安装向导的第 2 步是让用户选择项目类型，即让用户确定在目标计算机上将以何种位置及何种方式来安装文件。因为要部署的是 Windows 应用程序，所以直接选默认的选项"创建用于 Windows 应用程序的安装程序"，如图 10-18 所示。

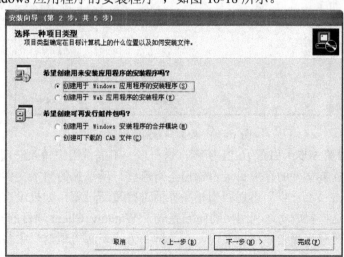

图 10-18 安装向导对话框之一

(4) 第 2 步选中默认选项后单击"下一步"按钮直接到安装向导第 3 步。这一步提示用户要在部署的安装文件里包含哪些项目输出组，本案例选中所有的输出组，如图 10-19 所示。

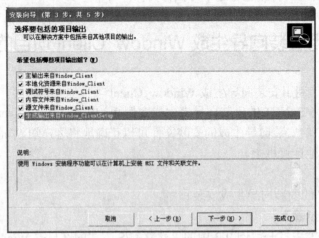

图 10-19　安装向导对话框之二

(5) 安装向导第 4 步。在这一步里让用户选择需要添加的附加文件，如自述文件、一些 Web 页面、数据库文件等。如果发现 **VB .NET** 根据其自带的规则无法将一些文件包括到安装文件中，则可以在图 10-20 中单击"添加"按钮，在出现的打开文件对话框中选择所需添加的文件即可。

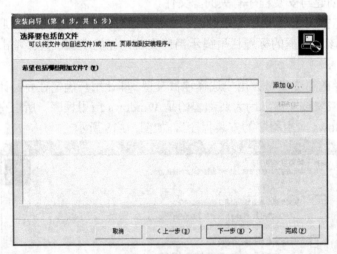

图 10-20　安装向导对话框之三

(6) 安装向导第 5 步。如图 10-21 所示，这一步并不提供用户输入选项，只是对所有项目进行确认，如安装文件的存放目录，输出组有哪些，所添加的附加文件等。如果发现有问题，则可以单击"上一步"再返回到相关界面进行重新设置；如果没有问题，则直接单击"完成"按钮。这样就成功地利用安装向导完成了 Window_Client 项目的安装文件的制作。完成安装向导的所有步骤之后可以发现，在"解决方案资源管理器"中多了一个项目文件 Window_ClientSetup_xd。

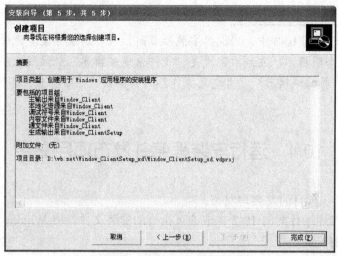

图 10-21　安装向导对话框之四

(7) 上面的步骤只生成了安装的项目文件，要生成最终可安装和部署到其他计算机上的可执行的安装文件，还需要将安装项目编译成可执行文件或 .msi 文件。生成可执行的安装文件的方法是在安装项目"Window_ClientSetup_xd"上单击右键，选择"生成"菜单，如图 10-22 所示。利用安装向导生成 Window_Client 项目可执行的安装文件并将其存放在 D:\vb.net\Window_ClientSetup_xd\Debug 文件夹中。

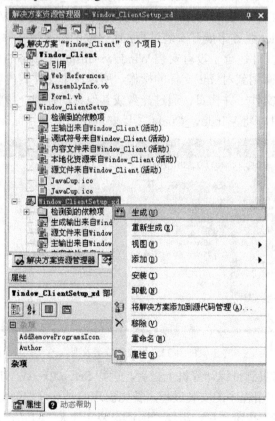

图 10-22　生成可执行的安装文件

🔍 说明

在案例 10-1～案例 10-3 中，当选择安装项目时，在"解决方案资源管理器"的快捷图标栏上会出现 7 个图标，从左到右依次是"文件系统编辑器"、"注册表编辑器"、"文件类型编辑器"、"用户界面编辑器"、"自定义操作界面编辑器"、"启动条件编辑器"和"属性"，如图 10-22 所示。

10.4　运行安装程序并发布项目文件

【案例 10-4】　项目的安装与发布。

本案例主要描述运行案例 10-2 生成的可执行的安装文件，将 Window_Client 项目发布到其他计算机上的安装过程。

【技能目标】

运行安装程序并发布项目文件。

【操作要点与步骤】

案例 10-2 生成安装文件后，安装和部署 Window_Client 项目的最后步骤就是将安装文件拷贝到其他计算机中并执行安装文件，最后得到可在目标计算机中运行的应用程序。

如图 10-23 所示，在 D:\vb.net\Window_Client\Window_ClientSetup 文件夹下的 Debug 目录里一共生成了 3 个文件。其中，Setup.Exe 是安装文件 exe 版本；Window_ClientSetup .msi 利用了 Windows Installer 服务来展开安装过程，比一般的可执行文件具有较多的优点。相比而言，Setup.Exe 安装文件适合于没有安装 Windows Installer 服务的系统；Setup.Ini 是一个 Ini 文件，因为这里没有用到对 .Ini 文件的操作，所以这个文件的内容很简单。为顺利安装起见，可以将这 3 个文件一并拷贝，通过光盘或其他移动存储介质将其拷贝到目标计算机上，即可执行安装文件，将 Window_Client 项目安装和部署到目标计算机上。

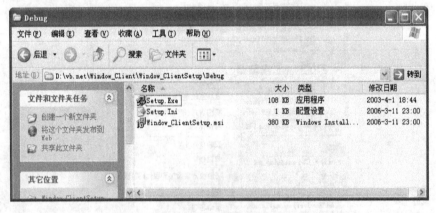

图 10-23　生成的安装文件

(1) 将上述文件拷贝到目标计算机上之后，运行 Setup.Exe 或 Window_Client Setup .msi 安装文件，就开始了应用程序的安装过程，首先出现的是欢迎安装对话框。

(2) 单击"下一步"按钮之后，出现"选择安装文件夹"对话框，在该对话框的选项中采用默认值，直接单击"下一步"按钮，如图 10-24 所示。

图 10-24　"选择安装文件夹"对话框

（3）在图 10-24 中单击"下一步"按钮之后，出现"确认安装"对话框。在该对话框中直接单击"下一步"按钮，如图 10-25 所示。

图 10-25　"确认安装"对话框

（4）在图 10-25 中单击"下一步"按钮，出现"正在安装 Window_ClientSetup"界面，如图 10-26 所示。安装完毕后，出现"安装完成"的界面，表示安装已经完成。单击"关闭"按钮之后，单击"开始"指向"程序"的界面即可清楚地看到在程序组里多了一个快捷方式"主输出来自 Window_Client(活动)的快捷方式"，如图 10-27 所示。打开用户桌面，在桌面上也有应用程序的快捷方式"主输出来自 Window_Client(活动)的快捷方式"。

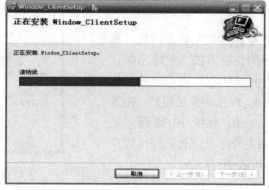

图 10-26　"正在安装 Window_ClientStep"界面

图 10-27　程序组快捷方式 "Window_Client"

🔍 **说明**

● 运行案例 10-1、案例 10-3 生成的可执行的安装文件，将各自的项目发布到其他计算机上的安装过程与上述过程大致相同。

● 特别要提醒的是，在运行案例 10-1 的安装文件，发布 translateWebService 项目时，在图 10-24 的 "选择安装文件夹" 对话框中输入的安装文件夹一定是 "translateWebService" 文件夹，因为客户端的应用程序都是引用 translateWebService 项目的 WebService 服务，这就相当于固定的网站一样，网址是不变的，否则客户端将因找不到网站而得不到网络的 WebService 服务。

● 客户端在图 10-24 的 "选择安装文件夹" 对话框中可以任意输入安装文件夹。

　　按以上步骤运行案例 10-1 的安装文件后，双击用户桌面上应用程序的快捷方式 "主输出来自 Window_Client(活动)的快捷方式"，在出现的窗体的第一个文本框中输入 8，单击命令按钮后，在第二个文本框中将显示 August，如图 10-28 所示。此时说明 WebService 服务程序已部署正确，客户端能正确地调用 WebService 服务了。

图 10-28　客户端正确调用 WebService 服务

　　如果要卸载安装在目标计算机的 Window_Client 项目，则只要再次执行安装文件即可，再次执行安装文件会出现如图 10-29 所示的对话框。在图 10-29 所示的对话框中选择"移除 Window_ClientSetup"，单击"完成"按钮后会出现如图 10-30 所示的卸载界面，一段时间后将出现卸载完毕的界面，表示软件已经卸载完成。卸载后，部署在目标计算机上的文件夹、开始菜单及桌面的快捷键将全部被删除。

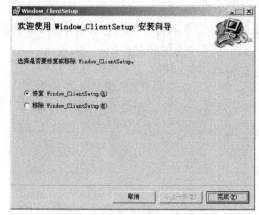

图 10-29　卸载安装对话框　　　　　　　　　　　　图 10-30　卸载界面

🔍 说明

　　如果已经运行案例 10-1 生成的安装文件，并正确地部署 WebService 服务和 B/S 方式的客户端项目，则打开 IE 浏览器，在 IE 浏览器的地址栏中输入 "http://localhost/BrowseClientSetup/webforml.aspx" 信息后，将会出现如图 9-20 所示的界面，在此界面下的第一个文本框中输入 8，单击命令按钮，将会在第二个文本框中出现 August。

习　　题

思考题

　　1．目前应用程序项目安装和部署方法主要有几种？

　　2．案例 10-1～案例 10-3 生成的安装文件有几个？这几个文件各有什么作用？

　　3．运行生成的安装文件可以实现创建桌面快捷方式和程序组中的快捷方式，请问如何实现？

　　4．在目标计算机上运行生成的安装文件可以非常方便地安装项目，请问如果要卸载已安装的项目，则应如何操作？

实验十　安装和部署项目

一、实验目的

1．掌握生成 WebService 服务程序的安装文件。

2．掌握生成 C/S 方式的客户端程序的安装程序。

3．掌握利用安装向导生成 Window_Client 项目的安装程序。

4．掌握项目的安装与发布。

二、实验内容

利用案例 10-1～案例 10-4 提供的方式，完成以下内容。

1．利用"安装和部署项目"分别生成 WebService 服务程序，B/S 方式的 Browse 客户端浏览器窗体和 C/S 方式的 Windows 应用程序客户端程序的安装文件。

2．利用生成的安装文件在另一台计算机上安装和部署项目。

参 考 文 献

[1] 冯博琴. VisualBasic.NET 程序设计. 北京：清华大学出版社，2004

[2] 邵鹏鸣. VisualBasic.NET 程序设计. 北京：机械工业出版社，2004

[3] 吴文虎. VisualBasic.Net 程序设计教程. 北京：中国铁道出版社，2004

[4] 幸莉珊. VisualBasic.Net 程序设计与应用实例. 北京：清华大学出版社，2005

[5] 李印清. VisualBasic.Net 程序设计实用教程. 北京：清华大学出版社，2006

[6] 李印清. VisualBasic.Net 实验指导与编程实例. 北京：清华大学出版社，2006

[7] 卢智勇. VisualBasic.Net 数据库程序设计与实例. 北京：冶金工业出版社，2005

[8] 贾长云. VisualBasic.net 程序设计基础. 北京：高等教育出版社，2006

[9] 廖望. VisualBasic.Net 程序设计案例教程. 北京：冶金工业出版社，2006

[10] 纪多撇. VisualBasic.Net 程序设计实践教程. 北京：清华大学出版社，2006

[11] 汤庸. VisualBasic.Net 程序设计基础教程. 北京：冶金工业出版社，2006

[12] 肖金秀. VisualBasic.Net 程序设计实训教程. 北京：冶金工业出版社，2006

参考文献

[1]　　

[2]　　

[3]　　

[4]　　

[5]　　

[6]　　

[7]　　

[8]　　

[9]　　

[10]　

[11]　

[12]